"十四五"职业教育国家规划教材

先进制造技术

（第4版）

主　编　谢燕琴　黎　震

副主编　吴连连　刘小群

主　审　朱江峰

U0301203

北京理工大学出版社
BEIJING INSTITUTE OF TECHNOLOGY PRESS

内 容 简 介

《先进制造技术（第4版）》在第3版的基础上，根据各种制造技术的发展趋势，以及第3版在各校的使用情况修订而成。本书全面系统地论述了各种先进制造技术和先进制造理念，从先进制造技术概论、先进制造工艺技术、计算机辅助设计与制造技术、制造自动化技术等方面论述了各自的特点、技术内涵及其应用，以及对现代制造系统的详细介绍充分体现了先进制造技术的发展方向。应用实例部分以实例为先导，带领读者通过实际操作掌握基础知识。本书适用于机械相关专业的教学，也可以作为相关专业参考的教材。

图书在版编目（CIP）数据

先进制造技术／谢燕琴，黎震主编 .—4 版 .—北京：北京理工大学出版社，2020.12
（2024.1 重印）

ISBN 978-7-5682-9232-0

Ⅰ．①先…　Ⅱ．①谢…②黎…　Ⅲ．①机械制造工艺-高等学校-教材　Ⅳ．①TH16

中国版本图书馆 CIP 数据核字（2020）第 257192 号

出版发行／北京理工大学出版社有限责任公司

社　　　址／北京市海淀区中关村南大街5号

邮　　　编／100081

电　　　话／（010）68914775（总编室）
　　　　　　（010）82562903（教材售后服务热线）
　　　　　　（010）68944723（其他图书服务热线）

网　　　址／http://www.bitpress.com.cn

经　　　销／全国各地新华书店

印　　　刷／涿州市新华印刷有限公司

开　　　本／787 毫米×1092 毫米　1/16

印　　　张／16.5

字　　　数／348 千字

版　　　次／2020 年 12 月第 4 版　2024 年 1 月第 7 次印刷

定　　　价／49.80 元

责任编辑／张旭莉

文案编辑／张旭莉

责任校对／周瑞红

责任印制／李志强

前言 >>>>>>

21世纪的制造技术正在向全球化、自动化、绿色化、集成化的方向发展。先进制造技术是制造业不断吸收信息技术和现代管理技术的成果,并将其综合应用于产品设计、生产、管理、销售、使用、服务乃至回收的制造全过程,以实现优质、高效、低耗、清洁和灵活生产,提高对动态多变的产品市场的适应能力和竞争能力的制造技术的总称。

"先进制造技术"是职业教育机电类、数控类等专业的一门专业核心课程,本课程包含了先进制造工艺技术;计算机辅助设计与制造及自动化技术;现代制造系统三部分。

本书按照新的人才培养目标及新的专业教学标准,优化整合课程内容,以实际应用为目的,突出职业教育特色,具有较强的理论性和实践性,在生产中具有广泛的应用性。

本书围绕先进制造技术的各主题,系统介绍各种先进制造技术的理念与装备,使学生了解国内外现代制造前沿技术,开阔思维,拓宽知识面,掌握先进制造技术的理念与内涵,培养学生创新思维与工程实践能力。全书共分6章,主要内容包括先进制造技术的概论,先进制造工艺技术,计算机辅助设计与制造技术,制造自动化技术,现代制造系统等等。

为了更好的体现与时俱进,精益求精的精神。本书在第3版的基础上,力求反映当前机械工程领域的先进制造技术与理念,在编写过程中,强调如下内容:

1. 为贯彻落实党的二十大精神,教材有机融入思政元素,加强学生思想道德建设,培养造就大批德才兼备的高素质人才。

2. 理论适度,以够用为准则。在讲清基础理论的同时,特别加强了实际应用以及工程实例的介绍,做到理论联系实际,学以致用。

3. 以先进内容为主,在内容的编排上力求创新。本书各章独立,脉络清晰,读者可根据需要进行选择。

4. 讲授与自学相结合。本书配有配套立体资源包。由于本教材很多内容的实验设备造价昂贵，很难有现场实验环境，所以立体资源包将极大地弥补这一不足。

本书由谢燕琴、黎震任主编，吴连连、刘小群任副主编，朱江峰任主审。参加编写的有谢燕琴（第1章、第2.1、2.2、6.1、6.2节）、黎震（第2.3、2.4、2.5、2.6、2.7、2.8、6.3、6.4、6.5节）、刘小群（第3章）、吴连连（第4章、第5.3、5.4、5.5、5.6、5.7节）、柳志林（第5.1、5.2、6.6、6.7节）。

由于编者水平有限，编写时间仓促，书中错误及不当之处在所难免，恳请希望广大读者给以批评指正。

目　　录

第1章　先进制造技术概论

先进制造技术（AMT，Advanced Manufacturing Technology）的概念源于20世纪80年代。它是指在制造过程和制造系统中融合电子、信息和管理技术，以及新工艺、新材料等现代科学技术，使材料转换为产品的过程更有效、成本更低、更及时满足市场需求的先进的工程技术的总称。

本章主要讲述制造、制造系统和制造业的概念，先进制造技术的发展以及先进制造技术的内涵和体系结构。

本章要点

- 制造、制造系统和制造业的概念
- 先进制造技术的发展
- 先进制造技术的内涵和体系结构

课程思政案例一

本章难点

- 先进制造技术的内涵和体系结构

※　1.1　制造、制造系统和制造业　※

1.1.1　制造、制造系统和制造业

制造（manufacturing）是人类按照市场需求，运用主观掌握的知识和技能，借助于手工或可以利用的客观物质工具，采用有效的工艺方法和必要的能源，将原材料转化为最终物质产品并投放市场的全过程。制造的概念有广义和狭义之分：狭义的制造，是指生产车间内与物流有关的加工和装配过程；而广义的制造，则包含市场分析、产品设计、工艺设计、生产准备、加工装配、质量保证、生产过程管理、市场营销、售前售后服务，以及报废后的回收处理等整个产品生命周期内一系列相互联系的生产活动。制造是人类所有经济活动的基石，是人类历史发展和文明进步的动力。

制造系统是指由制造过程及其所涉及的硬件、软件和人员组成的一个具有特定功能的有

机整体。这里所指的制造过程，即为产品的经营规划、开发研制、加工制造和控制管理的过程；所谓的硬件包括生产设备、工具和材料、能源以及各种辅助装置；而软件则包括制造理论、制造工艺和方法及各种制造信息等。可以看出，上述所定义的制造系统实际上就是一个工厂企业所包含的生产资源和组织机构。而通常意义所指的制造系统仅是一种加工系统，仅是上述定义系统的一个组成部分。

制造业是指以制造技术为主导技术进行产品制造的行业。随着人类工业文明的不断进步，制造业已成为国家经济和综合国力的基础。它一方面直接创造价值，成为社会财富的主要创造者和国民经济收入的重要来源；另一方面，它为国民经济各部门，包括国防和科学技术的进步及发展提供先进的手段和装备。制造业的发达与先进程度是国家工业化的表征。制造业是人类创新发明和新技术的最大用户，在最能体现人类创造性的发明专利中，绝大部分都与制造业的需求有关，并用于制造业。制造业涉及国民经济的许多领域，包括一般机械、食品工业、化工、建材、冶金、纺织、电子电器、运输机械等。

1.1.2 制造业的地位和作用

在国民经济产业结构中通常有三大产业：第一产业为农业；第二产业为工业；第三产业为服务业。在工业中，又分制造业、建筑业、采掘业以及电力、煤气、水的生产供应业。目前，我国工业在国民经济中所占比例为52%，其中，制造业产值又约占工业总产值的45%。

制造业是一个国家经济发展的支柱，在整个国民经济中一直处于十分重要的地位，是国民经济收入的重要来源。有人将制造业称为工业经济年代一个国家经济增长的"发动机"。一方面制造业创造价值、生产物质财富、创新知识；另一方面为国民经济各部门包括国防和科学技术的进步和发展提供各种先进的手段和装备。在工业化国家中，约有1/4人口从事各种形式的制造活动。纵观世界各国，如果一个国家的制造业发达，它的经济必然强大，大多数国家和地区的经济腾飞，其制造业功不可没。

制造业的发展对一个国家的经济、社会以至文化的影响是十分巨大和深刻的，下面将从8个方面进一步说明制造业在国民经济中的地位和作用。

1）人们的物质消费水平的提高，有赖于制造技术和制造业的发展。

2）制造业，特别是机械装备制造业，其技术发展水平不仅决定一个企业现时的竞争力，更决定全社会的长远效益和经济的持续增长。可以说，制造业是实现经济增长的物质保证。

3）制成品出口在国际商品贸易中一直占有较大的份额，如美国制成品的出口额1980年占商品出口总额的比例为64%，到1995年上升为78%；日本1980年比例为95%，1995为96%；我国1980年制成品出口额的比例为48%，1995年上升为81%。因而，发展制造业，提高制造技术是影响发展对外贸易的关键因素。

4）要加快经济增长，在第一产业的农业、第二产业的制造业与第三产业的服务业之间必须保持协调发展。脱离制造业的发展，农业的发展是空中楼阁。没有农业、制造业的发展，就不会有商业和服务业的发展和繁荣。可以说，制造业是加强农业基础地位的物质保障，是支持服务业更快发展的重要条件。

5）制造业是加快信息产业发展的物质基础。制造业和信息产业必须相互依赖、相互推动地共同发展，没有信息产业的快速发展，制造业就不可能较快地实现高技术化；反之，若没有制造业的拉动和支持，也不可能有信息产业的发展和进步。

6）制造业是加快农业劳动力转移和就业的重要途径。我国的制造业从业人数 1987 年为 9 805 万人，预计到 2050 年将增加至 1.7 亿人。当然，发达国家制造业的从业人数已呈减少趋势，但在我国最近几十年内，制造业从业人数增加趋势不会改变。

7）制造业是加快发展科学技术和教育事业的重要物质支撑，它不仅为科技发展和教育发展提供经费支持，还为研究开发提供许多重要的研究方向与课题及先进的实验装备。

8）制造业也是实现军事现代化和保障国家基本安全的基本条件。

❇ 1.2 先进制造技术的发展 ❇

1.2.1 先进制造技术产生背景

先进制造技术的产生不仅是科学技术范畴的事情，也是人类历史发展和文明进步的必然结果。无论是发达国家、新兴工业国家还是发展中国家，都将制造业的发展作为提高竞争力、振兴国家经济的战略手段来看待，先进制造技术应运而生。先进制造技术的产生和发展有其自身的社会经济、科学技术以及可持续发展的根源和背景。

1. 社会经济发展背景

近 20 多年来，市场环境发生了巨大的变化，一方面表现为消费者需求日趋主题化、个性化和多样化，消费行为更具有选择性，产品的生命周期缩短，产品的质量和性能至关重要；另一方面全球性产业结构调整步伐加快，制造商着眼于全球市场激烈竞争的同时，着力于实力与信誉基础上的合作和协作。

制造业的核心要素是质量、成本和生产率。面对当代社会变化迅速且无法预料的买方市场和多品种变批量成为主导生产方式，上述三个要素的内涵发生了深刻的变化。首先，产品质量观发生了变化，现代质量观主要指全面满足用户的程度，即不断跟上用户要求和及时响应市场变化，在适当的时间、地点满足用户的功能需求和非功能需求（自然条件、社会时尚等）。其次，产品成本不仅指制造成本，还应包含用户使用成本、维护成本以及社会环境成本，在满足用户个性化要求的前提下应尽量减少上述各类产品成本。再次，赢得订单及高速开发产品是企业成败的关键，是非常规意义上的生产率。因此，制造业应以对市场的快速响应为宗旨，满足顾客已有的和潜在的需求，主动适应市场，引导市场，从而赢得竞争，获取最大利润。

2. 科学技术发展背景

制造业从 20 世纪初开始逐步走上科学发展的道路。制造技术已由技艺发展为集机械、材料、电子及信息等多门学科的交叉科学——制造工程学。科学技术和生产发展在推动制造技术进步的同时，以其高新技术成果，尤其是计算机、微电子、信息、自动化等技术的渗透、衍生和应用，极大地促进了制造技术在宏观（制造系统的建立）和微观（精密、超精密加工）两个方向上蓬勃发展，急剧地改变了现代制造业的产品结构、生产方式、生产工艺和设备及生产组织体系，使现代制造业成为发展速度快、技术创新能力强、技术密集甚至知识密集型产业。信息逐渐成为主宰制造业的决定性因素，计算机网络技术已经对制造业产生了重大影响，并将产生更大影响。

3. 可持续发展战略

日益严峻的环境问题引起国际社会的普遍关注，世界环境与发展委员会（WCED）于1987 年向联合国 42 届大会递交的报告《我们共同的未来》提出了"可持续发展"的思路，其定义是：既满足当代人的需求，又不对子孙后代满足其需要之生存环境构成危害的发展。世界资源研究所于 1992 年对可持续发展给出了更简洁明确的定义：即建立极少产生废料和污染物的工艺或技术系统。上述定义强调了当代人在创造和追求今世发展和消费的时候，不能以牺牲今后几代人的利益为代价。社会经济发展模式应由粗放经营、掠夺式开发向集约型、可持续发展转变。面向可持续发展的制造业，应力求对环境的负面影响最小，资源利用效率最高。

鉴于上述社会、经济、科学技术，以及环境资源保护的历史背景，各国政府和企业界都在寻求对策，以获取全球范围内的竞争优势，传统的制造技术已变得越来越不适应当今快速变化的形势，而先进的制造技术，尤其是计算机技术和信息技术在制造业中的广泛应用，使人们正在或已经摆脱传统观念的束缚，跨入制造业的新纪元。先进制造技术作为一个专用名词出现在 20 世纪 80 年代末。当时美国根据本国制造业面临的挑战与机遇，深刻反省其制造业存在的问题，为了加强其制造业的竞争力和促进本国国民经济的增长而提出来的。先进制造技术的提出是制造业新技术发展实际进程的反映，它一经提出，立即得到欧洲各国、日本以及亚洲新兴工业化国家的响应。

1.2.2 制造技术的进步和发展

制造技术是制造业所使用的一切生产技术的总称，是将原材料和其他生产要素经济合理地转化为可直接使用具有较高附加值的成品（半成品）和技术服务的技术群。制造技术的发展是由社会、政治、经济等多方面因素决定的。纵观近两百年制造业的发展历程，影响其发展最主要的因素是技术的推动和市场的牵引。人类科学技术的每次革命必然引起制造技术的不断发展。随着社会的不断进步，人们不断变化的需求，推动着制造业的不断发展与进步。

近两百年来，在市场需求不断变化的驱动下，制造业的生产规模沿着"小批量→少品种→大批量→多品种变批量"的方向发展。在科学技术高速发展的推动下，制造业的资源配置沿着"劳动密集→设备密集→信息密集→知识密集"的方向发展。与之相适应，制造技术的生产方式沿着"手工→机械化→单机自动化→刚性流水自动化→柔性自动化→智能自动化"的方向发展。

自 18 世纪以来，制造技术的发展经历了五个发展时期。

（1）工场式生产时期

18 世纪后半叶，以蒸汽机和工具机的发明为标志的产业革命，揭开了近代工业的历史，促成了制造企业的雏形——工场式生产的出现，标志着制造业已完成从手工业作坊式生产到以机械加工和分工原则为中心的工厂生产的艰难转变。

（2）工业化规模生产时期

19 世纪电气技术得到了发展，由于电气技术与其他制造技术的融合，开辟了崭新的电气化新时代，制造业得到了飞速发展，制造技术实现了批量生产、工业化规范生产的新局面。

（3）刚性自动化发展时期

20 世纪初，内燃机的发明，引起了制造业的革命，流水生产线和泰勒式工作制及其科学管理方法得到了应用。特别是第二次世界大战期间，以大批量生产为模式，以降低成本为目的的刚性自动化制造技术和科学管理方式得到了很大的发展。例如：福特汽车制造公司用大规模刚性生产线代替手工作业，使汽车的价格在几年内降低到原价格的 1/8，促进了汽车进入家庭，奠定了美国经济发展的基础。然而，这类自动机和刚性自动线生产工序和作业周期固定不变，仅仅适用于单一品种的大批量生产的自动化。

（4）柔性自动化发展时期

自第二次世界大战之后，计算机、微电子、信息和自动化技术有了迅速的发展，推动了生产模式由大中批量生产自动化向多品种小批量柔性生产自动化转变。在此期间，形成了一系列新型的柔性制造技术，如数控技术（NC）、计算机数控（CNC）、柔性制造单元（FMC）、柔性制造系统（FMS）等。同时有效地应用系统论、运筹学等原理和方法的现代化生产管理模式，如及时生产（JIT）、全面质量管理（TQM）开始应用于生产，以提高企业的整体效益。

（5）综合自动化发展时期

自 20 世纪 80 年代以来，随着计算机及其应用技术的迅速发展，促进了制造业中包括设计、制造和管理在内的单元自动化技术逐渐成熟和完善，如计算机辅助设计与制造（CAD/CAM）、计算机辅助工艺规划（CAPP）、计算机辅助工程（CAE）、计算机辅助检测（CAT）；在经营管理领域内的物料需求规划（MRP）、制造资源规划（MRPⅡ）、企业资源规划（ERP）、全面质量管理（TQM）等；在加工制造领域内的直接或分布式数控（DNC）、计算机数控（CNC）、柔性制造单元/系统（FMC/FMS）、工业机器人（ROBOT）等。为了充分利用各项单元技术资源，发挥其综合效益，以计算机为中心的集成制造技术从根本上改变了制造技术的面貌和水平，并引发了企业组织机构和运行模式革命性的飞跃。在此期间，体现新的制造模式的计算机集成制造系统（CIMS）、并行工程（CE）以及精益生产（LP）

得到了实践、应用和推广。此外，各种先进的集成化、智能化加工技术和装备，如精密成形技术与装备、快速成形技术与系统、少无切削技术与装备、激光加工技术与装备等进入了一个空前发展的时期。

综上所述，从传统的制造技术发展成为当代的先进制造技术是社会进步与技术进步的必然结果，是世界各民族竞争与合作在制造领域的体现，也是制造技术发展的主方向。20 世纪 90 年代以来，各工业发达国家和新兴工业化国家纷纷调整其技术政策，大力发展先进制造技术，力图在国际大市场中多分享一份。其中具有代表性的是美国的先进制造技术、关键技术（制造）计划、敏捷制造使能技术计划（TEAM），日本的智能制造技术（IMS），韩国的高级先进制造技术计划（G-7）和德国的制造 2000 计划等。

1.2.3　先进制造技术的发展趋势

1. 数是发展的核心

数是指制造领域的数字化。它包括以设计为中心的数字制造、以控制为中心的数字制造和以管理为中心的数字制造。对数字化制造设备而言，其控制参数均为数字化信号；对数字化制造企业而言，各种信息（如图形、数据、知识、技能等）均以数字形式通过网络在企业内传递，在多种数字化技术的支持下，企业对产品信息、工艺信息与资源信息进行分析、规划与重组，实现对产品设计和产品功能的仿真，对加工过程与生产组织过程进行仿真或完成原型制造，从而实现生产过程的快速重组和对市场的快速反应。对全球制造业而言，在数字制造环境下，用户借助网络发布信息，各类企业通过网络应用电子商务，实现优势互补，形成动态联盟，迅速协同设计并制造出相应的产品。

2. 精是发展的关键

精是指加工精度及其发展。20 世纪初，超精密加工的误差是 10 μm，70~80 年代为 0.01 μm，现在仅为 0.001 μm，即 1 nm。从海湾战争、科索沃战争，到阿富汗战争、伊拉克战争，武器的命中率越来越高，其实质就是武器越来越精，也可以说，关键就是打精度战。在现代超精密机械中，对精度要求极高，如人造卫星的仪表轴承，其圆度、圆柱度、表面粗糙度等均达到纳米级；基因操作机械其移动距离为纳米级，移动精度为 0.1 nm；细微加工、纳米加工技术可达纳米以下的要求，如果借助于扫描隧道显微镜与原子力显微镜的加工，则可达 0.1 nm。至于微电子芯片的制造，有所谓的三超：① 超净，加工车间尘埃颗粒直径小于 1 μm，颗粒数少于每立方英尺[①]0.1 个；② 超纯，芯片材料有害杂质，其含量要小于十亿分之一；③ 超精，加工精度达纳米级。显然，没有先进制造技术，就没有先进电子技术装备；当然，没有先进电子技术与信息技术，也就没有先进制造装备。先进制造技术与先进信息技术是相互渗透、相互支持、紧密结合的。

---

① 1 立方英尺 = 0.028 立方米。

3. 极是发展的焦点

极就是极端条件，是指生产特需产品的制造技术，必须达到极的要求。例如，能在高温、高压、高湿、强冲击、强磁场、强腐蚀等条件下工作，或有高硬度、大弹性等特点，或极大、极小、极厚、极薄、奇形怪状的产品等，都属于特需产品。微机电系统就是其中之一。这是工业发达国家高度关注的一项前沿科技，亦即所谓微系统制造。微机电系统用途十分广泛。在信息领域中，用于分子存储器、原子存储器、芯片加工设备；生命领域中，用于克隆技术、基因操作系统、蛋白质追踪系统、小生理器官处理技术、分子组件装配技术；军事武器中，用于精确制导技术、精确打击技术、微型惯性平台、微光学设备；航空航天领域中，用于微型飞机、微型卫星、纳米卫星（0.1 kg 以内）；微型机器人领域中，用于各种医疗手术、管道内操作、窃听与搜集情报；此外，还用于微型测试仪器，微传感器、微显微镜、微温度计等。微机电系统可以完成特种动作与实现特种功能，乃至可以沟通微观世界与宏观世界，其深远意义难以估量。

4. 自是发展的条件

自就是自动化。它是减轻、强化、延伸、取代人的有关劳动的技术或手段。自动化总是伴随有关机械或工具来实现的。可以说，机械是一切技术的载体，也是自动化技术的载体。第一次工业革命，以机械化这种形式的自动化来减轻、延伸或取代人的有关体力劳动，第二次工业革命即电气化进一步促进了自动化的发展。据统计，从 1870—2000 年，加工过程的效率提高为 20 倍，即体力劳动得到了有效的缓解，但管理效率只提高 1.8~2.2 倍，设计效率只提高 1.2 倍，这表明脑力劳动远没有得到有效的解放。信息化、计算机化与网络化，不但可以极大地解放人的身体，而且可以有效提高人的脑力劳动水平。今天的自动化的内涵与水平已远非昔比，从控制理论、控制技术到控制系统、控制元件等，都有着极大的发展。自动化已成为先进制造技术发展的前提条件。

5. 集是发展的方法

集就是集成化。目前集主要指：① 现代技术的集成。机电一体化是个典型，它是高技术装备的基础。② 加工技术的集成。特种加工技术及其装备是个典型，如激光加工、高能束加工、电加工等。③ 企业的集成，即管理的集成，包括生产信息、功能、过程的集成，也包括企业内部的集成和企业外部的集成。从长远看，还有一点很值得注意，即由生物技术与制造技术集结而成的微制造的生物方法，即所谓的生物制造。它的依据是，生物是由内部生长而成器件，而非同一般制造技术那样由外加作用以增减材料而成器件。这是一个崭新的充满活力的领域，作用难以估量。

6. 网是发展的道路

网就是网络化。制造技术的网络化是先进制造技术发展的必由之路。制造业在市场竞争中，面临多方的压力：采购成本不断提高，产品更新速度加快，市场需求不断变化，全球化所带来的冲击日益加强等。企业要避免这一系列问题，就必须在生产组织上实行某种深刻的变革，抛弃传统的小而全与大而全的夕阳技术，把力量集中在自己最有竞争力的核心业务上。科学技术特别是计算机技术、网络技术的发展，使这种变革的需要成为可能。制造技术的网络化形成一种新的制造模式，即虚拟制造组织，这是由地理上异地分布的、组织上平等独立的多个企业，在谈判协商的基础上，建立密切合作关系，形成动态的虚拟企业或动态的企业联盟。此时，各企业致力于自己的核心业务，实现优势互补，实现资源优化动态组合与共享。

7. 智是发展的前景

智就是智能化。制造技术的智能化是制造技术发展的前景。近 20 年来，制造系统正在由原先的能量驱动型转变为信息驱动型，这就要求制造系统不但要具备柔性，而且还要表现出某种智能，以便应对大量复杂信息的处理、瞬息万变的市场需求和激烈竞争的复杂环境，因此智能制造越来越受到重视。与传统的制造相比，智能制造系统具有以下特点：① 人机一体化；② 自律能力强；③ 自组织与超柔性；④ 学习能力与自我维护能力；⑤ 在未来，具有更高级的人类思维的能力。可以说智能制造作为一种模式，是集自动化、集成化和智能化于一身，并具有不断向纵深发展的高技术含量和高技术水平的先进制造系统，也是一种由智能机器和人类专家共同组成的人机一体化系统。它的突出之处是在制造诸环节中，以一种高度柔性与集成的方式，借助计算机模拟的人类专家的智能活动，进行分析、判断、推理、构思和决策，取代或延伸制造环境中人的部分脑力劳动，同时收集、存储、处理、完善、共享、继承和发展人类专家的制造智能。尽管智能化制造道路还很漫长，但是必将成为未来制造业的主要生产模式之一。

8. 绿是发展的必然

绿就是绿色制造。人类必须从各方面促使自身的发展与自然界和谐一致，制造技术也不例外。制造业的产品从构思开始，到设计、制造、销售、使用与维修，直到回收、再制造等各阶段，都必须充分顾及环境保护与改善。不仅要保护与改善自然环境，还要保护与改善社会环境、生产环境以及生产者的身心健康。其实，保护与改善环境，也是保护与发展生产力。在此前提下，制造出价廉、物美、供货期短、售后服务好的产品。作为绿色制造，产品必须力求同用户的工作、生活环境相适应，给人以高尚的精神享受，体现物质文明与精神文明的高度交融。因此，发展与采用一项新技术时，必须树立科学的发展观，使制造业不断成为绿色制造。

◈ 1.3 先进制造技术的内涵和体系结构 ◈

1.3.1 先进制造技术的内涵及技术构成

先进制造技术是在传统制造技术基础上不断吸收机械、电子、信息、材料、能源以及现代管理技术的成果，将其综合应用于产品设计、加工装配、检验测试、经营管理、售后服务乃至回收的制造全过程，以实现优质、高效、低耗、清洁、灵活的生产，提高对动态多变市场的适应能力和竞争能力的制造技术的总称。

先进制造技术在不同发展水平的国家和同一国家的不同发展阶段，有不同的技术内涵和构成，对我国而言，它是一个多层次的技术群。先进制造技术的内涵和层次及其技术构成见图1-1。

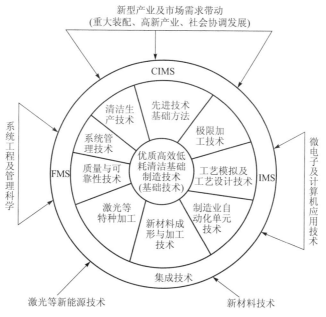

图 1-1　先进制造技术的内涵和层次及其技术构成

1. 基础技术

第一层次是优质、高效、低耗、少或无污染基础制造技术。铸造、锻压、焊接、热处理、表面保护、机械加工等基础工艺至今仍是生产中大量采用、经济适用的技术，这些基础工艺经过优化而形成的优质、高效、低耗、少或无污染基础制造技术是先进制造技术的核心及重要组成部分。这些基础技术主要有精密下料、精密成形、精密加工、精密测量、少无氧化热处理、气体保护焊及埋弧焊、功能性防护涂层等。

2. 新型单元技术

第二个层次是新型的先进制造单元技术。这是在市场需求及新兴产业的带动下，制造技术与电子、信息、新材料、新能源、环境科学、系统工程、现代管理等高新技术结合而形成的崭新的制造技术。如制造业自动化单元技术、极限加工技术、质量与可靠性技术、系统管理技术、现代设计基础与方法、清洁生产技术、新材料成形与加工技术、激光与高密度能源加工技术、工艺模拟及设计优化技术等。

3. 集成技术

第三个层次是先进制造集成技术。这是应用信息、计算机和系统管理技术对上述两个层次的技术局部或系统集成而形成的先进制造技术的高级阶段。如 FMS、CIMS、IMS 等。

1.3.2　先进制造技术的特点

与传统制造技术相比，先进制造技术具有如下特征。

1）系统性。由于计算机技术、信息技术、传感技术、自动化技术和先进管理等技术的引入，并与传统制造技术的结合，使先进制造技术成为一个能够驾驭生产过程中的物质流、信息流和能量流的系统工程。而传统制造技术一般只能驾驭生产过程中的物质流和能量流。

2）广泛性。传统制造技术通常只是指将原材料变为成品的各种加工工艺，而先进制造技术则贯穿了从产品设计、加工制造到产品销售及使用维护的整个过程，成为"市场→设计开发→加工制造→市场"的大系统。

3）集成性。传统制造技术的学科专业单一、独立，相互间界限分明。而先进制造技术由于专业和学科间的不断渗透、交叉、融合，其界限逐渐淡化甚至消失，技术趋于系统化、集成化，已发展成为集机械、电子、信息、材料和管理技术为一体的新型交叉学科——制造系统工程。

4）动态性。先进制造技术是在针对一定的应用目标，不断吸收各种高新技术逐渐形成和发展起来的新技术，因而其内涵不是绝对的和一成不变的。反映在不同的时期、不同的国家和地区，先进制造技术有其自身不同的特点、重点、目标和内容。

5）实用性。先进制造技术的发展是针对某一具体的制造需求而发展起来的先进、实用的技术，有着明确的需求导向。先进制造技术不是以追求技术的高新度为目的，而是注重产生最好的实践效果，以促进国家经济的快速增长和提高企业综合竞争力。

1.3.3 先进制造技术的体系结构及其分类

1. 先进制造技术的体系结构

先进制造技术所涉及的学科较多，包含的技术内容广泛。1994 年美国联邦科学、工程和技术协调委员会将先进制造技术分为三个技术群：主技术群、支撑技术群、管理技术群。这三个技术群体相互联系、相互促进，组成一个完整的体系，每个部分均不可或缺，否则就很难发挥预期的整体功能效益。图 1-2 所示为先进制造技术的体系结构。

2. 先进制造技术的分类

根据先进制造技术的功能和研究对象，可将先进制造技术归纳为如下几个大类。

（1）现代设计技术

现代设计技术是根据产品功能要求，应用现代技术和科学知识，制订设计方案并使方案付诸实施的技术，其重要性在于使产品设计建立在科学的基础上，促使产品由低级向高级转化，促进产品功能不断完善，产品质量不断提高。现代设计技术包含如下的内容：

1）现代设计方法。包括有模块化设计、系统化设计、价值工程、模糊设计、面向对象的设计、反求工程、并行设计、绿色设计、工业设计等。

2）产品可信性设计。产品的可信性是产品质量的重要内涵，是产品的可用性、可靠性和维修保障性的综合。可信性设计包括可靠性设计、安全性设计、动态分析与设计、防断裂设计、防疲劳设计、耐环境设计、维修设计和维修保障设计等。

3）设计自动化技术。是指用计算机软硬件工具辅助完成设计任务和过程的技术，它包

图 1-2　先进制造技术的体系结构

括产品的造型设计、工艺设计、工程图生成、有限元分析、优化设计、模拟仿真、虚拟设计、工程数据库等内容。

（2）先进制造工艺

先进制造工艺是先进制造技术的核心和基础，是使各种原材料、半成品成为产品的方法和过程。先进制造工艺包括高效精密成形技术、高精度切削加工工艺、特种加工以及表面改性技术等内容。

1）高效精密成形技术。它是生产局部或全部无余量或少余量半成品工艺的统称，包括精密洁净铸造成形工艺、精确高效塑性成形工艺、优质高效焊接及切割技术、优质低耗洁净热处理技术、快速成形和制造技术等。

2）高效高精度切削加工工艺。包括精密和超精密加工、高速切削和磨削、复杂型面的数控加工、游离磨粒的高效加工等。

3）现代特种加工工艺。它是指那些不属于常规加工范畴的加工工艺，如高能束加工（电子束、离子束、激光束加工）、电加工（电解和电火花加工）、超声波加工、高压水射流加工、多种能源的复合加工、纳米技术及微细加工等。

4）表面改性、制膜和涂层技术。它是采用物理、化学、金属学、高分子化学、电学、光学和机械学等技术及其组合，赋予产品表面耐磨、耐蚀、耐（隔）热、耐辐射、抗疲劳的特殊功能，从而达到提高产品质量、延长使用寿命、赋予产品新性能的新技术统称，是表面工程的重要组成部分。包括化学镀层处理、非晶态合金技术、节能表面涂装技术、表面强化处理技术、热喷涂技术、激光表面熔覆处理技术、等离子化学气相沉积技术等。

（3）加工自动化技术

加工自动化是用机电设备工具取代或放大人的体力，甚至取代和延伸人的部分智力，自动完成特定的作业，包括物料的存储、运输、加工、装配和检验等各个生产环节的自动化。加工过程自动化技术涉及数控技术、工业机器人技术、柔性制造技术、传感技术、自动检测技术、信号处理和识别技术等内容。其目的在于减轻操作者的劳动强度，提高生产效率，减少在制品数量，节省能源消耗及降低生产成本。

（4）现代生产管理技术

现代生产管理技术是指制造型企业在从市场开发、产品设计、生产制造、质量控制到销售服务等一系列的生产经营活动中，为了使制造资源（材料、设备、能源、技术、信息以及人力资源）得到总体配置优化和充分利用，使企业的综合效益（质量、成本、交货期）得到提高而采取的各种计划、组织、控制及协调的方法和技术的总称。它是先进制造技术体系中的重要组成部分，包括现代管理信息系统、物流系统管理、工作流管理、产品数据管理、质量保障体系等。

（5）先进制造生产模式及系统

先进制造生产模式及系统是面向企业生产全过程，是将先进的信息技术与生产技术相结合的一种新思想和新哲理，其功能覆盖企业的生产预测、产品设计开发、加工装配、信息与资源管理直至产品营销和售后服务的各项生产活动，是制造业的综合自动化的新模式。它包括计算机集成制造（CIM）、并行工程（CE）、敏捷制造（AM）、智能制造（IM）、精益生产（LP）等先进的生产组织管理模式和控制方法。

 思考题

1. 说明制造、制造系统与制造业概念，比较广义制造与狭义制造的区别。
2. 制造业在国民经济中的地位与作用如何？
3. 先进制造技术是在什么样的背景之下产生与发展起来的？
4. 叙述制造技术的发展历程。
5. 试述先进制造技术的发展趋势。
6. 先进制造技术的内涵及特点是什么？
7. 说明先进制造技术的体系结构。
8. 根据先进制造技术的功能和研究对象，先进制造技术可分几类？

第2章 先进制造工艺技术

先进制造工艺是在不断变化和发展的传统机械制造工艺基础上逐步形成的一种制造工艺技术，是高新技术产业化和传统工艺高新技术化的结果。先进制造工艺是先进制造技术的核心和基础，一个国家的制造工艺技术水平的高低，在很大程度上决定了其制造业在国际市场的竞争实力。

本章主要讲述电火花成形加工技术、电火花线切割加工技术、微细加工技术、超精密加工技术、高速加工技术、逆向工程技术和其他加工技术。

本章要点

- 电火花成形加工技术
- 电火花线切割加工技术
- 微细加工技术
- 超精密加工技术
- 高速加工技术
- 逆向工程技术
- 其他加工技术

课程思政案例二

本章难点

- 电火花成形加工技术
- 电火花线切割加工技术
- 逆向工程技术

※ 2.1 电火花成形加工技术 ※

作为先进制造工艺技术的一个重要分支，电火花加工技术自20世纪40 电火花加工（一）
年代开创以来，历经半个多世纪的发展，已成为先进制造技术领域不可或缺的组成部分。尤其是进入20世纪90年代后，随着信息技术、网络技术、航空和航天技术、材料科学技术等高新技术的发展，电火花加工技术也朝着更深层次、更高水平的方向发展。虽然一些传统加工技术通过自身的不断更新发展以及与其他相关技术的融合，在一些难加工材料加工领域（尤其在模具加工领域）表现出了加工效率高等优势，但这些技术的应用没有也不可能完全取代电火花加工技术在难加工材料、复杂型面、模具等加工领域中的地位。相反，电火花加工技术通过借鉴其他加工技术的发展经验，正不断向微细化、高效化、精密化、自动化、智能化等方向发展。

按照工具电极的形式及其与工件之间相对运动的特征，可将电火花加工方式分为六类。

1）利用成形工具电极，相对工件作简单进给运动的电火花成形加工。

2）利用轴向移动的金属丝作工具电极，工件按所需形状和尺寸作轨迹运动，以切割导电材料的电火花线切割加工。

3）利用细管冲注高压水基工作液，作简单轴向进给运动的小孔加工。

4）利用金属丝或成形导电磨轮作工具电极，进行小孔磨削或成形磨削的电火花磨削。

5）用于加工螺纹环规、螺纹塞规、齿轮等的电火花共轭回转加工。

6）刻印、表面合金化、表面强化等其他种类的加工。

2.1.1　电火花成形加工的基本原理、特点

1. 电火花成形加工原理

电火花成形加工与传统的切削加工完全不同，其加工原理如图 2-1 所示，加工过程是在液体介质中进行的，工件与工具分别与脉冲电源的两输出端相连，机床的自动进给调节装置使工件 4 和工具电极 2 之间保持适当的放电间隙（0.01~0.5 mm），当工具电极和工件之间施加很强的脉冲电压（达到间隙中介质的击穿电压）时，会击穿介质绝缘强度最低处，产生局部火花放电。由于放电区域很小，放电时间极短，所以，能量高度集中，使放电区的温度瞬时高达 10 000~12 000 ℃，工件表面和工具电极表面的金属局部熔化、甚至汽化蒸

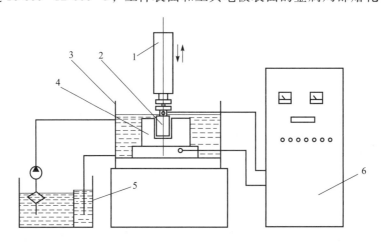

图 2-1　电火花成形加工原理图

1—主轴；2—工具电极；3—工作油槽；4—工件；5—工作液装置；6—脉冲电源

发。局部熔化和汽化的金属在爆炸力的作用下抛入工作液中，并被冷却为金属小颗粒，然后被工作液迅速冲离工作区，从而使工件表面形成一个微小的凹坑，如图2-2所示。一次放电后，介质的绝缘强度恢复等待下一次放电。如此反复使工件表面不断被蚀除，并在工件上复制出工具电极的形状，从而达到成形加工的目的。如图2-3所示为电火花加工的铜电极和加工后形成的模具产品。

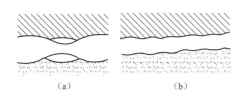

图2-2 电火花加工表面局部放大示意图

（a）单个脉冲放电形成的凹坑；

（b）多次脉冲放电后的表面

（a）   （b）

图2-3 铜电极及模具

（a）电火花加工的铜电极；

（b）加工后形成的模具

2. 电火花加工常用名词、术语及符号

（1）放电间隙

放电间隙指加工时工具和工件之间产生火花放电的一定距离间隙。在加工过程中，则称为加工间隙 S，这一间隙视加工电压和加工量而定，它的大小一般在 $0.01 \sim 0.5$ mm，粗加工时间隙较大，精加工时则较小。加工间隙又可分为端面间隙和侧面间隙。

（2）脉冲宽度 t_i（μs）

为了防止电弧烧伤，电火花加工只能用断断续续的脉冲电压，如图2-4所示为脉冲电源电压波形。脉冲宽度简称脉宽，它是加到工具和工件上放电间隙两端的电压脉冲的持续时间，粗加工可用较大的脉宽 $t_i > 80$ μs，精加工时只能用较小的脉宽 $t_i < 10$ μs。

（3）脉冲间隔 t_o（μs）

脉冲间隔简称脉间或间隔，也称脉冲停歇时间。它

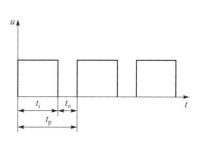

图2-4 脉冲电源电压波形

是两个电压脉冲之间的间隔时间。间隔时间过短，放电间隙来不及消除电离和恢复绝缘，容易产生电弧放电，烧伤工具和工件；脉冲间隔选得过长，将降低加工生产率。加工面积、加工深度较大时，脉冲间隔也应稍大。

（4）开路电压或峰值电压

开路电压是间隙开路时电极间的最高电压，等于电源的直流电压。峰值电压高时，放电

间隙大，生产率高，但成形复制精度稍差。

（5）火花维持电压

火花维持电压是每次火花击穿后，在放电间隙上火花放电时的维持电压，一般在 25 V 左右，但它实际是一个高频振荡的电压。电弧的维持电压比火花的维持电压低 5 V 左右，高频振荡频率很低，一般示波器上观察不到高频成分，观察到的是一水平亮线。过渡电弧的维持电压则介于火花和电弧之间。

（6）加工电压或间隙平均电压 U（V）

加工电压或间隙平均电压是指加工时电压表上指示的放电间隙两端的平均电压，它是多个开路电压、火花放电维持电压、短路和脉冲间隔等电压的平均值。在正常加工时，加工电压在 30~50 V，它与占空比（指脉冲宽度与脉冲间隔之比）、预置进给量等有关。占空比大、欠进给、欠跟踪、间隙偏开路，则加工电压偏大；占空比小、过跟踪或预置进给量小（间隙偏短路），加工电压即偏小。

（7）加工电流 I（A）

加工电流是加工时电流表上指示的流过放电间隙的平均电流。精加工时小，粗加工时大；间隙偏开路时小，间隙合理或偏短路时则大。

（8）短路电流 I_s（A）

短路电流是放电间隙短路时（或人为短路时）电流表上指示的平均电流（因为短路时还有停歇时间内无电流）。它比正常加工时的平均电流要大 20%~40%。

（9）峰值电流 I_e（A）

峰值电流是间隙火花放电时脉冲电流的最大值（瞬时），日本、英国、美国常用 I_e 表示，虽然峰值电流不易直接测量，但它是影响生产率、表面粗糙度等指标的重要参数。在设计制造脉冲电源时，每一功率放大管串联限流电阻后的峰值电流是预先选择计算好的。为了安全，每个 50 W 的大功率晶体管选定的峰值电流约为 2~3 A，电源说明书中也有说明，可以按此选定粗、中、精加工时的峰值电流（实际上是选定用几个功率管进行加工）。

（10）放电状态

放电状态指电火花加工时放电间隙内每一脉冲放电时的基本状态。一般分为 5 种放电状态和脉冲类型。如图 2-5 所示。

1）开路（空载脉冲）。放电间隙没有击穿，间隙上有大于 50 V 的电压，但间隙内没有电流流过，为空载状态（$t_d = t_i$）。

2）火花放电（工作脉冲，或称有效脉冲）。间隙内绝缘性能良好，工作液介质击穿后能有效地抛出、蚀除金属。波形特点是：电压有 t_d、t_c，电流有 I_e，波形上有高频振荡的小锯齿波形。

3）过渡电弧放电（不稳定电弧放电，或称不稳定火花放电）。过渡电弧放电是正常火花放电与稳定电弧放电的过渡状态，是稳定电弧放电的前兆。波形特点是击穿延时 t_d 很小或接近于零，仅成为一尖刺，电压电流波上的高频分量变低成为稀疏和锯齿形。早期检测出

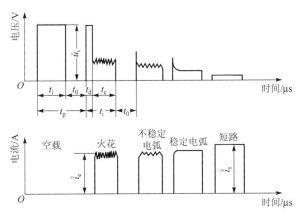

图 2-5　电火花加工的 5 种放电状态

过渡电弧放电，对防止电弧烧伤有很大意义。

4）电弧放电（稳定电弧放电）。由于排屑不良，放电点集中在某一局部而不分散，局部热量积累，温度升高，恶性循环，此时火花放电就成为电弧放电，由于放电点固定在某一点或某局部，因此称为稳定电弧，常使电极表面结炭、烧伤。波形特点是 t_d 和高频振荡的小锯齿波基本消失。

5）短路（短路脉冲）。放电间隙直接短路相接，这是由于伺服进给系统瞬时进给过多或放电间隙中有电蚀产物搭接所致。间隙短路时电流较大，但间隙两端的电压很小，没有蚀除加工作用。

以上各种放电状态在实际加工中是交替、概率性地出现的（与加工规准和进给量、冲油、间隙污染等有关），甚至在一次单脉冲放电过程中，也可能交替出现两种以上的放电状态。

（11）加工速度 v_w 或 V_w（mm³/min）

对于电火花成形机来说加工速度是指在单位时间内，工件被蚀除的体积或质量。一般用体积表示。若在时间 T 内，工件被蚀除的体积为 V，则加工速度 V_w 为：$V_w = V/T$（mm³/min），有时为了测量方便，也用质量加工速度 v_m 或 V_m（g/min）来表示。对于线切割机来说，加工速度是指在单位时间内，工件被切面积，即用 mm²/min 来表示。在规定表面粗糙度（如 $Ra = 2.5\ \mu m$）、相对电极损耗（如 1%）时的最大加工速度，是衡量电加工机床工艺性能的重要指标。一般情况下，生产厂给出的是最大加工电流，在最佳加工状态下所能达到的最高加工速度。因此，在实际加工时，由于被加工工件尺寸与形状的千变万化，加工条件、排屑条件等与理想状态相差甚远，即使在粗加工时，加工速度也往往大大低于机床的最大加工速度。

（12）表面粗糙度

表面粗糙度是指加工表面上的微观几何形状误差。对电加工表面来讲，即是加工表面放电痕——坑穴的聚集，由于坑穴表面会形成一个加工硬化层，而且能储存润滑油，其耐磨性比同样粗糙度的机加工表面要好，所以加工表面允许比要求的粗糙度大些。而且在相同粗糙度的情况下，电加工表面比机加工表面亮度低。

（13）相对损耗或损耗比（损耗率）θ（%）

相对损耗或损耗比是工具电极损耗速度和工件加工速度之比值，并以此来综合衡量工具电极的耐损耗程度和加工性能。

（14）面积效应

面积效应指电火花加工时，随加工面积大小变化而加工速度、电极损耗比和加工稳定性等指标随之变化的现象。一般加工面积过大或过小时，工艺指标通常降低，这是由于"电流密度"过小或过大引起的。

（15）深度效应

随着加工深度增加而加工速度和稳定性降低的现象称深度效应。主要是电蚀产物积聚、排屑不良所引起的。

3. 电火花成形加工的特点

电火花成形加工的优点主要如下。

1）加工时，工具电极与工件材料不接触，两者之间宏观作用力极小。工具电极材料不需比工件材料硬，因此，工具电极制造容易。

2）由于电火花加工是靠脉冲放电的电热作用蚀除工件材料的，脉冲放电的能量密度高，便于加工用普通的机械加工方法难于加工或无法加工的特殊材料和复杂形状的工件。不受材料硬度影响，不受热处理状况影响，与工件的机械性能关系不大。

3）由于放电蚀除材料不会产生大的机械切削力，因此对脆性材料如导电陶瓷或薄壁弱刚性的航空航天零件，以及普通切削刀具易发生干涉而难以进行加工的精密微细异形孔、深小孔、狭长缝隙、弯曲轴线的孔、型腔等，均适宜采用电火花成形加工工艺来解决。

4）脉冲放电持续时间极短，放电时产生的热量传导扩散范围小，放电又是浸没在工作液中进行的，因此，对整个工件而言，在加工过程中几乎不受热的影响。

5）可以改革工件结构，简化加工工艺，提高工件使用寿命，降低工人劳动强度。

电火花加工也有其一定的局限性。

1）它主要用于加工金属等导电材料，在一定条件下，才能对半导体和非导电材料进行加工。

2）在一般情况下，电火花加工的加工速度要低于切削加工。因此，合理的加工工艺路线应当是：凡可用刀具加工的，尽量采用常规机械切削加工去除大部分加工余量，仅将刀具难以进行切削的局部留下，采用电火花加工工艺补充加工。但最近的研究成果表明，采用特殊水基不燃性工作液进行电火花加工，其生产率甚至不亚于切削加工。

3）由于电火花加工是靠电极间的火花放电去除金属，因此工件与工具电极都会有损耗，而且工具电极的损耗大多集中在尖角及底部棱边处，这直接影响了电火花成形加工的成形精度。

4）最小圆角半径有限制，难以清角加工。

5）加工后表面产生变质层，在某些应用中需进一步去除。

6）工作液的净化和加工中产生的烟雾污染处理比较麻烦。

由于电火花加工具有传统切削加工无法比拟的优点，其应用领域日益扩大，已成为先进制造技术中不可缺少的重要补充工艺手段之一，目前已广泛应用于各类精密模具制造、航天、航空、电子、电器、精密微细机械零件加工，以及汽车、仪器仪表、轻工等众多行业。主要解决难加工材料（超硬、超软、脆性材料等）及复杂形状零件的加工难题。其加工范围已达到小至几十微米的小轴、孔、缝，大到几米的超大型模具和零件。

2.1.2　电火花成形加工的基本规律

1. 实现电火花成形加工的条件

实现电火花加工，应具备下列基本条件。

1）工具电极和工件之间必须维持合理的间隙。在合理的间隙范围内，既可以满足脉冲电压不断击穿介质，产生火花放电，又可以适应在火花通道熄灭后介质恢复放电间隙的绝缘状态以及排出蚀除产物的要求。若两电极间隙过大，则脉冲电压不能击穿介质、不能产生火花放电；若两电极间隙过小，很容易形成短路接触，则在两电极间没有脉冲能量消耗，也不可能实现电腐蚀加工。

2）两电极之间必须充入一定性能的工作介质。在进行材料电火花尺寸加工时，两极间为液体介质（专用工作液或工业煤油）；在进行材料电火花表面强化时，两极间为气体介质。

3）输送到两电极间的脉冲能量密度应足够大。在火花通道形成后，脉冲电压变化不大，因此，通道的电流密度可以表征通道的能量密度。能量密度足够大，才可以使被加工材料局部熔化或汽化，从而在被加工材料表面形成一个腐蚀痕（凹坑），实现电火花加工。因而，通道一般必须有 $10^5 \sim 10^6 \, \text{A/cm}^2$ 电流密度。放电通道必须具有足够大的峰值电流，通道才可以在脉冲期间得到维持。一般情况下，维持通道的峰值电流不小于 2 A。

4）放电必须是瞬时的脉冲性放电。放电持续时间一般为 $10^{-7} \sim 10^{-3} \, \text{s}$。由于放电时间短，使放电时产生的热能来不及在被加工材料内部扩散，从而把能量作用局限在很小范围内，保持火花放电的冷极特性。

5）脉冲放电需重复多次进行，并且多次脉冲放电在时间上和空间上是分散的。这里包含两个方面的意义：其一，时间上相邻的两个脉冲不在同一点上形成通道；其二，若在一定时间范围内脉冲放电集中发生在某一区域，则在另一段时间内，脉冲放电应转移到另一区域。只有如此，才能避免积炭现象，进而避免发生电弧和局部烧伤。

6）脉冲放电后的电蚀产物能及时排放至放电间隙之外，使重复性放电顺利进行。运用电火花加工时，上述过程通过两个途径完成。一方面，火花放电以及电腐蚀过程本身具备将蚀除产物排离的固有特性；蚀除物以外的其余放电产物（如介质的汽化物）亦可以促进上述过程；另一方面，还必须利用一些人为的辅助工艺措施，例如工作液的循环过滤，加工中采用的冲、抽油措施等。

2. 影响电火花成形加工的因素

（1）极性效应

电火花加工时，即使加工相同材料，两电极的被腐蚀量也是不同的。其中一个电极比另一个电极的蚀除量大，这种现象叫作极性效应。如果两电极材料不同，则极性效应更加明显。在国内，把工件与脉冲电源正极相接的加工称为"正极性"加工，反之为"负极性"加工。当采用短脉冲（如纯铜加工钢时，$t_i<10\ \mu s$）精加工时，应选用正极性加工，当采用长脉冲（如纯铜加工钢时，$t_i>80\ \mu s$）粗加工时，应选用负极性加工，可以得到较高的加工速度和较低的电极损耗。应当特别指出的是，当电极和工件均为钢，即"钢打钢"时，无论是粗加工还是精加工，工件均应和负极相接，即采用负极性加工。

（2）覆盖效应

在油类介质中放电加工会分解出负极性的游离碳微粒，在合适的脉宽、脉间条件下将在放电的正极上覆盖碳微粒，叫覆盖效应。利用覆盖效应可以降低电极损耗。但只有负极性加工才有利于覆盖效应。

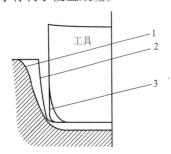

图 2-6　电火花加工时的加工斜度

1—实际工具轮廓线；2—电极有损耗
而不考虑二次放电时工具轮廓线；
3—电极无损耗时工具轮廓线

（3）二次放电

"二次放电"也是影响电火花加工形状精度的重要因素。二次放电是指已加工表面上由于电蚀产生物再次进行的非正常放电，它集中表现在加工深度方向产生斜度和加工棱角边变钝等方面，如图 2-6 所示。

（4）加工速度

加工速度高时，工具电极的损耗会增大。在电火花实际加工过程中，粗加工采用长脉冲时间和高放电电流，既实现了速度高，又实现了损耗小的目的，缓解了加工速度和工具电极损耗的矛盾。但是，在精加工时，为了实现小能量加工，必须大大压缩脉冲放电时间，为达到脉冲放电电流与脉冲放电时间参数的合理组合，亦必须大大压缩脉冲放电电流，这样，不仅加大了工具电极相对损耗，又大幅度降低了加工速度。

（5）火花放电通道

加工速度高时，加工表面粗糙度会增大。为了解决电火花加工速度与加工表面粗糙度之间的矛盾。人们试图将一个脉冲能量分散为若干个通道同时在多点放电。用这种方法既改善了加工表面粗糙度，又维持了原有的加工速度。到目前为止，实现人为控制的多点同时放电的有效方法只有一种，即分离工具电极多回路加工。为了实现整体电极的多通道加工，人们设想了各种方法，并进行了多年的实验摸索。但是迄今为止，尚没有彻底解决。在实用过程中，型腔模具的加工采用粗、中、精逐挡过渡式加工方法。加工速度的矛盾是通过大功率、低损耗的粗加工规准解决的；而中、精加工虽然工具电极相对损耗大，但在一般情况下，中、精加工余量仅占全部加工量的极小部分，故工具电极的绝对损耗极小，可以通过加工尺寸控制进行补偿，或在不影响精度要求时予以忽略。

（6）工具电极损耗

在电火花成形加工中，工具电极损耗直接影响成形精度，特别对于型腔加工，电极损耗这一工艺指标较加工速度更为重要。电极损耗分为绝对损耗和相对损耗。绝对损耗最常用的是体积损耗速度 V_e 和长度损耗速度 V_{eh} 两种方式，它们分别表示在单位时间内，工具电极被蚀除的体积和长度。即

$$V_e = \Delta V/t \ (\text{mm}^3/\text{min})$$

$$V_{eh} = \Delta H/t \ (\text{mm}/\text{min})$$

相对损耗是工具电极绝对损耗与工件加工速度的百分比。通常采用长度相对损耗比较直观，测量也比较方便。在电火花成形加工中，工具电极的不同部位，其损耗速度也不相同。在精加工时，一般电规准选取较小，放电间隙太小，通道太窄，蚀除物在爆炸与工作液作用下，对电极表面不断撞击，加速了电极损耗，因此，如能适当增大放电间隙，改善通道状况，即可降低电极损耗。图2-7为相对长度损耗示意图。

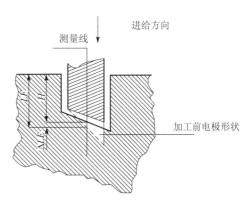

图2-7　相对长度损耗

H—加工深度；LF—计数深度；ΔLE—电极损耗

（7）放电间隙

放电间隙如果恒定，不会影响到成形加工的精度，但实际加工中，有关参数不可避免地要发生变化，特别是排屑条件及放电间隙中电蚀产物浓度的变化，将导致加工区域二次放电机会不同，从而使得放电间隙不均匀，产生加工斜度及圆角等。除了间隙能否保持均匀一致外，间隙大小对加工精度同样有影响，尤其是复杂形状的加工表面，其棱角部位电场强度分布不均，间隙越大，影响也越大。因此，从减小加工误差的角度考虑，应当采用弱的加工规准，缩小放电间隙，以提高仿形精度。电参数对放电间隙的影响非常显著，精加工时放电间隙一般只有0.01 mm左右，而粗加工时可达0.3~0.5 mm。保持加工过程的稳定性对保持间隙均匀是非常重要的，所以放电间隙并不是越小越好，因为间隙过小，单个脉冲能量很小，加工效率低，会因排屑不畅而使得加工不稳定，从而导致放电间隙不均匀，加工精度反而降低。提高间隙电压及增大单个脉冲能量都能加大放电间隙。

（8）放电产物排除

电火花加工只有在放电产物的产生和排除速度达到平衡的条件下才能顺利进行。一旦这种平衡遭到破坏，电火花加工就不可能进行。放电产物的产生和排除这一对矛盾的关键在于"排除"。也就是说，在电火花加工中，解决的方法不应以牺牲加工速度去适应排除，而应

积极开创排除的条件以适应加工速度。以此为目的，首先必须对破坏产生与排除达到平衡的原因有充分认识。排除速度不适应产生速度的原因与工艺条件有关。例如，在成形加工中，型孔太深，放电面积过小或过大；又如线切割加工中，工件太厚，电极丝直径太小等。此外，还和加工脉冲参数有关。例如，采用较小脉冲能量进行中、精加工时，放电间隙较小，排屑困难；另一个影响产物排除的原因就是加工面形状复杂，使排屑路径不畅通。上述原因造成的矛盾，不仅使加工稳定性变差，脉冲利用率变低，加工速度变慢，甚至可能达到根本不能维持继续加工的地步。这些问题尚没有十分有效的解决办法，目前常用的处理办法有：① 人工排屑排气。可以在工具电极上预钻若干小孔，以开辟排屑路径。还可以采用工具电极周期提升，来弥补产生与排除之间的不平衡；② 采用强迫冲油或抽油的方式促进产物的排除，如图 2-8 所示；③ 加速工作液的循环过滤；④ 提高脉冲空载电压，加大放电间隙，用以改善排屑条件；⑤ 两电极之间存在相对运动（例如成形加工中的旋转头、平动头，线切割加工中的走丝），具有改善间隙屑性能的作用；⑥ 利用超声振动（或其他措施）与电火花加工的复合作用，对改善排屑条件有明显作用。

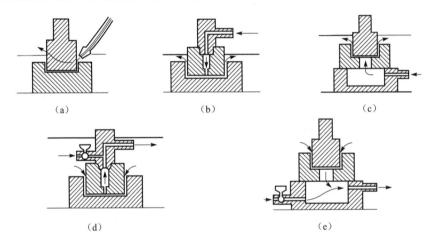

图 2-8　冲液与抽液排屑方式

（a）依靠喷嘴从电极侧面喷入加工液；（b）在电极一侧设置喷嘴孔，合理分配路径；

（c）将工件设置在喷流容器上，从下喷流；（d）电极吸引——将粉末和气体吸往电极的液处理孔；

（e）下孔吸引——从工件的下孔吸入吸引容器

3. 数控电花火成形加工机床的工具电极的选择

工具电极材料必须具有导电性能良好、电腐蚀困难、电极损耗小，并且具有足够的机械强度、加工稳定、效率高、材料来源丰富、价格便宜等特点。

电火花成形加工常用的工具电极材料有钢、铸铁、石墨、黄铜、紫铜、铜钨合金、银钨合金等。电极设计的主要内容是选择电极材料，确定结构形式和尺寸等。目前，型腔电火花加工中应用最广泛的材料是石墨和紫铜。石墨电极加工容易，密度小，质量轻，但力学性能较差，在采用宽脉冲大电流加工时容易起弧烧伤。同时，不同质量的石墨材料电火花加工性能也有很大差异。一般选用颗粒小而均匀、气孔率低、抗弯强度高和电阻率低的石墨材料。

紫铜的组织致密、韧性强，用来加工形状复杂、轮廓清晰、精度高和表面粗糙度小的型腔，但紫铜的切削加工性能差，密度较大，价格较高，不适宜大中型电极。铜钨合金和银钨合金是较理想的型腔加工电极材料，但价格昂贵，只在特殊情况下采用；铸铁、黄铜、钢等，因其损耗大，加工速度低，均不适宜型腔的加工。

电火花成形加工中常用的电极材料的性能及应用特点如表 2-1 所示。

表 2-1 常用电极材料性能及其加工性

电极材料	性 能			特 点	材 质	应 用
	加工稳定性	电极损耗	机械加工性能			
铸铁	一般	一般	好	制造容易，材料来源丰富	最好用优质铸铁	用于复合式脉冲电源加工，常用于加工冷冲模的电极
钢	较差	一般	好	应用广泛，模具穿孔加工时常用，电规准选择应注意加工稳定性	以锻件为好	用于"钢打钢"冷冲模加工
石墨	较好	较小	较好	材质抗高温，变形小，制造容易，质量轻，但材料容易脱落、掉渣，机械强度较差，易折角	细粒致密、各向同性的高纯石墨	用于加工大型模具的电极
黄铜	好	较大	好	制造容易，特别适宜在中小电规准情况下加工，但电极损耗太大	冷拔或轧制棒或板材	用于可进行补偿的加工场所
纯铜（紫铜）	好	一般	较差	材质质地细密，适应性广，但磨削加工困难	以无杂质锻打电解铜最好	应用广泛
银铜合金	好	小	一般	电蚀速度快，高光洁度，低损耗粗精加工可一次完成	铸造坯料加工	应用于精密模具电极
铜钨（银钨）合金	很好	很小	一般	针对钨钢、耐高温超硬合金金属等，高光洁度，可使模具达到非常高的精度	粉末冶金制作，以粒度细的为好	精密微细加工类模具电极

2.1.3 电火花成形加工设备

1. 电火花成形加工机床结构

数控电火花成形加工机床由于功能的差异，导致在布局和外观上有很大的不同，但其基本组成是一样的，都由脉冲电源、床身、数控装置、工作液循环系统伺服进给系统等组成，如图 2-9 所示。

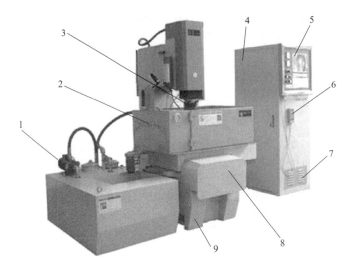

电火花加工（二）

图 2-9　电火花成形加工机床结构

1—工作液循环系统；2—工作台及工作液箱；3—主轴头；4—数控装置；
5—操作面板；6—手动盒；7—脉冲电源；8—伺服进给系统；9—床身

（1）脉冲电源

加在放电间隙上的电压必须是以脉冲形式放电的，否则，放电将成为连续的电弧。脉冲电源的作用是把工频交流电转换成供给火花放电间隙所需要的能量来蚀除金属。脉冲电源对电火花加工的生产率、表面质量、加工速度、加工过程的稳定性和工具电极损耗等技术经济指标有很大的影响。脉冲电源应满足的要求有：① 脉冲参数应能简单方便地进行调整，以适应各种材料、各种加工要求的需要；② 尽可能小的电极损耗，这是保证成形精度的重要条件之一；③ 加工表面粗糙度应能满足使用要求；④ 有足够的输出功率，满足生产线的加工速度要求；⑤ 电源性能稳定、可靠、价位合理，便于维修。脉冲电源的分类方法有很多。按功能可分为等电压脉宽（等频率）、等电流脉宽脉冲电源，以及模拟量、数字量、微机控制、适应控制、智能化等脉冲电源。按其作用原理和所用的主要元件、脉冲波形等可分为多种类型，见表 2-2。现在普及型（经济型）的电火花加工机床都采用高低压复合的晶体管脉冲电源，中、高档的电火花加工机床都采用微机数字化控制的脉冲电源，而且内部存有电火花加工规准数据库，可以通过微机设置和调用各档粗、中、精加工规准参数。

表 2-2　电火花脉冲电源分类

按主回路中主要元件种类	张弛式、电子管式、闸流管式、脉冲发电机式、晶闸管式、晶体管式、大功率集成器件式

按输出脉冲波形	矩形波、梳状波分组脉冲、三角波形、阶梯波、正弦波、高低压复合脉冲
按间隙状态对脉冲参数的影响	非独立式、独立式
按工作回路数目	单回路、多回路

（2）机床主体

机床主体包括床身和立柱等基础结构，由它确保电极与工作台、工件之间的相互位置。位置精度的高低对加工有直接的影响，如果机床的精度不高，加工精度也难以保证。因此，不但床身和立柱的结构应该合理，有较高的刚度，能承受主轴负重和运动部件突然加速运动的惯性力，还应能减小温度变化引起的变形。

（3）数控装置

为了满足放电间隙良好地保持要求及预定的形状加工要求，对电极与工件间的相对位置通过主轴的运动进行调整与控制。数控电火花成形机床已有了五轴联动的控制系统，但在生产线上使用的大多是单轴数控或两轴联动的控制系统。

（4）工作液循环系统

主要由储液箱、泵、过滤器、管道阀门等组成，用于向放电区域不断提供干净的工作液，并将电蚀产物带出放电区域，经过滤器滤掉这些微粒。高精度电火花成形机床的工作液装置除了过滤精度高（能滤掉>3~5 pm 的微粒）外，大多配有工作液温控装置及冷却装置。

电火花加工时工作液的作用有以下几方面。

1）放电结束后恢复放电间隙的绝缘状态（消电离），以便下一个脉冲电压再次形成火花放电。为此要求工作液有一定的绝缘强度，其电阻率在 $103 \sim 106 \ \Omega \cdot cm$。

2）使电蚀产物较易从放电间隙中悬浮、排泄出去，免得放电间隙严重污染，导致火花放电点不分散而形成有害的电弧放电。

3）冷却工具电极和降低工件表面瞬时放电产生的局部高温，避免表面因局部过热而产生结炭、烧伤。

4）工作液还可压缩火花放电通道，增加通道中压缩气体、等离子体的膨胀及爆炸力，以抛出更多熔化和气化了的金属，增加蚀除量。

5）工作液应对人体和设备无害，安全和价格低廉。

工作液在选择和使用过程中还应注意以下几点：① 闪点尽量高的前提下，黏度要低。电极与工件之间不易产生金属或石墨颗粒对工件表面的二次放电，这样，一方面能降低表面粗糙度，又能相对防止电极积炭率；② 为提高放电的均匀稳定、加工精度及加工速度，可采用工作液混粉（硅粉、铬粉等）的工艺方法；③ 按照工作液的使用寿命定期更换；④ 严格控制工作液高度；⑤ 根据加工要求选择冲液、抽液方式，并合理设置工作液压力。

目前，国内外电火花加工用工作液主要成分是煤油，因为它的表面张力小，绝缘性能和渗透力好；但缺点是加工过程中会散发出呛人的油烟，故在大功率加工时，常用燃点较高的机械油或在煤油中加入一定比例的机械油。

图 2-10 为工作液循环系统油路图，它既能冲油又能抽油。其工作过程是：储油箱的工作液首先经过粗过滤器 1、单向阀 2、吸入液压泵 3，这时高压油经过不同形式的精过滤器 7 输向机床工作液槽，溢流安全阀 5 控制系统的压力不超过 400 kPa，快速进油控制阀 10 供快速补油用，待油注满油箱时，可及时调节冲油选择阀 13，由阀 9 来控制工作液循环方式及压力，当阀 13 在冲油位置时，补油冲油都不通，这时油杯中油的压力由阀 9 控制。当阀 13 在抽油位置时，补油和抽油两路都通，这时压力工作液穿过射流抽吸管 12，利用流体速度产生负压，达到实现抽油的目的。

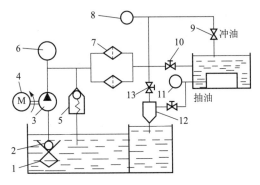

图 2-10　工作液循环系统油路图

1—粗过滤器；2—单向阀；3—吸入液压泵；4—电动机；5—溢流安全阀；

6—压力表；7—精过滤器；8—冲油压力表；9—压力调节阀；10—快速进油控制阀；

11—抽油压力表；12—射流抽吸管；13—冲油选择阀

在加工过程中产生的电蚀产物主要是金属粉屑和高温分解出来的碳黑，若不及时排出，工作液混浊将会导致加工不稳定。因此在工作液系统中必须采用过滤装置，以便将加工产生的蚀除物颗粒滤掉，保持工作液的清洁，使放电过程能稳定持续地进行。其过滤方式和特点见表 2-3。

表 2-3　过滤方式和特点

过滤方式	特　点
介质过滤（木屑、黄沙、纸质、灯草芯、硅藻土、泡沫塑料等）	结构简单，造价低，但使用时间短，耗油多
离心过滤	过滤效果较好，结构复杂，清渣较困难
静电过滤	结构较复杂，一般不采用，因电压高，有安全问题，故用于小流量场合
自然沉淀过滤	适合于大流量的油箱和油池

（5）伺服进给系统

电火花加工与切削加工不同，属于"不接触加工"。正常电火花加工时，工具和工件间

有一放电间隙 S。如果间隙过大，脉冲电压击不穿间隙间的绝缘工作液，则不会产生火花放电，必须使电极工具向下进给，直到间隙 S 等于或小于某一值（一般 $S=0.1\sim0.01$ mm，与加工规准有关），才能击穿并产生火花放电。在正常的电火花加工时，工件以 v_{w} 的速度不断被蚀除，间隙 S 将逐渐扩大，必须使电极工具以速度 v_{d} 补偿进给，以维持所需的放电间隙。如进给速度 v_{d} 大于工件的蚀除速度 v_{w}，则间隙 S 将逐渐变小，甚至等于零，形成短路。当间隙过小时，必须减少进给速度 v_{d}。如果工具工件间一旦短路（$S=0$），则必须使工具以较大的速度 v_{d} 反向快速回退，消除短路状态，随后再重新向下进给，调节到所需的放电间隙。这一间隙便是通过伺服进给装置实现的。目前，伺服进给系统普遍采用步进电动机、直流电动机或交流伺服电动机作为执行件。

（6）工作台

工作台主要用来支撑和装夹工件。在实际加工中，通过转动纵横向丝杆来改变电极与工件的相对位置。工作台上装有工作液箱，用以容纳工作液，使电极和工件浸泡在工作液里，起到冷却、排屑作用。工作台是操作者装夹找正时经常移动的部件，通过移动上下滑板，改变纵横向位置，达到电极与工具件间所要求的相对位置。

2. 电火花成形加工机床的附件

（1）可调节工具电极角度的夹头

装夹在主轴下的工具电极，在加工前需要调节到与工件基准面垂直，在加工型孔或型腔时，还需在水平面内调节、转动一个角度，使工具电极的截面形状与加工出工件型孔或型腔预定的位置一致。垂直度调节功能，常用球面铰链来实现，水平调节功能，靠主轴与工具电极安装面的相对转动机构来调节，垂直度与水平转角调节正确后，应用螺钉锁紧。此外，机床主轴、床身连成一体接地，而装工具电极的夹持调节部分应单独绝缘，以防止操作人员触电。可调电极夹头结构如图 2-11 所示。

图 2-11　可调电极夹头

（2）平动头

电火花粗加工时的火花间隙比半精加工的要大，而半精加工的火花间隙比精加工的又要大一些。当用一个电极进行粗加工，将工件的大部分余量蚀除掉后，其底面和侧壁四周的表面粗糙度很差，为了将其修光，就得改变规准逐挡进行修整。由于后挡规准的放电间隙比前挡小，对工件底面可通过主轴进给进行修光，而四周侧壁就无法修光了。平动头就是为解决修光侧壁和提高其尺寸精度而设计的。平动头是一个使装在其上的电极能产生向外机械补偿动作的工艺附件。在采用单电极加工型腔时，可以补偿上一个加工规准和下一个加工规准之间的放电间隙差。平动头的动作原理是：利用偏心机构将伺服电动机的旋转运动通过平动轨迹保持机构，转化成电极上每一个质点都能围绕其原始位置在水平面内作平面小圆周运动，许多小圆的外包络线就形成加工表面。其运动半径即平动量 Δ 通过调节可由零逐步扩大，以补偿粗、半精、精加工的火花放电间隙 δ 之差，从而达到修光型腔的目的。其中每个质点运动轨迹的半径就称为平动量。平动头结构如图 2-12 所示。

（3）永磁吸盘

永磁吸盘是固定工件很方便的一种附件，吸力一般大于 $100\ \text{N/cm}^2$。使用时只需用内六角扳手左旋或右旋即可松开或吸紧工件。其结构如图 2-13 所示。

图 2-12 平动头

图 2-13 永磁吸盘

2.1.4 电火花成形加工技术发展

先进制造技术的快速发展和制造业市场竞争的加剧，为电火花成形加工技术的研究和工艺开发、设备更新提供了新的动力。今后，电火花成形加工的加工对象将主要面向传统切削加工不易实现的难加工材料、复杂型面等加工，其中精细加工、精密加工、窄槽加工、深腔加工等将成为发展重点。同时，还与其他特种加工技术或传统切削加工技术的复合应用，充分发挥各种加工方法在难加工材料加工中的优势。

相对于切削加工技术而言，电火花成形加工技术仍是一门较年轻的技术，在今后的发展中，还将不断借鉴切削加工技术发展过程中取得的经验与成果，根据电火花成形加工自身的技术特点，充分运用数控技术，不断完善、创新，朝着高效率、高精度、低损耗、微细化、自动化、安全、环保等方向发展。

1. 电火花成形加工理论的发展

在加工工艺理论研究方面，研究热点主要是如何提高电火花成形加工的表面质量和加工速度，降低损耗，拓展电火花加工的范围，以及探索复杂、微细结构的加工方法等。通过将研究成果应用于生产实践，全面提高了电火花成形加工的加工性能。在控制理论研究方面，智能控制一直是研究重点。国内外生产的新型电火花成形加工机床大多采用了智能控制技术，此项技术的应用使机床操作更容易，对操作人员要求更低。同时，智能控制系统具有自学习能力，可在线自动监测、调整加工过程，以实现加工过程的最优化控制。

虽然电火花成形加工的理论研究在基础理论、加工工艺理论、控制理论等方面都有一定发展和提高，但加工工艺理论、控制理论要得到更进一步全面发展，就必须在整个放电过程机理的研究上有所突破。因此，电火花成形加工理论研究的发展趋势将是在进一步探讨加工工艺理论和控制理论，提高电火花成形加工的加工性能及加工范围，取得更好控制效果的同时，重点研究放电过程的机理。

电火花成形加工机理研究未取得突破性进展的主要原因除放电过程本身的复杂性、随机性外，还由于研究方法及手段缺乏创新性。因此，还需要借鉴其他研究领域的成功经验，引入先进的研究方法和试验技术，克服传统研究方法的局限性、深入剖析和揭示整个放电过程的内在本质，建立可客观反映放电过程规律的理论模型，以指导电火花成形加工工艺理论和控制理论的研究，而计算机仿真技术可能是实现这一过程的有效工具。

2. 电火花成形加工设备结构的改进

借鉴现代切削加工机床的发展经验，电火花成形加工设备向数控化方向发展是一个不可逆转的趋势。一方面以高精度、高速度、自动化为追求目标，以技术优势占领市场；另一方面充分考虑设备的性能价格比，通过对机床功能的合理定位，进行结构改进和模块化设计，采用开放性的数控系统，提高机床设计的合理性，以最低的价格和足够的功能向用户提供可满足不同加工需要的各类电火花成形加工机床。

为全面推动电火花成形加工设备的技术进步，在采用先进控制系统的同时，机床结构的设计也在进一步完善，其主要发展方向表现在以下两方面。

（1）直线伺服系统的应用

电火花成形加工设备采用直线电机伺服系统可使加工性能得到明显改善，具体表现为：

1）可实现轴的直接直线运动，省去丝杠—螺母传动环节，从而保证轴的高速运动。

2）采用直线电机与滑板一体化结构，可消除滑板与电机之间因存在中间环节而引起的机械响应滞后现象，提高系统的灵敏度，缩短动态响应时间，保证加工过程的稳定性。

3）直线电机伺服系统的运动方式决定了其位置检测环节必须采用直线位置反馈元件，实现无中间环节的直接位置检测，从而构成一个全闭环系统，保证加工过程的高精度及精度保持性。

目前，直线伺服系统的应用在深窄、微小型腔加工及模压零件一模多腔加工方面具有明显的技术优势。但是，这些技术优势要真正实现，除需结合电火花成形加工放电过程特性，解决直线伺服系统本身的技术难题外，还必须解决一系列与直线伺服系统配套的相关技术，如直线运动系统的动力平衡、工作台的结构改进等。

（2）机床运动方式的改进

突破现有电火花成形加工机床运动方式的局限性，是发挥其技术优势、推动其产业发展的另一重要途径。借鉴现代切削加工技术的发展经验，可在机床主要的加工成形运动基础上引入圆周运动，特别是采用多轴回转系统与多种直线运动协调组合成多种复合运动方式，以适应不同种类工件的加工要求，扩大电火花成形加工的加工范围，提高其在精密加工方面的比较优势和技术效益。目前，国内外许多电火花成形加工机床在运动方式上作了一些改进，如瑞士阿奇公司生产的 AGIF MONDO STAR20（50）机床拥有 EQUIMODE 功能，能实现空间任何方向的半球平动，这种平动功能在实际加工中具有很高的实用价值。但目前电火花成形加工机床增设的运动方式还较为单一，应用范围有限。电火花成形加工要在加工精度、加工效率、加工范围等方面取得重大突破，一个重要的发展方向就是对机床成形运动方式的创新和多样化。

此外，机床的整体结构设计必须充分考虑环境保护以及人—机协调性，借助先进的设计方法和手段（如 CAD、有限元分析等）对机床结构进行全面优化设计，充分提高机床结构的先进性和合理性。

3. 电火花成形加工工艺的发展趋势

通过对电火花成形加工机理的研究，进一步揭示放电过程的内在规律，并以此为指导，推动电火花成形加工工艺向高效率、高精度、低损耗方向发展，同时还应注意微细化加工方面的发展。

（1）加工过程的高效化

加工过程的高效化不仅体现在通过改进电火花加工伺服系统、控制系统、工作液系统、机床结构等，减少上述因素对电火花成形加工效率的影响，在保证加工精度的前提下提高粗、精加工效率，同时还应尽量减少辅助时间（如编程时间、电极与工件定位时间、维修时间等），这就需要增强机床的自动编程功能，扩展机床的在线后台编程能力，改进和开发适用的电极与工件定位装置；在机床维护方面，应增强机床的多媒体功能和在线帮助功能，对于常见故障，操作人员可直接根据计算机提示实现故障排除，同时这也有利于增强机床的可操作性和操作人员的操作技能。

（2）加工过程的精密化

通过采用一系列先进加工技术和工艺方法，目前电火花成形加工精度已有全面提高，有的已可达到镜面加工水平。但从总体来看，先进技术在实际生产中的应用还不够成熟和广泛，因此有必要全面推动已有先进技术的进一步完善及向产业化方向发展。在保证加工速度、加工成本的前提下，使电火花成形加工的精度进一步提高，使电火花成形加工成为一些主要零件、关键零件的最终加工方式。同时，对加工精度的衡量不能仅仅局限于工件的尺寸精度和表面粗糙度，还应包括型面的几何精度、变质层厚度以及微观裂纹、氧化、锈蚀等。

（3）加工过程的微细化

电火花成形加工的一个重要应用领域是窄槽、深腔、微细零件的加工，因此加工过程的微细化是今后一个重要的发展方向。电火花微细加工机理与常规电火花成形加工相同，但有自身的工艺特点：每个脉冲的放电能量很小，工作液循环困难，稳定的放电间隙范围小等。基于这些工艺特点，微细电火花成形加工的加工装置、工作液循环系统、电极制备等必然与常规电火花成形加工有很大区别。因此，需要重点研究非机械作用力及其干扰对加工过程的影响等，进一步提高加工效率、加工精度及加工过程的稳定性。

（4）应用范围的扩大

目前，电火花成形加工不仅可加工各种导电金属材料和复杂型腔，还能实现对半导体材料、非导电材料的加工，并取得了较好的加工效果。同时，电极材料的种类也不断增多。这方面的主要发展趋势为：进一步研究半导体材料、非导电材料的放电加工机理，促进其加工效率、加工精度、加工过程稳定性的提高，扩大可加工材料的范围；除加工复杂型腔外，进一步实现对三维型腔、复杂型面的加工；研制性能优越的新型电极材料。

4. 电火花成形加工数控系统的发展趋势

数控系统是数控机床的核心部分，其性能的提高不仅可直接改善加工效率、加工精度和加工稳定性，同时也是扩大加工范围、实现复杂精密加工的重要途径。先进数控系统的应用可为电火花成形加工带来显著的经济效益和广阔的发展前景，已成为衡量电火花成形加工技术水平的重要标志。电火花成形加工在数控系统方面的发展趋势主要表现在以下几方面。

（1）建立基于微型计算机（PC）的开放式数控体系

具有开放性的数控体系是当前数控系统的发展主流，而PC自身的特点决定了它是一种标准的开放性结构系统。与以前的数控系统相比，基于PC的数控系统具有以下优点：① 系统具有更高的集成度和可靠性；② 资源丰富，适于产品开发；③ 控制功能强大，形式多样，可实现多机控制、多目标控制；④ 系统具有更高柔性。

目前，应用于数控机床上基于PC的数控系统多为专用型结构，虽具有结构较简单、技术较成熟、开发成本较低等优点，但随着技术的进一步发展，其软、硬件具有封闭性的缺点日益明显。例如，这种结构的数控系统很难及时应用计算机技术的最新成果，不同系统之间很难相互兼容，用户不易增设或改进适合自身实际的专用功能，PC资源利用率低，难以完全发挥PC的优势，控制系统功能不完善等。

（2）实现加工过程控制的智能化

提高电火花成形加工过程的自动化是该加工技术发展的必然趋势。由于电火花成形加工是在复杂环境下基于复杂任务对复杂对象的控制，传统的控制系统已不能满足自动化加工的要求，因此需要建立多输入、多输出的控制系统，智能控制将是解决此类复杂问题的有效途径。智能控制系统具有自学习和自适应功能，能自主调节系统的控制结构、进行决策规划和广义问题求解。它就如同一个有经验的操作者，可通过对加工信息的定性刻画，模拟熟练操作者的思维方式，根据当前的加工状态调整加工参数，进而实现提高加工效率、加工精度、加工过程稳定性以及简化操作过程，拓宽加工范围的目的。

加工过程的智能控制主要包括三方面内容：① 人工神经网络技术；② 模糊控制；③ 专家系统。为了紧跟先进制造技术的发展步伐，应将最先进的人工智能技术引入电火花成形加工过程控制中，利用各种控制技术的特点与优势，研制智能化、模块化的电火花成形加工机床的控制部件和执行机构，促进电加工产业的全面技术进步。

5. 操作安全与环境保护

随着科技进步和人类文明的发展，人们对工作条件的改善和环境保护的要求越来越高。

电火花成形加工由于其自身特点，在加工过程中不可避免地会产生工作液飞溅、烟雾、噪声、电磁辐射、有害气体等不安全因素和污染，对操作者人身安全及环境的危害不可忽视。因此，为保证电加工产业的可持续发展，必须根据"绿色制造"原则，实现资源的最有效利用和废弃物的最低限度产生与排放。具体可采取以下措施：① 封闭的机床工作区。这有利于改善工作液、烟雾、电磁辐射等对人体、机床、工作环境的污染，有利于操作过程中防止触电危险以及对有害气体的集中处理排放。② 替代性技术的运用。例如，为减少使用工作液所造成的环境污染，可在保证加工效率、加工精度、加工成本以及加工过程稳定性的前提下，尽量选用污染较小的工作液，同时应大力研究、开发不使用工作液的成形加工技术。③ 废弃物的后处理。对于加工中产生的废液、废气必须经过处理后才能排放。需要特别指出，对加工过程产生的污染物的合理处理，不仅有利于提高工作的安全性、减少环境污染，还有利于改善操作者的工作环境，使操作者工作时心情愉快，这对于提高电加工产业的社会形象和市场竞争力是十分有益的。

※ 2.2 电火花线切割加工技术 ※

2.2.1 电火花线切割加工原理、特点及应用范围

1. 数控电火花线切割加工原理

电火花线切割加工是在电火花加工基础上于 20 世纪 50 年代末最早在苏联发展起来的一种新的工艺形式，是用线状电极（钼丝或铜丝）靠火花放电对工件进行切割，故称为电火花线切割，简称线切割。线切割已获得广泛的应用，目前国内外的线切割机床已占电加工机床的 60% 以上。

图 2-14 为电火花线切割加工及装置的示意图。利用细钼丝或铜丝 4 作工具电极进行切割，储丝筒 7 使钼丝作正反向交替移动，加工能源由脉冲电源 3 供给。在电极丝和工件之间浇注工作液介质，工作台在水平面两个坐标方向各自按预定的控制程序，根据火花间隙状态作伺服进给移动，从而合成各种曲线轨迹，把工件切割成形。

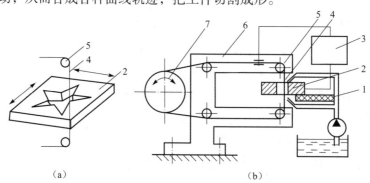

图 2-14 电火花线切割原理

1—绝缘底板；2—工件；3—脉冲电源；4—钼丝；5—导向轮；6—支架；7—储丝筒

根据电极丝的运行速度，电火花线切割机床通常分为两大类：一类是快走丝电火花线切割机床（WEDM—HS）。这类机床的电极丝作高速往复运动，一般走丝速度为 8~10 m/s。这是我国生产和使用的主要机种，也是我国独有的电火花线切割加工模式；另一类是慢走丝电火花线切割机床（WEDM—LS）。这类机床的电极丝作低速单向运动，一般走丝速度低于 0.2 m/s，这是国外生产和使用的主要机种。

此外，按加工特点可分为大、中、小型以及普通直壁切割型与锥度切割型等。

2. 线切割加工的特点

与电火花成形加工相比，电火花线切割加工有如下特点。

1）由于工具电极是直径较小的细丝，省掉了成形工具电极的制作，靠数控技术实现复杂的切割轨迹，缩短了生产准备时间，加工周期短。

2）脉冲电源的加工电流较小，脉冲宽度较窄，属中、精加工范畴，所以只采用正极性加工，工件与脉冲电源的正极相接。

3）采用水或水基工作液，不会引燃起火，容易实现安全无人运转。

4）线切割电极丝比较细，切缝很窄，可以加工微细异形孔、窄缝和复杂形状的工件。且只对工件材料进行"套料"加工，实际金属去除量很少，材料的利用率很高。

5）因工具电极是运动的长金属丝，故可加工很小的窄缝或人工缺陷。当切割的周长不大时，单位长度的电极丝损耗很小，对加工精度的影响也很小。而慢走丝线切割由于电极丝只是一次性使用，所以电极丝的损耗对加工精度无影响。但是，电极丝自身的尺寸精度对快、慢走丝线切割机床的加工精度均有直接的影响。

3. 线切割加工的应用范围

线切割加工为新产品试制、精密零件及模具制造开辟了一条新的工艺途径，主要应用于以下几个方面。

（1）加工模具

适用于各种形状的冲模，调整不同的间隙补偿量，只需一次编程就可以切割凸模、凸模固定板、凹模及卸料板等，模具配合间隙、加工精度通常都能达到要求。此外，还可加工挤压模、粉末冶金模、弯曲模、塑压模等通常带锥度的模具。如图 2-15 所示为利用线切割加工模具上的方孔。

（2）加工电火花成形加工用的电极

一般穿孔加工的电极以及带锥度型腔加工的电极。对于铜钨、银钨合金之类的材料，用线切割加工特别经济，同时也适用于加工微细复杂形状的电极。

（3）加工零件

在试制新产品时，用线切割在板料上直接割出零件，例如切割特殊微电机硅钢片定转子铁心。由于不需另行制造模具，可大大缩短制造周期、降低成本，如图 2-16 所示。另外修改设计、变更加工程序比较方便，加工薄件时还可多片叠在一起加工。在零件制造方面，可用于加工品种多，数量少的零件，特殊难加工材料的零件，材料试验样件，各种型孔、凸轮、样板、成形刀具。同时还可进行微细加工，异形槽和标准缺陷的加工等。

图 2-15　线切割加工模具　　　　　　图 2-16　线切割加工零件

2.2.2　电火花线切割加工设备

电火花线切割加工设备主要由机床本体、脉冲电源、控制系统、工作液循环系统和机床附件等几部分组成。图 2-17 和图 2-18 分别为快走丝和慢走丝线切割加工设备组成图。

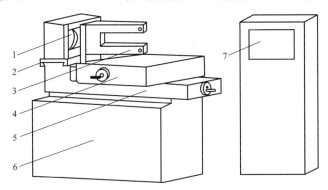

图 2-17　快走丝切割加工设备组成

1—卷丝筒；2—走丝溜板；3—丝架；4—纵向滑板；5—横向滑板；6—床身；7—控制柜

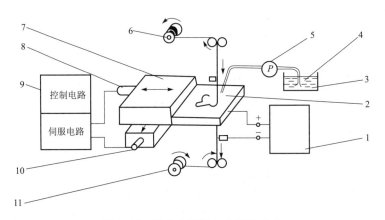

图 2-18　慢走丝切割加工设备组成

1—脉冲电源；2—工件；3—工作液箱；4—去离子水；5—泵；6—放丝卷筒；

7—工作台；8—X 轴电动机；9—数控装置；10—Y 轴电动机；11—收丝卷筒

1. 机床本体

机床本体由床身、坐标工作台、走丝机构、丝架、工作液箱、附件和夹具等几部分组成。

（1）床身部分

床身一般为铸件，是坐标工作台、绕丝机构及丝架的支承和固定基础。通常采用箱式结构，应有足够的强度和刚度。床身内部安置电源和工作液箱，考虑电源的发热和工作液泵的振动，有些机床将电源和工作液箱移出床身外另行安放。

（2）坐标工作台部分

电火花线切割机床最终都是通过坐标工作台与电极丝的相对运动来完成对零件加工的。为保证机床精度，对导轨的精度、刚度和耐磨性有较高的要求。一般都采用"十"字拖板、滚动导轨和丝杆传动副将电动机的旋转运动变为工作台的线性运动，通过两个坐标方向各自的进给移动，可合成获得各种平面图形曲线轨迹。为保证工作台的定位精度和灵敏度，传动丝杆和螺母之间必须消除间隙。

（3）走丝机构

走丝系统使电极丝以一定的速度运动并保持一定的张力。在快走丝机床上，一定长度的电极丝平整地卷绕在储丝筒上，丝张力与排绕时的拉紧力有关（为提高加工精度，近年来已研制恒张力装置），储丝筒通过联轴器与驱动电机相连。为了重复使用该段电极丝，电机由专门的换向装置控制作正反向交替运转。走丝速度等于储丝筒周边的线速度，通常为8~10 m/s。在运动过程中，电极丝由丝架支撑，并依靠导轮保持电极丝与工作台垂直或倾斜一定的几何角度（锥度切割时）。

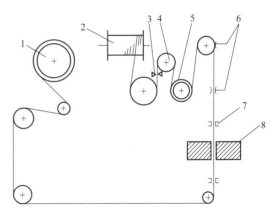

图 2-19　慢走丝运丝机构示意图

1—卷丝轮；2—未使用的金属丝筒；3—拉丝模；
4—张力电动机；5—电极丝张力调节轴；
6—退火装置；7—导向装置；8—工件

慢走丝系统如图2-18和图2-19所示。自未使用的金属丝筒2（绕有1~3 kg金属丝）开始，靠卷丝轮1使金属丝以较低的速度（通常0.2 m/s以下）移动。为了提供一定的张力（2~25 N），在走丝路径中装有一个机械式或电磁式张力机构4和5。为实现断丝时可能自动停车并报警，走丝系统中通常还装有断丝检测微动开关。用过的电极丝集中到卷丝筒上或送到专门的收集器中。

为了减轻电极丝的振动，应使其跨度尽可能小（按工件厚度调整），通常在工件的上下采用蓝宝石V形导向器或圆孔金刚石模导向器，其附近装有引电部分，工作液一般通过引电区和导向器再进入加工区，可使全部电极丝的通电部分都能冷却。有的机床上还装有自动穿丝机构，能使电极丝经一个导向器穿过工件上的穿丝孔而被传送到另一个导向器，在必要时也能自动切断，为无人连续切割创造了条件。

（4）锥度切割装置

为了切割有落料角的冲模和某些有锥度（斜度）的内外表面，有些线切割机床具有锥度切割功能。如图2-20所示为利用线切割加工的带锥度零件。实现锥度切割的方法有多种，下面介绍两种。

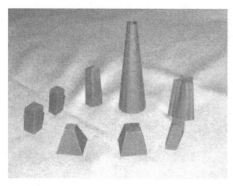

图2-20　线切割加工带锥度的零件

1）偏移式丝架。主要用在快走丝线切割机床上实现锥度切割。其工作原理如图2-21所示。图2-21（a）为上（或下）丝臂平动法，上（或下）丝臂沿 X、Y 方向平移，此法锥度不宜过大，否则导轮易损，工件上有一定的加工圆角。图2-21（b）为上、下丝臂同时绕一定中心移动的方法，如果模具刃口放在中心"0"上，则加工圆角近似为电极丝半径。此法加工锥度也不宜过大。图2-21（c）为上、下丝臂分别沿导轮径向平动和轴向摆动的方法，此法加工锥度不影响导轮磨损，最大切割锥度通常可达5°以上。

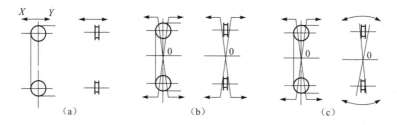

图2-21　偏移式丝架实现锥度加工的方法

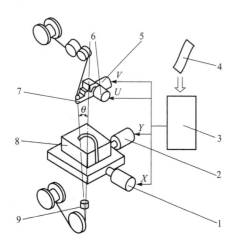

图2-22　四轴联动锥度切割装置

1—X 轴驱动电动机；2—Y 轴驱动电动机；
3—控制装置；4—数控纸带（程序）；
5—V 轴驱动电动机；6—U 轴驱动电动机；
7—上导向器；8—工件；9—下导向器

2）双坐标联动装置。在慢走丝线切割机床上广泛采用。上导向器能作纵横两轴（称 U、V 轴）驱动，与工作台的 X、Y 轴在一起构成 NC 四轴同时控制，如图2-22所示，这种方式的自由度很大，依靠强有力的软件，可以实现上下异形截面形状的加工。最大的倾斜角一般为±5°，有的甚至可达30°~50°（与工件厚度有关）。

在锥度加工时，保持导向间距（上下导向器与电极丝接触点之间的直线距离）一定，是获得高精度的主要因素，为此有的机床具有 Z 轴设置功能，并且一般采用圆孔方式的无方向性导向器。

2. 脉冲电源

电火花线切割加工脉冲电源受加工表面粗糙度和电极丝允许承载电流的限制，线切割加工脉冲电源的脉宽较窄（2~60 μs），单个脉冲能量、平均电流（1~5 A）一般较小，所以线切割加工总是采用正极性加工。脉冲电源的形式品种很多，如晶体管矩形波脉冲电源、高频分组脉冲电源、并联电容型脉冲电源和低损耗电源等。

（1）晶体管矩形波脉冲电源

如图 2-23 所示。广泛用于快走丝线切割机床，在慢走丝机床上用得不多，因为慢走丝加工时排屑条件差，要求采用窄脉宽和高峰值电流，这样势必要用到高速大电流的开关元件，电源装置也要大型化。但近年来随着半导体元件的进展，这种方式的电源也可用于慢走丝机床上。

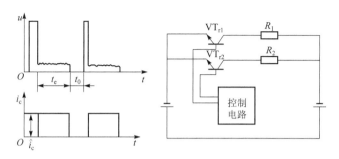

图 2-23 晶体管矩形波脉冲电源

（2）高频分组脉冲电源

高频分组脉冲波形如图 2-24 所示，它是矩形波派生的一种波形，即把较高频率的脉冲分组输出。

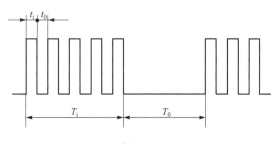

图 2-24 高频分组脉冲波形

矩形波脉冲电源对提高切割速度和改善表面粗糙度这两项工艺指标是互相矛盾的，亦即欲提高切割速度，则表面粗糙度差，若要求表面粗糙度好，则切割速度下降很多。而高频分组脉冲波形在一定程度上能解决这两者的矛盾，在相同工艺条件下，可获得较好的加工工艺效果，因而得到了越来越广泛的应用。

图 2-25 为高频分组脉冲电源的电路原理方框图。图中的高频脉冲发生器、分组脉冲发生器和门电路生成高频分组脉冲波形，然后经脉冲放大和功率输出，把高频分组脉冲能量输

送到放电间隙。

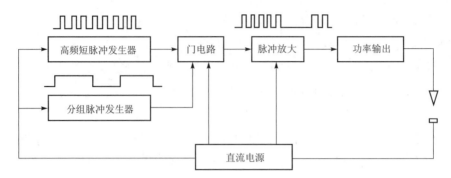

图 2-25　高频分组脉冲电源的电路原理方框图

3. 工作液循环系统

在线切割加工中，工作液对加工工艺指标的影响很大，如对切割速度、表面粗糙度、加工精度等都有影响。慢走丝线切割机床大多采用去离子水做工作液，只有在特殊精加工时才采用绝缘性能较高的煤油。快走丝线切割机床使用的工作液是专用乳化液，目前供应的乳化液有很多种、各有其特点。有的适于精加工，有的适于大厚度切割，也有的是在原来工作液中添加某些化学成分提高其切割速度或增加防锈能力等。不管哪种工作液都应具有下列性能。

（1）具有一定的绝缘性能

火花放电必须在具有一定绝缘性能的液体介质中进行。工作液的绝缘性能可使击穿后的放电通道压缩，局限在较小的通道半径内火花放电，形成瞬时、局部高温熔化、汽化金属。放电结束后又迅速恢复放电间隙成为绝缘状态。绝缘性能太低，将产生电解而形不成击穿火花放电，绝缘性能太高，则放电间隙小，排屑难，切割速度低。一般电阻率在 10^3 ~ $10^4 \Omega \cdot cm$ 为宜。

（2）具有较好的洗涤性能

所谓洗涤性能，是指液体有较小的表面张力，对工件有较大的亲和附着力，能渗透进入窄缝中去，此外还有一定的去除油污的能力。洗涤性能好的工作液，切割时排屑效果好，切割速度高，切割后表面光亮清洁，割缝中没有油污。洗涤性能不好的则相反，有时切割下来的料芯被油污糊状物黏住，不易取下来，切割表面也不易清洗干净。

（3）具有较好的冷却性能

在放电过程中，尤其是大电流加工时，放电点局部瞬时温度极高。为防止电极丝烧断和工件表面局部退火，必须充分冷却。为此，工作液应有较好的吸热、传热和散热性能。

（4）对环境无污染，对人体无危害

在加工中不应产生有害气体，不应对操作人员的皮肤、呼吸道产生刺激，不应锈蚀工件、夹具和机床。

此外，工作液还应具有配制方便、使用寿命长、乳化充分、冲制后不能油水分离、储存时间较长及不应有沉淀或变质现象等特点。

由于线切割切缝很窄，顺利排除电蚀产物是极为重要的问题，因此工作液的循环与过滤装置是线切割加工不可缺少的部分。其作用是充分地、连续地向加工区供给清洁的工作液，及时从加工区域中排除电蚀产物，对电极丝和工件进行冷却，以保持脉冲放电过程能稳定而顺利地进行。工作液循环装置一般由工作液泵、液箱、过滤器、管道和流量控制阀等组成。对快走丝机床，通常采用浇注式供液方式，而对慢走丝机床，近年来有些采用浸泡式供液方式。

2.2.3　电火花线切割加工的工艺基础

线切割

1. 线切割加工的主要工艺指标与影响因素

线切割加工的主要工艺指标有切割速度、加工精度及加工表面质量等。

（1）切割速度及其影响因素

电火花线切割加工的切割速度是按加工相同厚度工件时，在单位时间内切割长度尺寸的大小来评价的。换句话说，是以电极丝单位时间内扫过的面积来评价的，其单位为 mm^2/min，电火花成形加工是以单位时间内蚀除的体积来评价，其单位为 mm^3/min（由于线切割加工所用电极丝直径不同，切缝体积难以准确表明切割速度的快慢）。目前快走丝线切割的最高切割速度可达 $80 \sim 200\ mm^2/min$，而慢走丝线切割因峰值电流高，最大切割速度可达 $350\ mm^2/min$。

影响切割速度的主要因素如下。

1）单个脉冲的放电能量愈大、放电脉冲数愈多，峰值电流愈大，蚀除的材料也就愈多。一般说来，脉冲宽度和脉冲频率与切割速度成正比。当然，单个脉冲能量过大，也会导致电极丝振动加大，反而使切割速度下降，且易造成断丝；脉冲频率过高，脉冲间隔太小，无法充分消除电离，也会引发电弧烧伤工件及烧断丝，使加工无法正常进行，导致切割速度下降。在实际操作时，一定要掌握好分寸，以防"欲速则不达"。

此外，在其他条件不变的情况下，提高脉冲电压会使峰值电流增大，切割速度会相应提高。电源电压一般以 $60 \sim 100\ V$ 为佳。而慢走丝线切割由于工作液为去离子水，电源电压可高达 $150 \sim 300\ V$。

2）极性。实践证明：放电加工时，其正、负极的蚀除量是不同的。在窄脉冲加工时，正极（阳极）的蚀除量高于负极（阴极）的蚀除量，这种现象称为"极性效应"。线切割加工大多是窄脉冲加工，为了提高切割速度，工件一律接脉冲电源的正极。

3）工件材料对切割速度也有较大影响。材料的熔点、沸点、导热系数愈高，放电时蚀除量愈小。因为导热系数高，热传导快，能量损失大，导致蚀除量降低。钨、钼、硬质合金等材料的切割速度比加工钢、铜、铝时低。

4）电极丝的运动速度对切割速度也有较大的影响。走丝速度越快，放电区域温升越小，由于工作液更新速度加快，电蚀产物排除速度也越快，确保了稳定加工，有利于切割速度的提高。

（2）加工精度及其主要影响因素

工件的加工精度指加工尺寸精度、形状及位置精度等。国产快速走丝线切割的加工精度范围大约为±（0.005~0.01）mm，而慢走丝线切割的加工精度可达到±（0.002~0.005）mm。

影响加工精度的主要因素如下。

1）机床的机械精度。如丝架与工作台的垂直度、工作台拖板移动的直线度及其相互垂直度、夹具的制造精度与定位精度等，对加工精度有直接影响。导轮组件的几何精度与运动精度以及电极丝张力的大小与稳定性对加工区域电极丝的振动幅度和频率有影响，所以对加工精度误差的影响也很大。

为了提高加工精度，应尽量提高机床的机械精度和结构刚度，确保工作台运动平稳、准确、轻快，电极丝的张力尽量恒定且偏大一些。同时，对于固定工件的夹具也应予重视，除了夹具自身的制作精度外，装夹时也一定要牢固、可靠。

2）电参数。如脉冲波形、脉冲宽度、间隙电压等对工件的蚀除量、放电间隙以及电极损耗大小有较大影响。当脉冲宽度大，间隙电压高时，峰值电流加大，导致放电间隙增大。因此，在加工过程中应尽量维持脉冲宽度、间隙电压的稳定，使放电间隙保持均匀一致，从而有助于加工精度的提高。

放电波形的前、后沿较陡，可降低电极丝损耗，有利于加工精度的提高。对于慢走丝线切割来说，则要求电极丝自身的尺寸精度要高（直径误差通常应不大于 0.2~0.4 μm）。

3）控制系统。控制系统的控制精度对加工精度也有直接影响，控制精度愈高、愈稳定，则加工精度愈高。

（3）加工表面质量及其主要影响因素

评价线切割加工表面质量主要是看工件表面粗糙度的高低及表面变质层的薄厚。电极丝在放电过程中不断移动，难免会产生振动，对加工表面产生不利的影响，而放电产生的瞬间高温使工件表层材料熔化、汽化，在爆炸力作用下被抛出，但有些材料在工作液的冷却下又重新凝固，而且，在放电过程中也会有少量电极丝材料溅入工件表层，所以在工件表层会产生变质层。对表面质量影响较大的因素如下。

1）脉冲宽度与脉冲频率。脉冲宽度的大小决定每个放电坑穴体积的大小。当要求工件表面粗糙度低、变质层薄时，必须选用窄脉冲加工。因为脉冲频率高，放电坑穴重叠机会加大，有利于降低表面粗糙度。通常脉冲间隔均大于脉冲宽度。当间隙电压较高或走丝速度较高、电极丝直径较大时，由于排屑条件良好，可以适当减小脉冲间隔，提高放电频率，而当工件厚度偏大，排屑条件不佳时，则应适当加大脉冲间隔。

2）工件材料。熔点高、导热好的材料，其表面粗糙度优于熔点低、导热差的材料。前者的变质层厚度也小于后者。为了改善加工表面质量，应使用合适的加工材料。

3）走丝系统。走丝系统运行应平稳，以减少对电极丝的扰动，使电极丝在切割过程中运动轨迹始终保持直线状态。当电极丝的张力较大且恒定时，有助于降低电极丝的振动，改善加工表面的粗糙度。

4）工作液。加工部位的工作液应供应充足，以有效清洁放电间隙，从而使放电坑穴均匀一致。工作液又可及时带走电蚀产物并冷却电极丝，从而确保放电切割的正常进行。

2. 电火花线切割工艺

电火花线切割工艺是使用线切割机床，按工件图纸要求，将毛坯按一定工艺技术与方法加工成符合设计要求的工件。在设备一定的情况下，合理地选择工艺方法和工艺路线，是确保工件达到设计要求的重要环节之一。线切割加工模具或零件的工艺过程通常分为如下几个步骤：① 认真分析研究工件图纸及其技术要求，以确定哪些工件适宜用线切割加工，哪些不宜采用线切割加工工艺；② 加工前的工装夹具准备及必要的工艺准备；③ 选择切割参数及确定切割路线，工件进行装夹找正；④ 编制加工程序；⑤ 线切割加工；⑥ 切割后工件清理与检验。

（1）认真分析工件图纸及其技术条件

如表面粗糙度及尺寸精度要求过高或是工件厚度超过丝架开档的，以及工件材料导电性极差甚至绝缘的，均不适合采用线切割加工工艺。对于线切割加工的工件，应明确加工的关键部位及关键尺寸，供选择切割参数及确定切割路线时参考。

1）工件的拐角、夹角、窄缝的尺寸要求应符合线切割加工的特点。例如，工件拐角（或凹角）尺寸必须大于或等于电极丝半径与放电间隙之和，也就是说，切割凹角时，得到的是一个过渡的圆弧。

2）切割窄缝的宽度 $b \geq d + 2s$，式中 d 为电极丝直径，s 为单边放电间隙，如图 2-26 所示。

3）当进行凹、凸模具成套加工时，应注意电极丝的运动轨迹与图形轮廓是不同的。切凹模时，电极丝的运动轨迹处在图纸要求轮廓的内部，如图 2-27 所示；而切割凸模时，电极丝的运动轨迹处于图形轮廓的外部。

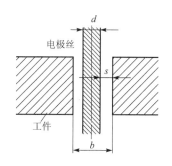

图 2-26 最窄切缝尺寸示意图

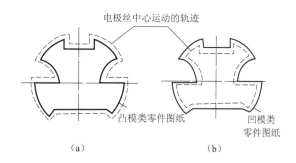

图 2-27 轨迹与轮廓的区别
（a）切割凸模时；（b）切割凹模时

（2）加工前的工装夹具准备及必要的工艺准备

1）设备的检查与调整。加工设备正常与否，直接影响着线切割加工的工艺指标和切割质量，因此必须经常对机床进行检查、维护与保养，尤其是在加工精度要求较高的重要工件之前，必须对设备进行认真的检查与调整。检验所用量具的精度等级一定要高于被检验项目精度等级一级以上。

导轮的径向跳动及 V 形槽的形状、工作台纵横向拖板丝杠副的间隙、电极丝保持器（或限幅器）等关键环节，应当经常进行检查与调整，发现问题及时排除。特别是导轮的质量与运动状况对加工质量有直接影响。其故障大致有如下几种情况：① 导轮轴承磨损，导致导轮径向跳动及轴向窜动超差（通常要求不超过 0.005 mm）、噪声加大；② 因导轮轴承润滑不足或有污物侵入，快速运动的电极丝与导轮 V 形定位面可能发生相对滑动，导致导轮 V 形面异常磨损；导轮的径向跳动及电极丝运动时的振动会造成两者接触不良而产生火花放电，使 V 形定位面烧损，导致电极丝抖动加剧。有时，因导轮 V 形槽磨损成深沟状而易将电极丝夹断；③ 导轮轴安装时与工作台 Y 轴轴线不平行，运行时会产生振摆，且导致导轮过早损坏。

为此，除经常检查与调整外，还应注意及时清洗和去除导轮槽内的污物，延长导轮的使用寿命。

2）保持器（或限幅器）的检查与维护。由于电极丝表面有众多放电凹坑，在高速移动时会使与其接触的保持器（或限幅器）磨出沟槽，容易卡丝，因此应经常调整保持器（或限幅器）的工作面位置。

3）选择合适的电极丝，并调整电极丝与工作台的垂直度。

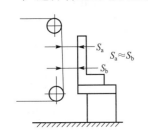

图 2-28　电极丝垂直度调整

① 当工件较厚且外形较简单时，宜选用直径较粗（如 $\phi 0.16$ mm 以上）的电极丝；而当工件厚度较小且形状较复杂时，宜选用较细（一般取 $\phi 0.10 \sim \phi 0.12$ mm）的电极丝。注意所选用的电极丝应在有效期内（通常为出厂后一年），过期的电极丝因表面氧化等原因，加工性能下降，不宜用于工件的加工。② 电极丝缠绕并张紧后，应校正及调整电极丝工作段对工作台面的垂直度（X、Y 两个方向）。在生产实践中，大多采用简易工具（如直角尺、圆柱棒或规则的六面体），以工作台面（或放置其上的夹具工作面）为检验基准，目测电极丝与工具表面的间隙上下是否一致，如图 2-28 所示。如上下间隙不一致，应调整至 $S_a = S_b$ 为止。

4）工件准备。

① 由于线切割加工多为工件的最后一道工序，因此工件外形大多具有规则的外形，可选一个适当的面作为工件的工艺基准面。对基准面应当仔细清除其表面的毛刺及污物等，以免影响定位精度。② 当工件型腔与外形位置精度要求较高时，应选定一基准边（或基准孔）供找正时使用。③ 根据型腔及工件材料的状态，选择适宜位置打穿丝孔，并以穿丝孔校准边的坐标位置。在切割凸模时，为防止工件坯料变形，尽量在坯料内部打穿丝孔，如图 2-29 所示。而对于对称加工、多次穿丝的工件，穿丝孔位置应以图 2-30（b）方案为好。④ 根据型腔特点及工件材料热处理状态，选择好切割路线，如图 2-29 及图 2-31 所示。

也就是说，应仔细分析工件加工时可能产生的变形及其方向，确定合适的切割路线。一般应将图形最后切割部位尽量靠近装夹部位。例如，在整块毛坯上切割工件时，坯料的边角处变形较大（尤其是淬火钢和硬质合金），因此确定切割位置时，应避开坯料边角，或使型腔距各边角位置大致相同。若变形问题不突出，则可按图纸的尺寸标注确定切割路线为顺时针或逆时针。

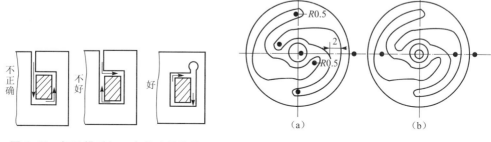

图 2-29　切凸模时加工穿丝孔的比较

图 2-30　切内形时穿丝孔位置选择

（a）不正确；（b）正确

（3）编制程序

1）首先确定坯料热处理状态、材质、电极丝直径、模具配合间隙、放电间隙（由工件材质及电参数确定）、过渡圆半径等已知条件。

2）计算和编写加工程序。编程时，要根据坯料情况、工件轮廓形状及找正方式，选择合理的装夹位置及起割点。起割点应选择在图形拐角处，或容易将尖锐部分修去的地方。

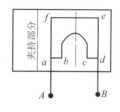

图 2-31　切割路线

编程时还应考虑如何选用适当的定位以简化编程工作。工件在工作台上的位置不同，会影响工件轮廓线的方位，从而使各点坐标的计算结果不同，其加工程序也随之改变。例如，在图 2-32（a）中，图形的各线段均为斜线，计算各点坐标较麻烦。若使工件的 α 角变为 0°或 90°，则各斜线程序均变为直线程序，从而大大简化了编程工作。同样，图 2-32（b）图形中的 α 变为 0°、90°或 45°时，也会简化编程工作，而 α 为其他角度时，编程就变得复杂。

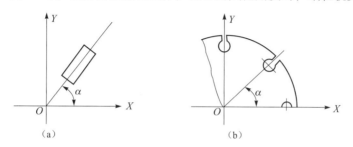

图 2-32　工件定位的合理选择

（4）工件装夹与找正

工件装夹与找正是工件加工成败的关键工序之一，一定要认真操作。工件找正后，应根据工件图纸的技术要求如材质、热处理状态及精度要求等，选择合适的加工参数。

（5）切割加工

为了确保最终的加工能达到图纸要求，在正式加工工件前，应使用所编制的加工程序进行样板试切。这样，既可检验程序的正确性，又可对脉冲电源的电参数及进给速度进行适当的调整，保证加工的稳定性。

完成这些准备工作后，就可以正式加工模具了。通常先加工固定板、卸料板，然后加工凸模，最后加工凹模。凹模加工完毕，不要急于松开压板取下工件，而应先取出凹模中的废料芯，清洗一下加工表面，将加工好的凸模试放入凹模中，检验配合间隙是否符合要求。若配合间隙过小，可再加工一次，修大一些；若凹模有差错，可按加工坐标程序对有差错的地方进行必要的修补（如切去差错处，补镶一块材料后再进行补充加工）。

（6）切割后的工件应进行必要的清洗，然后对工件进行如下的检验

1）模具各部分尺寸精度及配合间隙。例如，对落料模来说，凹模尺寸应与图纸的基本尺寸一致，凸模尺寸应为图纸基本尺寸减去冲模间隙。而对于冲孔模来说，凸模尺寸与图纸基本尺寸相同，而凹模尺寸则为图纸基本尺寸加上冲模间隙。此外，固定板与凸模为静配合，卸料板大于或等于凹模尺寸。对于级进模来说，主要是检验步距精度。

检验工具可根据模具精度要求的高低，分别选用三坐标测量机、万能工具显微镜或投影仪、内外径千分尺、块规、塞尺、游标卡尺等。通常检具的精度要高于待检工件精度一级以上。模具配合间隙的均匀性大多采用透光法进行目测。

2）可采用平板及刀口角尺等检验垂直度。

3）加工表面粗糙度检验，在生产现场大多使用"表面粗糙度等级比较样板"进行目测，而在实验室中则采用轮廓仪检验。

3. 常用夹具和工件装夹方法

（1）常用夹具名称、规格和用途

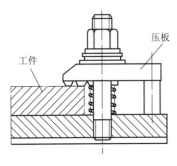

图2-33 压板式夹具

1）压板夹具，主要用于固定平板式工件，如图2-33所示。当工件尺寸较大时，则应成对使用。当成对使用时，夹具基准面的高度要一致。否则，因毛坯倾斜，使切割出的工件型腔与工件端面倾斜而无法正常使用。如果在夹具基准面上加工一个V形槽，则可用来夹持轴类圆形工件。

2）分度夹具，主要用于加工电机定子、转子等多型孔的旋转形工件，可保证较高的分度精度。如图2-34所示。近年来，因为大多数线切割机床具有对称、旋转等功能，所以此类分度夹具已较少使用。

3）磁性夹具，对于一些微小或极薄的片状工件，采用磁力工作台或磁性表座吸牢工件进行加工。如图2-35所示为强力磁性V形块，其工作原理如图2-36所示。当将磁铁旋转

90°时，磁靴分别与 S、N 极接触，可将工件吸牢，如图 2-36（b）所示；再将永久磁铁旋转 90°，如图 2-36（a）所示，则磁铁松开工件。

使用磁性夹具时，要注意保护夹具的基准面，取下工件时，尽量不要在基准面上平拖，以防拉毛基准面，影响夹具的使用寿命。

（2）工件装夹的一般要求

1）工件的基准面应清洁，无毛刺、污物及氧化皮等。

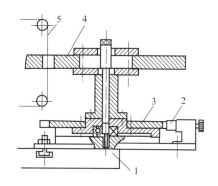

图 2-34 分度夹具结构示意图

1—工作台；2—定位销；3—分度转盘；
4—工件；5—电极丝

2）夹具自身要制作精确，且夹具与工作台面要固定牢靠，不得松动或歪斜。

3）工件装夹后，既要有利于定位、找正，又要确保在加工范围内不得与丝架臂发生干涉，否则无法加工出合格的工件。

4）夹紧力要均匀，不得使工件局部受力过大而发生变形。

5）同一类工件批量切割时，最好制作便捷的专用夹具，以提高加工效率。

6）对细小、精密、薄壁的工件，应先固定在不易变形的辅助夹具上，再安装固定到机床上，以保证加工的顺利进行。

（3）常见的装夹方式

1）悬臂式支撑，如图 2-37 所示，这种装卡方式通用性强，结构简单，装夹方便。但由于处于悬臂状态，对工件尺寸及质量有较大限制。

图 2-35 强力磁性 V 形块

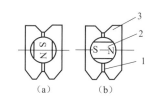

（a）　　　（b）

图 2-36 磁性夹具工作原理

1—铜焊层；2—永久磁铁；3—磁靴

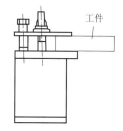

图 2-37 悬臂式支撑

2）两端式支撑，如图 2-38 所示，当工件尺寸较大时，将两端分别固定在夹具上，支撑稳定可靠，定位精度高。

3）桥式支撑，如图 2-39 所示，用两条垫铁架在两端支撑夹具体上，跨度宽窄可根据工件大小随意调节。特别是对于带有相互垂直的定位基准面的夹具体，这样侧面有平面基准的工件就可省去找正工序，若找正与加工基准是同一平面，则可间接推算和确定出电极丝中心与加工基准的坐标位置。这种装夹方式有利于外形和加工基准相同的工件实现成批加工。

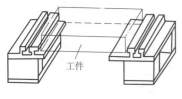

图 2-38　两端式支撑

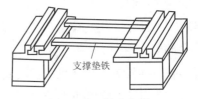

图 2-39　桥式支撑

4）板式支撑，如图 2-40 所示，这种装夹方式是按工件的常规加工尺寸制造托板，托板上加工出矩形或圆孔，并在板上配备有 X 和 Y 向定位基准。其装夹精度易于保证，适宜在常规生产中使用。

5）复式支撑，如图 2-41 所示，这种方式是将桥式和板式支撑复合，只不过板式支撑的托板换成了专用夹具。这种夹具可以方便地实现工件的批量加工，又能快速地装夹工件，节约辅助工时，保证成批工件加工的一致性。

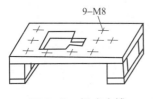

图 2-40　板式支撑

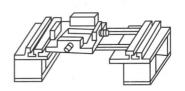

图 2-41　复式支撑

6）专用特殊夹具：

① 当工件夹持部分尺寸太少，几乎没有夹持余量时，可采用如图 2-42 所示的夹具。由于在右侧夹具块下方固定了一块托板，使工件犹如两端支撑（托板上平面与工作台面在一个平面上），保证加工部位与工件上下表面相垂直。② 用细圆棒状坯料切割微小零件用专用夹具，如图 2-43 所示。圆棒坯料装在正方体形夹具内，侧面用内六角螺钉固定，即可进行切割加工。③ 加工多个复杂工件的夹具，如图 2-44 所示。

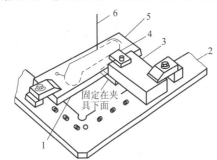

图 2-42　小余量工件的专用夹具

1—工件下面和台面成同一平面；

2—工作台；3—夹具块；

4—夹紧工作；5—工件；6—电极丝

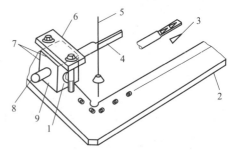

图 2-43　圆棒坯料切割专用夹具

1—固定用内六角螺钉；2—工作台；3—用电极丝切割加工两个工件；4—加工成片状；5—电极丝；6—夹子；7—夹具四个平面应垂直；8—圆棒坯料；9—夹具

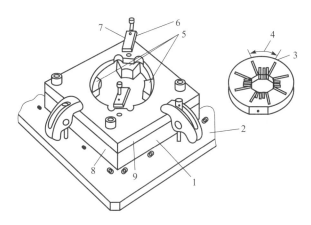

图 2-44 加工多个复杂工件的夹具

1—夹具；2—工作台；3—切断；4—此段成为工件；5—突出部支持工件；

6—夹紧工件用的夹板；7—矩形板；8—下板；9—上板

2.2.4 电火花线切割编程

操作人员为了按图纸的尺寸和要求完成加工任务，必须编制工件加工程序，控制线切割机床进行切割。编程是实现线切割加工的前提。线切割编程方法分手工编程法和计算机编程法。手工编程是线切割操作的一项基本功，能使操作者比较清楚地了解加工工艺过程及计算方法，但对于复杂的零件，手工编程的工作相当繁杂。近年来，利用计算机编程越来越普遍，国内绝大多数生产厂的线切割机床均已采用计算机自动编程，从而大大减轻了编程的工作量，促进了线切割加工工艺的快速发展。

在编程的过程中，编制的程序必须按照一定格式才能使机器读懂并执行。线切割机床的程序格式有：3B 指令（个别扩充为 4B 或 5B）格式，多用于快走丝线切割机床。ISO 指令格式（国际标准化组织）或 EIA（美国电子工业协会）格式，多用于慢走丝线切割机床。为了提高生产效率通常一些简单的工件或单一工序加工，采用手工编程即可快速完成加工任务。

1. 3B 指令编程

3B 指令用于不具有间隙补偿功能和锥度补偿功能的数控线切割机床的程序编制。程序描述的是钼丝中心的运动轨迹，它与钼丝切割轨迹（即所得工件的轮廓线）之间差一个偏移量 f，这一点在轨迹计算时必须特别注意。无间隙补偿的 3B 指令程序格式见表 2-4。

（1）符号定义

1）分隔符号 B。X、Y、J 均为数字，用分隔符号（B）将其隔开，以免混淆。

表 2-4 无间隙补偿的 3B 指令程序格式

B	X	B	Y	B	J	G	Z
分隔符号	X 坐标值	分隔符号	Y 坐标值	分隔符号	计数长度	计数方向	加工指令

2) 坐标值（X，Y）。一般规定只输入坐标的绝对值，其单位为微米（μm），微米以下应四舍五入。

对于圆弧，坐标原点移至圆心，X、Y为圆弧起点的坐标值；对于直线（斜线），坐标原点移至直线起点，X、Y为终点坐标值。允许将X和Y的值按相同的比例放大或缩小；对于平行于X轴或Y轴的直线，即当X或Y为零时，X或Y值均可不写，但分隔符号必须保留。

3) 计数方向（G）的选取。选取X方向进给总长度进行计数，称为计X，用GX表示；选取Y方向进给总长度进行计数，称为计Y，用GY表示。

对于直线加工，当终点的坐标在图2-45的各个区域时，若 $|Y_P| > |X_P|$ 时，取GY；$|X_P| > |Y_P|$ 时，取GX；$|X_P| = |Y_P|$ 时，取GX或GY均可。

对于圆弧，当圆弧终点坐标在图2-46所示的各个区域时，若 $|X_P| > |Y_P|$ 时，取GY；$|Y_P| > |X_P|$ 时，取GX；$|X_P| = |Y_P|$ 时，取GX或GY均可。

计数方向的选取是否正确，决定本条指令加工是否正确。

4) 计数长度（J）的计算。计数长度是指被加工图形在计数方向上的投影长度（即绝对值）的总和，以μm为单位。

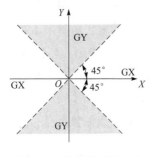
图2-45 斜线的计数方向

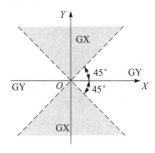
图2-46 圆弧的计数方向

① 直线加工指令计数长度的计算。当计数方向确定之后，计数长度等于该线段在计数方向坐标轴的投影。如图2-47所示。

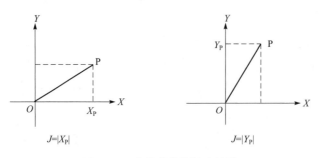
图2-47 直线段计数长度计算

② 圆弧加工指令计数长度计算。当计数方向确定之后，计数长度等于圆弧段在计数方向坐标轴投影。如图2-48所示。

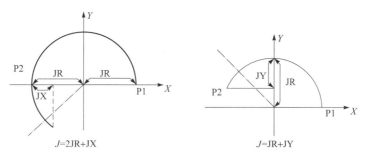

图 2-48　圆弧段计数长度的计算

当圆弧段跨几个象限时，将圆弧段在各象限在计数方向坐标轴上的投影之和作为总的计数长度；当圆弧不跨过象限时，计数长度等于圆弧在计数方向坐标轴上的投影。

5）加工指令（Z）的选取。

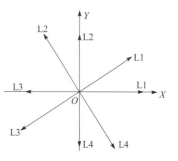

图 2-49　直线加工指令选取

① 对于直线加工指令来说，如果直线段位于第Ⅰ、Ⅱ、Ⅲ、Ⅳ象限，则加工指令分别选取为 L1、L2、L3、L4。当直线位于 X 轴上时，正向选取 L1，反向选取 L3，当直线位于 Y 轴上时，正向选取 L2，反向选取 L4。如图 2-49 所示。

② 对于圆弧加工指令来说，圆弧起点确定加工指令。加工圆弧时，若被加工圆弧的加工起点分别在坐标系的四个象限中，并按顺时针插补，加工指令分别用 SR1、SR2、SR3、SR4 表示；当起点位于 X 轴时，正向取 SR4，反向取 SR2；当起点位 Y 轴时，正向取 SR1，反向取 SR3，如图 2-50 所示。

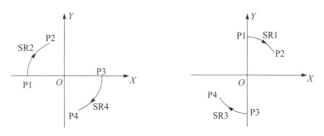

图 2-50　顺圆加工指令选取

按逆时针方向插补时，加工指令分别用 NR1、NR2、NR3、NR4 表示。当起点位于 X 轴时，正向选取 NR1，反向选取 NR3，当起点位于 Y 轴时，正向选取 NR2，反向选取 NR4，如图 2-51 所示。

（2）结束符及跳步模

当一模具由多个封闭路径组成时，此模具称为跳步模。在系统中规定一个跳步模加工完毕的结束符为"D"，从前一跳步模到下一跳步模的引入段完毕后也为"D"，整个程序结束符为"DD"。如图 2-52 所示，起割点为 P 点，沿 X 轴的正方向起割，该跳步模的 3B 程序如下：

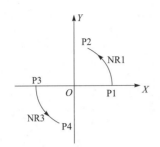 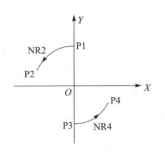

图 2-51 逆圆加工指令选取

B5000B0B5000GXL1

B5000B0B20000GYNR1

B5000B0B5000GXL3

D

B30000B0B30000GXL1

D

B3000B0B3000GXL1

B3000B0B12000GYNR1

B3000B0B3000GXL3

DD

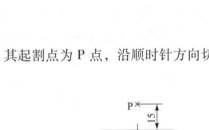

图 2-52　加工图形

（3）编程举例

1）采用 3B 指令格式编制如图 2-53 加工程序，其起割点为 P 点，沿顺时针方向切割，其 3B 程序如下：

B0B15000B15000GYL4

B20000B0B20000GXL1

B0B15000B30000GXSR1

B40000B0B40000GXL3

B0B15000B30000GXSR3

B20000B0B20000GXL1

B0B15000B15000GYL2

DD

2）采用 3B 指令格式编制图 2-54 加工程序，其起割点为 P 点，按图示箭头所指方向进行切割，其 3B 程序如下：

B0B5000B5000GYL4

B0B5000B8000GYNR4

B0B7000B7000GYL2

B5000B0B5000GXL1

· 50 ·

B0B1000B1000GYSR1

B0B17000B17000GYL4

B2000B0B2000GXSR4

B6000B0B6000GXL3

B2000B0B4000GYNR1

B6000B0B6000GXL3

B0B2000B2000GYSR3

B0B17000B17000GYL2

B1000B0B1000GXSR2

B5000B0B5000GXL1

B0B7000B7000GYL4

B4000B3000B6000GXNR2

B0B5000B5000GYL2

DD

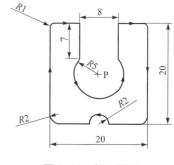

图 2-54 加工图形

2. 4B 指令格式及定义

4B 指令用于具有间隙补偿功能和锥度补偿功能的数控线切割机床的程序编制。所谓间隙补偿，指的是钼丝在切割工件时，钼丝中心运动轨迹能根据要求自动偏离编程轨迹一段距离（即补偿量）。当补偿量设定为偏移量 f 时，编程轨迹即为工件的轮廓线。显然，按工件的轮廓编程要比按钼丝中心运动轨迹编程方便得多，轨迹计算也比较简单。而且，当钼丝磨损，直径变小；当单边放电间隙 Z 随切割条件的变化而变化后，也无须改变程序，只需改变补偿量即可。锥度补偿指的是，系统能根据要求，同时控制 X、Y、U、V 四轴的运动（X、Y 为机床工作台的运动，即工件的运动，U、V 为上线架导轮的运动，它分别平行于 X、Y），使钼丝偏离垂直方向一个角度（即锥度），切割出上大下小或上小下大的工件来。

4B 指令就是带"±"符号的 3B 指令，为了区别于一般的 3B 指令，故称为 4B 指令：

$\pm$ BX   BY   BJ   G   Z

其中的"±"符号用以反映间隙补偿信息和锥度补偿信息，其他与 3B 指令完全一致。间隙补偿切割时，"+"号表示正补偿，当相似图形的线段大于基准轮廓尺寸时为正补偿；"−"号表示负补偿，当相似图形的线段小于基准轮廓尺寸时为负补偿。具体而言，对于直线，在 B 之前加"±"符号的目的仅是为了使指令的格式能够一致，无须严格的规定，对于圆弧，规定以凸模为准，正偏时（圆半径增大）加"+"号，负偏时（圆半径减小）加"−"号。在进行间隙补偿切割时，线和线之间必须是光滑的连接，若不是光滑的连接，则必须加过渡圆弧使之光滑。

3. 锥度加工指令格式及定义

锥度编程采用绝对坐标（单位为 μm），上下平面图形为统一的坐标系，编程时每一直纹面为一段。直纹面是由上平面的直线段或圆弧段与对应的下平面的直线段或圆弧段组成的母线均为直线的特殊曲面。编程时要求出这些直线或圆弧段的起点和终点，而且上下平面的起点和终点一一对应。

（1）指令格式

1）　　X1　　Y1　　　　上平面起点坐标

2）　　X2　　Y2　　　　上平面终点坐标

3）　　L（或 C）　　　　L 为直线，C 为圆弧

4）　　X3　　Y3　　　　下平面起点坐标

5）　　X4　　Y4　　　　下平面终点坐标

6）　　L（或 C）

7）　　A（或 Q）　　　　A 为段段之间的分隔符，Q 为程序结束符

如果第 3 行或第 6 行为"C"，则在第 3 行与第 4 行（或第 6 行与第 7 行）之间加入两行：

（3'）　　　X0　　Y0　　　　圆心坐标

（3"）　　　C（或 W）　　　C 为逆圆，W 为顺圆。

（2）编程举例

编制图 2-55 的加工程序，图中上平面由 0—1—2—3—4—5—6—7—8—9—1—0，下平面由 0—1'—2'—3'—4'—5'—6'—7'—8'—9'—1'—0，为变锥不等过渡圆弧的加工工件。

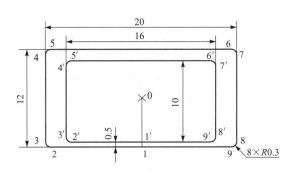

图 2-55　加工图形

加工程序如下：

1) 0	0	0 点坐标，上平面由 0 点开始
0	−6000	切到 1 点坐标
L		0—1 为直线
0	0	0 点坐标，下平面由 0 点开始
0	−5500	切割到 1'点坐标
L		0—1'为直线
A		第一段完毕
2) 0	−6000	第二段上平面由 1 切到

−9700	−6000	第 2 点
L		1-2 为直线
0	−5500	第二段下平面由 1′切到
−7700	−5500	第 2′点
L		1′—2′为直线
A		第二段完毕
3）−9700	−6000	第三段上平面由 2 切到
−10000	−5700	第 3 点
C		2—3 为圆弧
−9700	−5700	圆心坐标为（−9 700，−5 700)
W		顺圆
−7700	−5500	第三段下平面由 2′切到
−8000	−5200	3′点
C		2′—3′为圆弧
−7700	−5200	圆心坐标为（−7 700，−5 200)
W		顺圆
A		第三段完毕
4）−10000	−5700	
−10000	5700	
L		
−8000	−5200	
−8000	4200	
L		
A		第四段完毕
5）−10000	5700	
−9700	6000	
C		
−9700	5700	
W		
−8000	4200	
−7700	4500	
C		
−7700	4200	
W		
A		第五段完毕

6)   −9700   6000

       9700   6000

       L

     −7700   4500

       7700   4500

       L

       A   第六段完毕

7)   9700   6000

     10000   5700

       C

      9700   5700

       W

      7700   4500

      8000   4200

       C

      7700   4200

       W

       A   第七段完毕

8)   10000   5700

     10000   −5700

       L

      8000   4200

      8000   −5200

       L

       A   第八段完毕

9)   10000   −5700

      9700   −6000

       C

      9700   −5700

       W

      8000   −5200

      7700   −5500

       C

      7700   −5200

       W

A		第九段完毕
10）9700	−6000	
0	−6000	
L		
7700	−5500	
0	−5500	
L		
A		第十段完毕
11）0	−6000	最后一段上平面由 1 点
0	0	切到 0 点
L		1—0 为直线
0	−5500	最后一段下平面由 0 点
0	0	切到 0 点
L		1′—0 为直线
Q		程序结束

编制图 2-56 所示 "上圆下方" 的加工程序，加工顺序为 1→2→3→4。

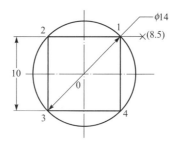

图 2-56　加工图形

加工程序如下：

1）8000	5000	入切段上平面由（8，5）
5000	5000	切到（5，5）
L		直线
8000	5000	下平面也由（8，5）
5000	5000	切到（5，5）
L		直线
A		本段结束
2）5000	5000	第一段上平面由（5，5）
−5000	5000	切到（−5，5）
C		圆弧

0	0	圆心为（0，0）
C		逆圆弧
5000	5000	下平面由（5，5）
−5000	5000	切到（−5，5）
L		直线切割
A		本段结束
3）−5000	5000	第二段开始
−5000	−5000	
C		
0	0	
C		
−5000	5000	
−5000	−5000	
L		
A		
4）−5000	−5000	第三段开始
5000	−5000	
C		
0	0	
C		
−5000	−5000	
5000	−5000	
L		
A		
5）5000	−5000	第四段开始
5000	5000	
C		
0	0	
C		
5000	−5000	
5000	5000	
L		
A		
6）5000	5000	返回
8000	5000	

L

5000	5000
8000	5000

L

Q   程序结束

4. ISO（G 代码）指令编程

大部分慢走丝线切割机床多采用 ISO 代码编程，为了与国际接轨，我国部分线切割生产厂家已开始在快走丝线切割机床上采用 ISO 代码。以下介绍 ISO 代码编程。

（1）G 功能代码

1）定义工件起点指令（G92）。用于设置加工程序在所选坐标系中的起始点坐标，其指令格式与数控铣削加工中的 G92 指令格式相同。作为钼丝穿丝点的坐标值，一般为加工程序的起始点。

与数控铣削加工不同的是：对于线切割加工，在用 G54～G59 设定的工件坐标系中，依然需要用 G92 设置加工程序在所选坐标系中的起始点坐标。例如，工件坐标系已用 G54 设置，加工程序的起始点坐标设置为（10，10），用直线插补（G01）移动到点（30，30）的位置，其程序为：

G54   建立工件坐标系

G90   绝对坐标编程（绝对坐标和相对坐标编程与数控铣削加工完全相同）

G92X10000Y10000   设定钼丝当前位置在所选坐标系中的坐标值为（10，10）。

G01X30000Y30000   直线插补移动到（30，30）

2）快速定位指令（G00）。在线切割机床不放电的情况下，使指定的坐标轴以快速运动方式从当前所在位置移动到指令给出的目标位置，只能用于快速定位，不能用于切削加工。例如：

G90G00Xl000Y2000   使电极丝快速移动到（1，2）坐标的位置。注意 G00 指令有效时，一般还没有穿丝。

如果在 G00 指令中包含 X、Y、U、V，机床将按 X、Y、U、V 的顺序移动各坐标轴。

3）直线插补指令（G01）格式为：

G01X _ Y _   平面二维轮廓的直线插补

G01X _ Y _ U _ V _   锥度轮廓的直线插补

与数控铣削加工不同的是：线切割加工中的直线插补和圆弧插补不要求进给速度指令。

4）圆弧插补指令（G02，G03）。指令格式与数控铣削加工中的圆弧插补指令格式完全相同，但应注意，数控线切割加工没有坐标平面选择功能，只有 G02（或 G03）X _ Y _ I _ J _ 一种格式，其中 I、J 是圆心在 X、Y 轴上相对于圆弧起点的坐标。另外一个整圆不能只用一条圆弧插补指令来描述，编程时需要将圆分成两段以上的圆弧才行。

5）镜像和交换指令（G05、G06、G07、G08、G09、G10、G11、G12）。对于加工一些对称性好的工件，利用原来的程序加上上述指令，很容易产生一个与之对应的新程序，如图2-46所示。

G05（X镜像）　　　　　　　　函数关系式：$X=-X$

G06（Y镜像）　　　　　　　　函数关系式：$Y=-Y$

G07（X、Y交换）　　　　　　函数关系式：$X=Y$　$Y=X$

G08（X、Y镜像）　　　　　　函数关系式：$X=-X$，$Y=-Y$

　　　　　　　　　　　　　　　即：G08=G05+G06

G09（X镜像，X、Y交换）　　即 G09=G05+G07

G10（Y镜像，X、Y交换）　　即 G10=G06+G07

G11（X镜像、Y镜像，X、Y交换）　即 G11=G05+G06+G07

G12（取消镜像）　　　　每个程序镜像结束后都要加上该指令，具体如图2-57所示。

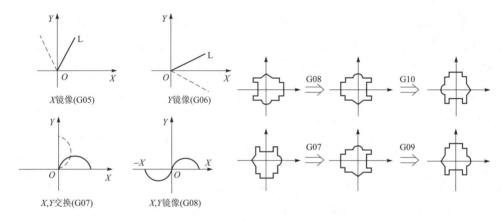

图 2-57　镜像和交换举例

6）线径补偿指令（G40、G41、G42）。

指令的意义与数控铣削加工中的刀具半径补偿指令的意义完全相同，但指令格式不同。线径补偿的格式如下例：

G92X0Y0

G41D100　　　　　　　　　线径左补偿，D100 为补偿值，表示 100 μm，此程序段需放在进刀线之前

G01X5000Y0　　　　　　　进刀线，建立线径补偿

G40　　　　　　　　　　　需放在退刀线之前

G01X0Y0　　　　　　　　退刀线，退出线径补偿

7）锥度加工指令（G50、G51、G52）。线切割加工带锥度的零件一般采用锥度加工指令，G51 为锥度左偏加工指令，G52 为锥度右偏加工指令，G50 为取消锥度加工。这是一组模态加工指令，默认状态为 G50。判断锥度的左、右偏的方法：以工件的底面为基准，假设人沿着加工方向走，左右手代表钼丝倾斜的方向。当钼丝向左手方向倾斜时，采用 G51；当

钼丝向右手方向倾斜时，采用 G52。如图 2-58（a）所示，按顺时针方向切割，加工出上大下小工件，钼丝应向左手方向倾斜，所以采用 G51（锥度左偏）指令进行切割。如图 2-58（b）所示，按顺时针方向切割，加工出上小下大工件，钼丝应向右手方向倾斜，所以采用 G52（锥度右偏）指令进行切割加工。按逆时针方向进行线切割加工时，判断方法同上。如图 2-58（c）所示，按逆时针方向进行切割，加工上小下大工件应采用 G51（锥度左偏）指令。如图 2-58（d）所示，按逆时针方向进行线切割，加工上大下小工件，应采用 G52（锥度右偏）指令。

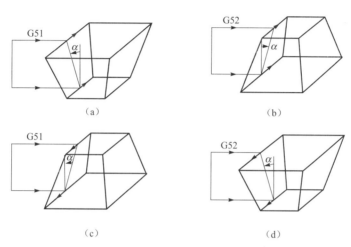

图 2-58　锥度加工指令的意义

（a）顺时针方向加工 G51；（b）顺时针方向加工 G52；
（c）逆时针方向加工 G51；（d）逆时针方向加工 G52

锥度加工与上导轮中心到工作台面的距离 S、工件厚度 H、工作台面到下导轮中心的距离 W 有关。进行锥度加工编程之前，要求给出 W、H、S 值，如图 2-59 所示。

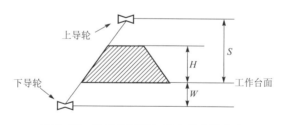

图 2-59　锥度线切割加工中的参数定义

格式：

G92X0Y0

W60000　　　　　　　　　工作台面到下导轮中心的距离 W 占 60 mm

H40000　　　　　　　　　工件厚度 H＝40 mm

S100000　　　　　　　　上导轮中心到工作台面的距离 S

G52A3　　　　　　　　　在进刀线之前，设定锥度为 3°

⋮

G50   G50 需放在退刀线之前

M02

8）工件坐标系（G54、G55、G56、G57、G58、G59）可建立 6 个工作坐标系。G92 设定起始点坐标之前，可以用 G54 到 G59 选择坐标系。

G92X0Y0	设定电极丝当前位置在所选坐标系中的位置为（0，0）
G54	建立 G54 坐标系，原点为电极丝当前所在位置
G00X10000Y20000	在 G54 坐标系，将电极丝快速移动到（10，20）的位置
G55	建立 G55 坐标系
G92X0Y0	设定原点为电极丝当前所在位置，即 G54 坐标系中（10，20）位置

下面的程序如果不选择工作坐标系，则当前坐标系被自动设定为本程序的工作坐标系。

9）接触感知（G80）。利用接触感知 G80 指令，可以使电极丝从当前位置，沿某个坐标轴运动，接触工件，然后停止。该指令只在"手动"加工方式时有效。

10）半程移动（G82）。利用半程移动 G82 指令，使电极丝沿指定坐标轴移动指令路径一半的距离。该指令只在"手动"加工方式时有效。

11）校正电极丝（G84）。校正电极丝 G84 指令的功能是通过微弱放电，校正电极丝，使之与工作台垂直。在进行加工之前，一般要先进行校正。此功能有效后，开丝筒、高频钼丝接近导电体会产生微弱放电。该指令只在"手动"加工方式时有效。

（2）M 功能代码

1）程序暂停（M00）。执行 M00 以后，程序停止，机床信息将被保存，按"回车"键继续执行下面的程序。

2）程序结束（M02）。主程序结束，加工完毕返回菜单。

3）接触感知解除（M05）。解除接触感知 G80。

4）子程序调用（M96）。调用子程序。

5）子程序结束（M97）。主程序调用子程序结束。

6）转角控制开启（M37）。

7）转角控制关闭（M39）。

8）放电启动（M84）。

9）放电关闭（M85）。

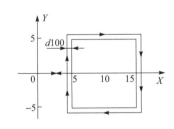

图 2-60 加工图形

（3）编程举例

1）采用线径补偿加工一矩形凸块，如图 2-60 所示。

G92X0Y0

G41D100   线径左补偿，D100 表示半径补偿值＝钼丝半径＋放电间隙＝0.1 mm

G01X5000Y0 设定进刀线，并在进刀线程序段内建立线径左补偿

G01X5000Y5000

G01 X15000Y5000

G01X15000Y-5000

G01 X5000Y-5000

G01 X5000Y0

G40　　　　取消线径补偿

G01X0Y0　　退刀线，并在退刀线程序段内取消线径左补偿

采用线径补偿切割时，进刀线和退刀线不能与程序的第一条边或最后一条边重合或平行。切多边形时进刀线应该选择45°方向或垂直进刀，如果选择平行或重合或极小角度进刀，则容易出错。

2）线切割加工带锥度的正方棱锥体工件，如图2-61所示。其程序如下。

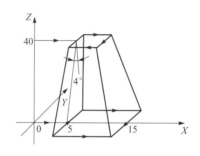

图2-61　加工图形

G92X0Y0

W60000　　　　　W60000 表示下导轮中心与工作台面之间的距离为 60 mm

H40000　　　　　H40000 表示工件厚度为 40 mm

S100000　　　　S100000 表示上导轮中心到工作台面之间的距离为 100 mm

G52A4　　　　　G52A4 表示锥度为 4°，形状为上小下大（顺时针方向切割）

G01X5000Y0　　进刀线：建立锥度加工

G01X5000Y5000　工件下表面的实际加工路径：直线插补

G01X15000Y5000

G01X15000Y-5000

G01X5000Y-5000

G01X5000Y0

G50　　　　　　取消锥度加工

G01X0Y0　　　　退刀线：执行取消锥度加工

M02

注意：对于方锥，由于棱角是一个复合角，如果复合角大于6°时，将不能加工。

5. 自动编程

编程人员根据零件图尺寸要求，利用计算机绘出要加工图形，由计算机自动生成线切割加工程序，传输给机床进行切割。当前市场上流行的软件主要有基于 DOS 开发的或 Windows 开发的，如 TCAD、AUTOP、CAXA、YCUT 以及 ESPRIT、MasterCAM 等软件。不同的数控系统自动编程方法各有区别，不同的软件也各有特点，但它们产生的程序形式基本是上面所列几种，通常只需对相应的软件进行学习即可操作，这里不再叙述。

✵ 2.3 微细加工技术 ✵

2.3.1 微机械及其特征

1. 微机械概念及应用

微机械（Micro machine，日本惯用词）的概念是由美国物理学家、诺贝尔物理学奖获得者 Richard P. Feynman 于 1959 年首先提出的，是指可以批量制作的，集微型机构、微型传感器、微型执行器以及信号处理和控制电路，甚至外围接口、通信电路和电源等于一体的微型器件或系统，也称微型机电系统（MEMS，Micro Electro-Mechanical Systems，美国惯用词）或微型系统（Micro-Systems，欧洲惯用词）。

随着科技的发展，人们对许多工业产品的功能集成化和外形小型化的需求，使零部件的尺寸日趋微小化。例如，在医学领域，利用微机械技术可以制造进入人体的医疗机械和管道自动检测装置中所需的微型齿轮、微型电机、传感器和控制电路等装置，广泛应用于视网膜手术、血管修补手术等方面。

在工业领域，微机械技术也可大显身手。例如，用于加工光通信机械激光二极管 LD 模块中微小非球面透镜制造用的模具仅 0.1~1 mm；维修用的微型机械产品可以在狭窄空间和恶劣环境下进行诊断和修复工作，如进行管路检修和飞机内部检修等场合。大量的微型机械系统能发挥集群优势，可用来清除大机器锈蚀，检查和维修高压容器，船舶的焊缝等。在公共福利服务领域，也可以利用大量微型机械系统，在地震、火灾、水灾等灾害现场从事救援和护理等工作。

1976 年，德雷克斯勒看到了遗传工程的书，萌发了制造微型机器人去控制 DNA 的念头。仿甲虫微型机器人如图 2-62 所示。日本丰田公司造了一辆只有 62 mg，米粒大小的微型汽车。德国物理学家埃费尔德研制了一架直升机，质量不到 0.5 g，能升到 130 mm 的空中。美国波士顿大学的化学家 T. Ross Kelly 制备出世界上最小的分子马达，该分子马达由 78 个原子构成。日本通产省自 1991 年开始实施为期 10 年，总投资 250 亿日元的"微型机械技术"大型研究开发计划，有筑波大学、东京工业大学、东北大学、早稻田大学和富士通研究所等几十家单位参加，研制了两台微型机电系统样机，一台用于医疗，进入人体进行诊断和微型手术；另一台用于工业，对飞机发动机和原子能设备的微小裂纹实施维修。

由此可见，微机械技术已涉及电子、电气、机械、材料、制造、信息与自动控制，以及物理、化学、光学、医学、生物技术等多种工程技术和科学，并集约了当今科学技术的许多尖端成果。

2. 微机械的基本特征

微机械侧重于在不大于 1 cm³ 的体积内制造复杂的机器。微机械按其尺寸特征可以分为：微小机械（1~10 mm）；微机械（1 μm~1 mm）；纳米机械（1 nm~1 μm）。而制造微机械所采用的微细加工可分为微米级微细加工、亚微米级微细加工和纳米级微细加工等。

图 2-62　仿甲虫微型机器人

微机械主要有以下几个特点。

1）体积小，精度高，质量轻。其体积可达亚微米以下，尺寸精度达纳米级，质量可至纳克，通过微细加工，已经制出了直径细如发丝的齿轮、3 mm 大小能开动的汽车和花生米大小的飞机。有资料表明，科学家们可以在 5 mm² 范围内放置 1 000 台微型发动机。

2）性能稳定，可靠性高。由于微机械的体积小，几乎不受热膨胀、噪声、挠曲等因素影响，具有较高的抗干扰性，可在较差的环境下进行稳定的工作。

3）能耗低，灵敏度和工作效率高。微机械所消耗的能量远小于传统机械的十分之一，但却能以十倍以上的速度来完成同样的工作，如 5 mm×5 mm×0.7 mm 的微型泵，其流速是体积大得多的小型泵的 1 000 倍，而且机电一体化的微机械不存在信号延迟问题，可进行高速工作。

4）多功能和智能化。微机械集传感器、执行器、信号处理和电子控制电路为一体，易于实现多功能化和智能化。

5）适用于大批量生产，制造成本低。微机械采用和半导体制造工艺类似的方法生产，可以像超大规模集成电路芯片一样一次制成大量的完全相同的部件，故制造成本大大降低。如美国的研究人员正在用该技术制造双向光纤维通信所必需的微型光学调制器，通过巧妙的光刻技术制造芯片，将制造成本从过去的 5 000 美元降低至如今的几美分。

6）集约高技术成果，附加价值高。

2.3.2　微细加工工艺方法

微细加工是指加工尺度为微米级范围的加工方式，是 MEMS 发展的重要基础。由于微细加工起源于半导体制造工艺，因此，迄今为止，硅微细加工仍在微细加工中占有重要的位置，其加工方式十分丰富，主要包含了微细机械加工、各种现代特种加工、高能束加工等方式，而微机械制造过程又往往是多种加工方式的组合。目前，常用的有以下加工方法。

1. 超微机械加工

超微机械加工是指用精密金属切削和电火花、线切割等加工方法，制作毫米级尺寸以下的微机械零件，是一种三维实体加工技术，多是单件加工，单件装配，费用较高。微细切削加工适合所有金属、塑料及工程陶瓷材料，主要切削方式有车削、铣削、钻削等。

当利用精密微细磨削外圆表面时，高速钢材料的最小直径可达 20 μm，长度 1.2 mm；硬质合金直径达 25 μm，长度 0.27 mm；石英玻璃直径达 200 μm，长度 0.61 mm。精密磨削急需解决的问题是：进给精度的控制、在线观察测量及微型砂轮的整形。

微细电火花加工是利用微型电极对工件进行电火花加工，可以对金属、聚晶金刚石、单晶硅等导体、半导体材料做垂直工件表面的孔、槽、异形成形表面的加工。微细电火花线切割加工也可以加工微细外圆表面。工件作回转运动，在工件的一侧装有线切割用的钼丝，钼丝在走丝中对工件放电并沿工件轴线作进给运动，完成对工件外圆的加工。

由于切削力的存在，一般认为切削加工不适于微型机械的加工，但超精密微细切削已成功地制作出尺寸在 10~100 μm 的微小三维构件。日本 FANUC 公司开发的能进行车、铣、磨和电火花加工的多功能微型超精密加工机床，其数控系统的最小设定单位为 1 nm。

目前，微细切削加工存在的主要困难是各类微型刀具的制造、刀具的安装、加工基准的转换、定位等。利用聚焦离子束可加工出直径在 $\phi22\sim\phi100$ μm 的微小高速钢铣刀，该铣刀在 PMMA（聚甲基丙烯酸甲酯）材料上能加工出壁厚约为 8 μm，高度为 62 μm 的螺旋槽。

2. 光刻加工

半导体加工技术的核心是光刻，又称光刻蚀加工或刻蚀加工，简称刻蚀。1958 年左右，光刻技术在半导体器件制造中首次得到成功应用，研制成平面型晶体管，从而推动了集成电路的飞速发展。数十年以来，集成技术不断微小型化，其中光刻技术发挥了重要作用。目前可以实现小于 1 μm 线宽的加工，集成度大大提高，已经能制成包含百万个甚至千万个元器件的集成电路芯片。

光刻加工是用照相复印的方法将光刻掩模上的图形印刷在涂有光致抗蚀剂的薄膜或基材表面，然后进行选择性腐蚀，刻蚀出规定的图形。所用的基材有各种金属、半导体和其他介质材料。光致抗蚀剂俗称光刻胶或感光剂，是一种经光照后能发生交联、分解或聚合等光学反应的高分子溶液。

光刻的基本过程如图 2-63 所示。首先设计制作出光掩模板，掩模的基本功能是当光束照在掩模上时，图形区和非图形区对光有不同的吸收和透过能力，图 2-63（a）中 1 为光掩模板。理想的情况是图形区可让光完全透射过去，而非图形区则将光完全吸收；或与之完全相反。加工时，先在基板上沉积成膜材料，涂感光胶并进行曝光，如图 2-63（a）所示。然后，进行显影，结果如图 2-63（b）所示。感光胶同掩模类似，有正胶和反胶之分。曝光部分溶解而光线未照射到的部分保留的感光胶称为正胶；曝光部分保留而光线未照射到的部分显影溶解的感光胶称为负胶。利用显影的感光胶图形作为刻蚀掩模，就可以使其下面的材料受刻蚀，将掩模保护的部分保留下来，如图 2-63（c）所示。有选择地溶解、除去基板上沉积的成膜材料甚至基板材料，再去除刻蚀掩膜层即可得到所期望加工的结构。

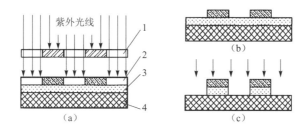

图 2-63　光刻基本过程

1—光掩膜板；2—感光胶；3—加工层；4—基板

光掩膜制造技术、曝光技术和刻蚀技术是组成光刻技术的关键技术。

（1）光刻掩膜制作

掩膜制造技术起源于光刻，而后在其发展中逐渐独立于光刻技术。

（2）曝光技术

目前，微机械光刻采用的曝光技术主要有电子束曝光技术、离子束曝光技术、X 射线曝光技术、远紫外曝光技术和紫外准分子激光曝光技术等。其中，离子束曝光技术的分辨率最高，可达 0.01 μm；电子束曝光技术代表了最成熟的亚微米级曝光技术；而紫外准分子激光曝光技术则具有最佳的经济性，成为近年来发展速度极快且实用性较强的曝光技术，已在大批量生产中保持主导地位，其极限分辨率为 0.2 μm。

（3）刻蚀加工技术

刻蚀技术是一类可以独立于光刻的微型机械关键的成形技术。刻蚀分为湿法刻蚀和干法刻蚀。

湿法刻蚀是用化学腐蚀液对硅基片进行刻蚀，主要有等向性刻蚀和结晶异向性刻蚀之分。等向性刻蚀是硅在所有的晶向方向以相同的速度进行刻蚀；结晶异向性刻蚀则是使硅在不同的晶面、以不同的速度进行刻蚀。等向性刻蚀的缺点是在刻蚀图形时容易产生塌边现象，以至刻蚀图形的最小线宽受到限制。但积极利用这种侧面刻蚀的牺牲层刻蚀却是制作复杂的立体形状的有效方法。如图 2-64 所示，先将一层绝缘层淀积在硅基底上；然后在其上再淀积一层氧牺牲层，厚度一般为 1~2 μm；接着在氧化物层上制圆孔形模并刻蚀，用于连接可动层和绝缘层；淀积一层聚苯乙烯层，厚度为 1~2 μm，然后制模；最后整个放入腐蚀液中溶解氧化物层，留下一个可动结构，并连接于基底预定部位。

干法刻蚀是在气体中利用等离子体取代化学腐蚀液，把基体暴露在电离的气体中，气体中的离子与基体原子间的物理和化学作用，进行刻蚀加工的方法。与离子刻蚀相比，使用同样厚的掩膜可实现较深的刻蚀加工。用微波产生高密度的等离子体，刻蚀速度可达 15 μm/min。

就湿法和干法比较而言，湿法的腐蚀速率快，各向异性好、成本低，但较难控制腐蚀深度。干法的腐蚀虽然速度慢、成本高，但能精确控制腐蚀深度。对要求精密、刻蚀深度浅的最好用干法刻蚀工艺；对要求各向异性大、腐蚀深度很深的则最好采用湿法腐蚀工艺。

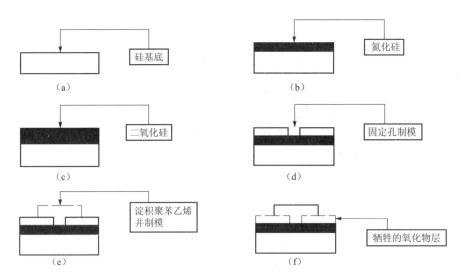

图 2-64　牺牲层技术

3. LIGA 技术与准 LIGA 技术

LIGA 是一种使用 X 射线的深度光刻与电铸相结合，实现深宽比大的微细构造的成形方

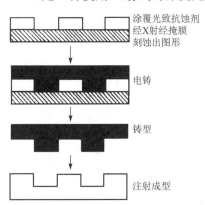

图 2-65　LIGA 法工艺过程

法。LIGA 是德文的平版印刷术（Lithographie）、电铸成形（Galvanoformung）和注塑（Abformung）的缩写。该工艺是在 20 世纪 80 年代初，由德国卡尔斯鲁厄核原子能研究中心，为提取铀-235 研制微型喷嘴结构的过程中产生的，是一种全新的三维主体微细加工技术。

　　LIGA 的加工过程如图 2-65 所示：① 将 PMMA 等 X 射线感光材料，以期望的厚度（0.1～1 mm）涂在金属基板上；② 深层同步辐射 X 射线光刻，把从同步辐射源放射出的具有短波长和很高平行度的 X 射线作为曝光光源，在光致抗蚀剂上生成曝光图形的三维实体；③ 电铸成形，用曝光蚀刻的图形实体作为电铸用胎膜，用电沉积方法在胎膜上沉积金属，以形成金属微结构零件；④ 注射，将电铸制成的金属微结构作为注射成形的模具，即能加工出所需的微型零件。

　　由于 X 射线的平行度很高，使微细图形的感光聚焦深度远比光刻法为深，一般可达 25 倍以上，刻蚀厚度较大，制出的零件有较强的实用性。另外，X 射线的波长极短，小于 1 nm，使断面的表面粗糙度最小能达 Ra 0.01 μm。此外，用此法除可制造树脂类零件外，也可在精密成形的树脂零件基础上再电铸得到金属或陶瓷材料的零件，例如应用 LIGA 法制作出直径为 130 μm、厚度为 150 μm 的微型涡轮；制作厚度为 150 μm、焦距为 500 μm 的柱面微型透镜时，可获得非常光滑的表面。

LIGA 技术在制作很厚的微机械结构方面有着独特的优点，是一般常规的微电子工艺无法替代的，它极大地扩大了微结构的加工能力，使得原来难以实现的微机械能够制造出来。但缺点是它所要求的同步辐射源比较昂贵、稀少，致使应用受到限制，难以普及。后来出现了所谓的准 LIGA 技术，它是用紫外光源代替同步辐射源，虽然不具备和 LIGA 技术相当的深度或宽深比。但是，它涉及的是常规的设备和加工技术，这些技术更容易实现，如图 2-66（a）所示，为利用准 LIGA 技术制作的微齿轮模具型腔；图 2-66（b）所示为通过注射得到镍微齿轮。

（a） （b）

图 2-66　准 LIGA 技术应用

（a）微齿轮模具型腔；（b）镍微齿轮（每层厚 200 μm）

4. 封接技术

封接技术在微机械加工中也占有重要位置，封接的目的是将分开制作的微机械部件在使用黏结剂的情况下连接在一起，封在壳中使其满足使用要求。封接技术影响到整个微系统的功能和尺寸，可以说是微机械系统的关键技术。常用的封接技术有反应封接、淀积密封膜和键合技术。反应封接是将多晶硅结构与硅基片通过氧化封接在一起。淀积密封膜是用化学气相淀积法在构件与衬底之间淀积密封材料。键合技术是一种把两个固体部件在一定的温度与电压下直接键合在一起的封装技术，其间不用任何黏结剂，在键合过程中始终处于固相状态。键合技术可分为硅-硅直接键合和静电键合两种，硅-硅直接键合是将两个经过磨抛的平坦硅面在高温下依靠原子的力量直接键合在一起形成一个整体；静电键合主要用于硅与玻璃之间的键合，在 400 ℃温度下，将硅与玻璃之间加上电压产生静电引力而使两者结合成一体。它可实现硅一体化微型机械结构，不存在界面失配问题，有利于提高器件性能。

为了提高微系统的集成度，一些新的工艺方法如自动焊接、倒装焊接也得到了广泛的应用。

5. 分子装配技术

20 世纪 80 年代初发明的扫描隧道显微镜（STM，Scanning Tunneling Microscope）以及后来在 STM 基础上派生出的原子力显微镜（AFM，Atomic Force Microscope），使观察分子、原子的结构从宏观进入了微观世界。STM 和 AFM 具有 0.01 nm 的分辨率，是目前世界上精度最高的表面形貌观测仪。利用其探针的尖端可以俘获和操纵分子和原子，并可以按照需要

图 2-67 用原子
写成的汉字

拼成一定的结构，进行分子和原子的装配制作微机械，这是一种纳米级微加工技术，是一种从物质的微观角度来构造、制作微机械的工艺方法。美国的 IBM 公司用 STM 操纵 35 个氙原子，在镍板上拼出了 "IBM" 三个字母；中国科学院化学研究所用原子摆成我国的地图；日本用原子拼成了 "Peace" 一词。1993 年 Eigler 等在铜 Cu（111）表面上成功地移动了 101 个吸附的铁原子，写成中文的 "原子" 两个字，如图 2-67 所示，这是首次用原子写成的汉字，也是最小的汉字。有理由相信，STM 技术将会在微细加工方面有更大的突破。

2.3.3 微细加工技术的发展与趋势

微细加工技术在生物工程、化学、微分析、光学、国防、航天、工业控制、医疗、通信及信息处理、农业和家庭服务等领域有着巨大的应用前景。当前，作为大批量生产的微型机械产品，如微型压力传感器、微细加速度计和喷墨打印头已经占领了巨大市场。目前市场上以流体调节与控制的微机电系统为主，其次为压力传感器和惯性传感器。一些令人瞩目的微系统引起人们的广泛关注，各种微型元件被开发出来，显示出现实和潜在的价值，微细加工技术已被认为是微机械发展的关键技术之一。从目前来看，微细加工技术总的发展趋势如下。

1）加工方法的多样化。迄今为止，微细加工技术是从两个领域延伸发展起来的：一是用传统的机械加工和电加工，研究其小型化和微型化的加工技术；另一是在半导体光刻加工和化学加工等高集成、多功能化微细加工的基础上提高其去除材料的能力，使其能制作出实用的微型零件的机器。因此，如何从单一加工技术向组合加工技术发展，研究和制备几十微米至毫米级零件的高效加工工艺和设备，是今后一段时期的重点攻关领域。

2）加工材料从单纯的硅向着各种不同类型的材料发展。如玻璃、陶瓷、树脂、金属及一些有机物，大大扩展微机械的应用范围，满足更多的需求。

3）提高微细加工的经济性。微细加工实用化的一个重要条件就是要求经济上可行，以实现加工规模由单件向批量生产发展。LIGA 工艺的出现是微机械进行批量生产的范例，微细成形、微细制模和微细模铸等方法也能适用于批量生产微型零件。此外，加工方式从手工操作向自动化发展也是提高微细加工经济性的途径。例如，日本微机械研究中心正在研制一种微机械制造设备，它可以完成从设计参数输入、加工、部件制造组装到封装整个工艺过程。

4）加快微细加工的机理研究。伴随着机械构件的微小化，将出现一系列的尺寸效应，如构件的惯性力、电磁力的作用相应地减少，而黏性力、弹性力、表面张力、静电力等的作用将相对较大；随着尺寸的减小，表面积与体积之比相对增大，传导、化学反应等加速，表面间的摩擦阻力显著增大。因而，加快微细加工的机理研究对微机械的设计和制造加工工艺的制订有很大的实际应用意义。

可以预测，微机械及其制造技术将如同微电子技术的出现和应用所产生的巨大影响一样，将导致人类认识和改造世界的能力有重大的突破。

❉ 2.4 超精密加工技术 ❉

2.4.1 概述

认识超精密加工

1. 超精密加工的范畴

不断地提高加工精度和加工表面质量，是现代制造业的永恒追求，其目的是提高产品的性能、质量以及可靠性。超精密加工技术是精加工的重要手段，在提高机电产品的性能、质量和发展高新技术方面都有着至关重要的作用。因此，超精密加工技术已经成为全球市场竞争的关键技术，是衡量一个国家先进制造技术水平的重要指标之一。

超精密加工方法主要有超精密切削（车削、铣削）、超精密磨削、超精密研磨和超微细加工等，它包括了所有能使零件的形状、位置和尺寸精度达到微米和亚微米范围的机械加工方法。精密和超精密加工只是一个相对的概念，其界限随时间的推移而不断变化，也许今天的所谓超精密加工，到明天只能作为精密加工甚至作为普通加工的范畴。

按我国目前的加工水平，普通加工、精密加工和超精密加工的划分标准如下。

1）普通加工。加工精度在 $1\ \mu m$、表面粗糙度大于 $Ra\ 0.1\ \mu m$ 的加工方法。在目前的工业发达国家中，一般工厂均能稳定达到这样的加工精度。

2）精密加工。加工精度在 $0.1\sim1\ \mu m$、表面粗糙度为 $Ra\ 0.01\sim0.1\ \mu m$ 之间的加工方法，如金刚车、金刚镗、精磨、研磨、珩磨、镜面等加工等。主要用于加工精密机床、精密测量仪器等制造业中的关键零件加工，在当今制造工业中占有极重要的地位。

3）超精密加工。加工精度小于 $0.1\ \mu m$，表面粗糙度小于 $Ra\ 0.01\ \mu m$ 的加工方法，主要加工技术有金刚石刀具超精密切削、超精密磨削加工、超精密特种加工和复合加工等。目前，超精密加工的精度正在从微米工艺向纳米工艺提高。

2. 超精密加工技术的国内外发展及现状

超精密加工技术是在 20 世纪 60 年代初美国用单刃金刚石车刀镜面切削铝合金和无氧铜开始的。1977 年，日本精机学会精密机床研究委员会根据当时技术发展的要求，对机床的加工精度标准提出补充 IT-1 和 IT-2 两个等级。表 2-5 是补充后该标准的具体内容，可以看到比原来的最高精度等级 IT0 提高了很多。日本著名学者谷口纪男教授从综合加工精度出发，将加工的发展分为普通加工、精密加工、高精密加工和超精密加工四个阶段。由于物质的原子或分子的尺寸大小，即原子晶格间距是 $0.2\sim0.4\ nm$，因此，提出了纳米加工技术是当今的极限工艺。

表 2-5 日本精机学会提出的精加工等级

	精度等级	IT2	IT1	IT0	IT-1	IT-2
零 件	尺寸精度	2.5	1.25	0.75	0.3	0.25
	圆度	0.7	0.3	0.2	0.12	0.06
	圆柱度	1.25	0.63	0.38	0.25	0.13
	平面度	1.25	0.63	0.38	0.25	0.13
	表面粗糙度	0.2	0.07	0.05	0.03	0.01
机 床	主轴跳动	0.7	0.3	0.2	0.12	0.06
	运动直线度	1.25	0.63	0.38	0.25	0.13

超精密加工提出以后，首先受到了日本等国的重视。日本在工科大学里，大多设置了精密工学科，十分注重培养精密加工方面的高级技术人才。许多著名的企业，如东芝、精工、三菱电气、住友、冈本、西铁城等，在超精密加工设备、测量系统等方面卓有成效。图 2-68 是日本一台比较理想的盒式超精密立式车床，能满足高精度、高刚度、高稳定性、高自动化的要求。其结构设计具有以下特点：整机采用了盒式结构，加工区域形成封闭空间，自成系统，不受外界影响；采用热对称结构、石材等低热变形复合材料，从结构上使热变形得到抑制；采用冷却液淋浴、恒温冷却液循环、热源隔离等措施，以保证整个机床处于恒温状态，形成局部恒温环境，再将机床安装在恒温室内，可达到更好的恒温效果；整个机床本身有隔振结构，放在防振地基上，可获更好的防振效果。这台机床反映了现代超精密设备的最高水平。

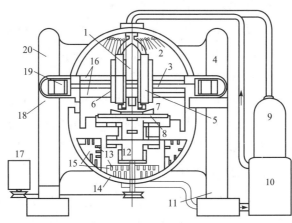

图 2-68 盒式超精密立式车床

1—用低热变形复合材料制成的拖板；2—冷却液淋浴；3—陶瓷滚珠丝杠；4—对称热源装置；

5—冷却液喷射装置；6—切屑回收装置；7—热变形补偿微位移工作台；8—卡盘附件；

9—切屑回收装置；10—油温控制装置；11—隔振功能水平调整功能装置；12—空气静压主轴；

13—冷却散热片；14—热对称壳体结构；15—恒温循环装置；16—两个热对称圆导轨；

17—热源隔离装置；18—热流控制功能和衰减调整功能装置；

19—滚珠丝杠驱动用电子冷却轴；20—热对称三点支撑结构

美国在超精密加工方面也有雄厚的实力，加利福尼亚大学的国家实验室（LLNL）和美国空军合作研制出的大型光学金刚石车床是为镜面加工大直径光学镜头而开发的，其分辨率为 0.7 nm，定位误差为 0.002 5 μm。

英、德等欧洲国家在超精密加工机床的制造与精密测量方面也处于世界的先进行列。

我国的超精密加工技术在 20 世纪 70 年代末期有了长足进步，80 年代中期出现了具有世界水平超精密机床和部件，并向专业化批量生产发展，研制出了多种不同类型的超精密机床、部件和相关的高精度测试仪等，如精度达 0.025 μm 的精密轴承等，达到了国际先进水平。

3. 超精密加工技术的重要性及相关技术范围

超精密加工技术在军事、航空、计算机等领域的高科技尖端产品中占有非常重要的地位。例如：陀螺仪是决定导弹命中精度的关键部件，如果 1 kg 的陀螺转子，其质量中心偏离对称轴 0.5 nm，将会引起 100 m 的射程误差和 50 m 的轨道误差。美国民兵Ⅲ型洲际导弹系统陀螺仪的精度为 0.03°~0.05°，其命中精度的圆概率误差为 500 m；而可装载 10 个核弹头的 MX 战略导弹，其命中精度的圆概率误差仅为 50~150 m。

人造卫星的仪表轴承是真空无润滑轴承，其孔和轴的表面粗糙度达到 1 nm，其圆度和圆柱度均以 nm 为单位。再如，若将飞机发电机转子叶片的加工精度由 60 μm 提高到 12 μm，而加工表面粗糙度由 0.5 μm 降低至 0.2 μm，则发电机的压缩效率将从 89% 提高到 94%。

计算机磁盘的存储量在很大程度上取决于磁头与磁盘之间的距离（即所谓"飞行高度"），目前已达到 0.15 μm。为了实现如此微小的"飞行高度"，要求加工出极其平坦、光滑的磁盘基片及涂层。

近十几年来，随着科学技术和人们生活水平的提高，精密和超精密加工不仅进入了国民经济和人民生活的各个领域，而且从单件小批量生产方式走向大批量的产品生产。在工业发达国家，已经改变了过去那种将精密机床放在后方车间仅用于加工工具、量具的陈规，已将精密机床搬到前方车间直接用于产品零件的加工。

4. 超精密加工所涉及的技术范围

超精密加工不是一种孤立的加工方法和单纯的加工工艺，而是一门综合多学科的高新技术，其加工精度和表面质量受被加工工件材料、加工设备及工艺装备、检测方法、工作环境和人的技艺水平等方面的影响，主要涉及的技术领域有以下几个方面。

1）超精密加工机理。超精密加工是从被加工表面去除一层微量的表面层，包括超精密切削、超精密磨削和超精密特种加工等。当然，超精密加工也应服从一般加工方法的普遍规律，但其也有不少自身的特殊性，如刀具的磨损、积屑瘤的生成规律、磨削机理、加工参数对表面质量的影响等。

2）超精密加工的刀具、磨具及其制备技术。包括金刚石刀具的制备和刃磨、超硬砂轮的修整等是超精密加工的关键技术。

3）超精密加工机床设备。超精密加工对机床设备有高精度、高刚度、高抗振性、高稳定性和高自动化的要求，具有微量进给机构。

4）精密测量及补偿技术。超精密加工必须有相应级别的测量技术和装置，具有在线测量和误差补偿装置。

5）严格的工作环境。超精密加工必须在超稳定的工作环境下进行，加工环境的极微小的变化都可能影响加工精度。因而，超精密加工必须具备各种物理效应恒定的工作环境，如恒温室、净化间、防振和隔振地基等。

2.4.2 超精密切削加工

超精密切削加工主要指金刚石刀具超精密车削，主要用于加工有色金属及其合金，以及光学玻璃、石材和碳素纤维等非金属材料，加工对象是精度要求很高的镜面零件。如图 2-69 所示为金刚石刀具加工 4.5 mm 陶瓷球。

图 2-69　金刚石刀具加工
4.5 mm 陶瓷球

1. 超精密切削对刀具的要求

为实现超精密切削，刀具应具有如下的性能。

1）极高的硬度、耐用度和弹性模量，以保证刀具有很高的刀具耐用度。

2）刃口能磨得极其锋锐，刃口半径 ρ 值极小，能实现超薄的切削厚度。目前，国外金刚石刀具刃口半径已达到纳米级水平。

3）刀刃应无缺陷。因切削时刃形将复印在加工表面上，而不能得到超光滑的镜面。

4）与工件材料的抗黏结性好、化学亲和性小、摩擦因数低，能得到极好的加工表面完整性。

2. 金刚石刀具的性能特征

金刚石有人造金刚石和天然金刚石两种，由于人造金刚石制造技术和加工技术的发展，聚晶金刚石刀具已得到广泛应用。天然单晶体金刚石一般为八面体和十二面体，有时也会是六面体或其他晶形，目前，超精密切削刀具用的金刚石为大颗粒（0.5~1.5 克拉，1 克拉=200 mg）、无杂质、无缺陷、浅色透明的优质天然单晶金刚石，具有如下的性能特征。

1）具有极高的硬度，其硬度达到 6 000~10 000 HV；而 TiC 仅为 3 200 HV；WC 为 2 400 HV。

2）能磨出极其锋锐的刃口，且切削刃没有缺口、崩刃等现象。普通切削刀具的刃口圆弧半径只能磨到 5~30 μm，而天然单晶金刚石刃口圆弧半径可小到几纳米，没有其他任何材料可以磨到如此锋利的程度。从理论上说，单晶金刚石刀具的钝圆半径可小到 1 nm，目前日本可磨到 10~20 nm，而美国可达 5 nm 的水平。

3）热化学性能优越，具有导热性能好，与有色金属间的摩擦因数低、亲和力小的特征。

4）耐磨性好，刀刃强度高。金刚石摩擦因数小，和铝之间的摩擦因数仅为 0.06~0.13，如切削条件正常，刀具磨损极慢，刀具耐用度极高。

因此，天然单晶金刚石虽然价值昂贵，但被一致公认为是理想的、不能代替的超精密切削的刀具材料。

3. 超精密切削时的最小切削厚度

超精密切削实际能达到的最小切削厚度与金刚石刀具的锋锐度、使用的超精密机床的性能状态、切削时的环境条件等直接有关。

极限最小切削厚度 h_{Dmin} 与刀具刀刃锋锐度（即刃口半径 ρ）关系如图 2-70 所示。A 为极限临界点，在 A 点以上被加工材料将堆积起来形成切屑，而在 A 以下，加工材料经弹性变形形成加工表面。A 点的位置可由切削变形剪切角 θ 确定，剪切角 θ 又与刀具材料的摩擦因数 μ 有关：

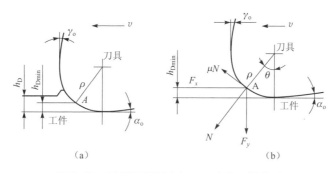

图 2-70　极限切削厚度与刃口半径 ρ 的关系

当 $\mu = 0.12$ 时，可得 $h_{Dmin} = 0.322\rho$

当 $\mu = 0.26$ 时，可得 $h_{Dmin} = 0.249\rho$

由最小切削厚度 h_{Dmin} 与刃口半径 ρ 关系式可知，若能正常切削 $h_{Dmin} = 1$ nm，要求所用金刚石刀具的刃口半径 ρ 应为 3~4 nm。日本大阪大学和美国 LLNL 实验室合作研究超精密切削的最小极限，使用极锋锐的刀具和机床条件最佳的情况下，可以实现切削厚度 $h = 1$ nm 的连续稳定切削。而国内生产中使用的金刚石刀具，刃口半径 $\rho = 0.2~0.5$ μm，特殊精心研磨可以达到 $\rho = 0.1$ μm。

2.4.3　超精密磨削加工

超精密磨削加工是指利用细粒度的磨粒或微粉磨料进行砂轮磨削、砂带磨削，以及研磨、珩磨和抛光等进行超精密加工的总称，是加工精度达到或高于 0.1 μm、表面粗糙度小于 Ra 0.025 μm 的一种亚微米级加工方法，并正向纳米级发展，是当前超精密加工的重要研究之一。

对于铜、铝及其合金等软金属，利用金刚石刀具进行超精密车削是十分有效的；而对于黑色金属、硬脆材料等，用精密和超精密磨削加工在当前是最主要的精密加工手段。

精密磨削，超精密磨削的关键在于砂轮的选择、砂轮的修整、磨削用量和高精度的磨削机床。

1. 超精密磨削砂轮

在超精密磨削中所使用的砂轮，其材料多为金刚石、立方氮化硼磨料（CBN），硬度极

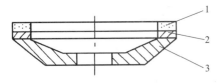

图 2-71　超硬磨料砂轮

1—磨料层；2—过渡层；3—机体

高，故一般称为超硬磨料砂轮。用超硬磨料制成的砂轮、砂带如图 2-71、图 2-72 所示。超硬磨料磨具适用于超精密磨削，其特点有以下几方面。① 磨料本身磨损少，可较长时间地保持锋利，磨具修整次数少，耐用度和寿命长；② 磨具在尺寸和形状上保持性好，磨削精度高；③ 磨削时一般工件温度较低，因此可以减小内应力、裂纹、烧伤等缺陷；④ 超硬磨料磨具价格较贵，修整比较困难，但由于使用寿命长，使得在性能价格比上仍占有优势；⑤ 超硬磨料磨具能加工各种硬脆材料，如磨削陶瓷、光学玻璃、宝石、硬质合金、铜合金，耐热钢、不锈钢等难加工材料，应用十分广泛。

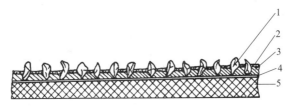

图 2-72　超硬磨料砂带

1—磨粒；2, 3—结合剂；4—黏结膜；5—基底

超硬磨料砂轮通常采用如下几种结合剂形式。

1）树脂结合剂。树脂结合剂砂轮能够保持良好的锋利性，可加工出较好的工件表面，但耐磨性差，磨粒的保持力小，主要用于磨削硬质合金，也可用于磨削表面质量要求较高或较难加工的非金属硬脆材料，如金属陶瓷等难磨材料。

2）金属结合剂。金属结合剂砂轮有很好的耐磨性，磨粒保持力大，形状保持性好、磨削性能好，但自锐性差，砂轮修整困难。常用的结合剂材料有青铜、电镀金属和铸铁纤维等。用金刚石砂轮磨削石材、玻璃、陶瓷等材料时，选择金属结合剂，砂轮的锋利性和寿命都好。

3）陶瓷结合剂。它是以硅酸钠作为主要成分的玻璃质结合剂，具有化学稳定性高、耐热、耐酸碱功能，脆性较大，适合于高速、高效、高精密磨削。CBN 砂轮一般用树脂结合剂和陶瓷结合剂。

2. 超精密磨削砂轮的修整

超精密磨削获得极低的表面粗糙度，主要是通过精细修整，使砂轮得到大量的、等高性很好的微刃，利用微刃进行微量切削，从工件表面上切除极微薄的、尚具有一些微量缺陷和微量形状、尺寸误差的余量，并通过磨粒对工件的摩擦抛光、研磨作用进一步细化工件表面，从而得到高质量的磨削表面。

砂轮的修整包括整形和修锐两部分，整形是使砂轮达到一定精度要求的几何形状，修锐是去除结合剂，使磨粒突出结合剂一定高度，形成足够的切削刃和容屑空间。对于密实型无气孔的金刚石砂轮，如金属结合剂金刚石砂轮，一般在整形后还必须修锐；有气孔型陶瓷结合剂金刚石砂轮在整形后即可使用。砂轮的修整是超硬磨料砂轮使用中的一个技术难题，它直接影响被磨工件的加工质量、生产效率和生产成本。超硬磨料砂轮，如金刚石和立方氮化硼，都比较坚硬，很难用别的磨料磨削以形成新的切削刃，故通过去除磨粒间的结合剂方法，使磨粒突出结合剂一定高度，形成新的磨粒。超硬磨料砂轮修整的方法很多，可归纳为以下几类。

1）车削法。用单点、聚晶金刚石笔、修整片等车削金刚石砂轮以达到修整目的。这种方法的修整精度和效率都比较高；但修整后的砂轮表面平滑，切削能力低，同时修整成本也高。

2）磨削法。用普通磨料砂轮或砂块与超硬磨料砂轮进行对磨修整。这种方法的效率和质量都较好，是目前较常用的修整方法，但普通砂轮的磨损消耗量较大。

3）喷射法。将碳化硅、刚玉磨粒从高速喷嘴喷射到转动的砂轮表面，从而去除部分结合剂，使超硬磨粒突出，这种方法主要用于修锐。

4）电解在线修锐法。是由日本大森整等人在 1987 年推出的超硬磨料砂轮修锐新方法。主要用于铸铁纤维为结合剂的金刚石砂轮，电解法修整如图 2-73 所示，将超硬磨料砂轮接电源正极，石墨电极接电源负极，在砂轮与电极之间通以电解液，通过电解腐蚀作用去除超硬磨料砂轮的结合剂，从而达到修锐效果。在这种电解修锐过程中，被腐蚀的砂轮铸铁结合剂表面逐渐形成钝化膜，这种不导电的钝化膜将阻止电解的进一步进行，只有当突出的磨粒磨损后，钝化膜被破坏，电解修锐作用才会继续进行，这样可使金刚石砂轮能够保持长时间的切削能力。

5）电火花修整法。如图 2-74 所示，将电源的正、负极分别接于被修整超硬磨料砂轮和修整器（石墨电极），其原理是电火花放电加工。这种方法适用于各种金属结合剂砂轮，既可整形又可修锐，效率较高；若在结合剂中加入石墨粉，也可用于树脂、陶瓷结合剂砂轮的修整。

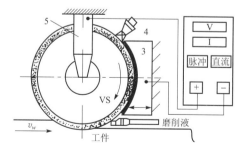

图 2-73　在线电解修锐法原理图

1—工件；2—磨削液；3—电极；

4—电解液；5—电刷

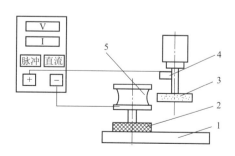

图 2-74　电火花修整法

1—工作台；2—绝缘体；3—被修整砂轮；

4—电刷；5—石墨电极

3. 磨削速度和磨削液

金刚石砂轮磨削速度一般不能很高，其磨削速度为 12~30 m/s。如果磨削速度太低，单颗磨粒的切削厚度过大，工件表面粗糙度将增加，同时也会使金刚石砂轮磨损加快；如果磨削速度过高，工件表面粗糙度将有所降低，但磨削温度将随之升高，因为金刚石的热稳定性仅为 700~800 ℃，磨削温度的上升将使金刚石砂轮磨损加快。所以，应根据具体情况选择合适磨削速度，一般陶瓷结合剂、树脂结合剂的金刚石砂轮其磨削速度可选高些，金属结合剂的金刚石砂轮磨削速度可选低些。而立方氮化硼砂轮的磨削速度可比金刚石砂轮高得多，可达 80~100 m/s，主要是因为立方氮化硼磨料的热稳定性好。

超硬磨料砂轮磨削时，磨削液的使用与否对砂轮的寿命影响很大，如树脂结合剂超硬磨料砂轮湿磨可比干磨提高砂轮寿命 40% 左右。磨削液除了具有润滑、冷却、清洗功能之外，还有渗透性、防锈、提高切削性功能。磨削液可分为油性液和水溶性液两大类，油性液主要成分是矿物油，其润滑性能好，主要有全损耗系统用油（机油）、煤油、轻质柴油等；水溶性液主要成分是水，其冷却性能好，主要有乳化液、无机盐水溶液、化学合成液等。

磨削液的使用应视具体情况合理选择。金刚石砂轮磨削硬质合金时，普遍采用煤油，而不宜采用乳化液；树脂结合剂砂轮不宜使用苏打水。立方氮化硼砂轮磨削时宜采用油性的磨削液，一般不用水溶性液，因为在高温状态下，立方氮化硼砂轮与水会起化学反应（水解作用），使砂轮磨损加剧，当不得不使用水溶性磨削液时，可加极压添加剂，以减弱水解作用。

2.4.4 超精密加工的机床设备

超精密机床是实现超精密加工的最重要、最基础的条件，是超精密加工水平的标志。对超精密机床的基本要求包括：① 高精度，即高的静态精度和动态精度；② 高刚度，包括静刚度、动刚度和热刚度等；③ 高稳定性，即设备在规定的工作环境下使用过程中应能长时间保持精度、抗干扰、稳定地工作，因此设备应有良好的耐磨性、抗振性等；④ 高自动化，高自动化机床可减少人为因素影响，提高加工质量，加工设备多用数控系统实现自动化。

现在美国和日本均有 20 多家工厂和研究所生产超精密机床；英国、荷兰、德国等也都有工厂研究所生产和研究开发超精密机床，均已达到较高的水平。近年来，我国超精密机床的研究也上了一个新台阶，北京机床研究所研制成功大型纳米级超精密数控车床 NAM-800。NAM-800 纳米级超精密数控车床采用了当今最先进的数控技术、伺服技术、精密制造及测量技术，该车床的反馈系统分辨率为 2.5 nm，机械进给系统可实现 5 nm 的微小移动，可对被加工表面实现微小的切除，使其达到极高的精度和表面质量。主轴的回转精度为 0.03 μm，溜板移动直线度为 0.15 μm/200 mm，最大可加工直径为 ϕ800 mm，粗糙度 Ra<0.008 μm。

切削类、磨削类超精密机床目前已发展了许多种模块化的功能部件，如精密主轴部件、精密导轨部件、微量进给装置等。这些关键部件的质量是超精密机床的重要基础。

1. 精密主轴部件

精密主轴部件是超精密机床的圆度基准，也是保证机床加工精度的核心。主轴要求达到极高的回转精度，其关键在于所用的精密轴承。早期的精密主轴采用超精密级的滚动轴承，制造高精度的滚动轴承主轴是极为不易的，希望进一步提高主轴精度更是困难。目前，超精密机床的主轴广泛采用液体静压轴承和空气静压轴承。液体静压轴承回转精度很高（≤0.1 μm），且刚度高、阻尼大，因此转动平稳，无振动，但高速下摩擦发热大，一般用于大型超精密机床，例如美国 LLNL 实验室的 DTM-3 型大型超精密机床主轴的径向轴承即为液体静压轴承（推力轴承为气体静压轴承）。如图 2-75 所示为典型的液体静压轴承主轴结构原理图。空气静压轴承的回转精度可达 0.05~0.025 μm，在高速下摩擦发热小，因而温升及热变形很小。尽管有刚度较低的不足，但由于超精密切削的切削力很小，空气静压轴承仍可以满足要求，目前在中小型超精密机床中已得到广泛的应用。如图 2-76 所示为球面空气轴承主轴，双半球形的气浮面有自动调心作用，可提高主轴的回转精度。

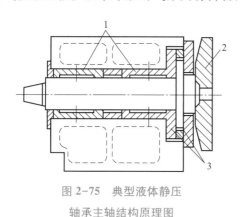

图 2-75 典型液体静压
轴承主轴结构原理图

1—径向轴承；2—真空吸盘；3—推力轴承

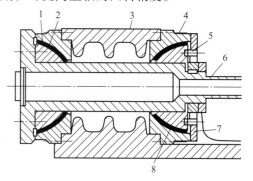

图 2-76 球面空气轴承主轴

1—石墨衬套；2—前部轴径；3—外壳；
4—轴承外套；5—柔性垫圈；6—轴；
7—外盖；8—后部轴径

2. 床身和精密导轨

床身是机床的基础部件，应具有抗振衰减能力强、热膨胀系数低、尺寸稳定性好的要求。目前，超精密机床床身多采用人造花岗岩材料制造。人造花岗岩是由花岗岩碎粒用树脂黏结而成，它不仅具有花岗岩材料的尺寸稳定性好、热膨胀系数低、硬度高、耐磨且不生锈的特点，又可铸造成形，克服了天然花岗岩有吸湿性的不足，并加强了对振动的衰减能力。

超精密机床导轨部件要求有极高的直线运动精度，不能有爬行，导轨耦合面不能有磨损。这一方面要求导轨有极高的制造精度，材料有很好的稳定性和耐磨性，同时要求导轨有很好的耦合形式。现代超精密机床的导轨主要有滚动导轨、液体静压导轨、气浮导轨、空气静压导轨等形式。如图 2-77 所示分别为平面型的液体静压导轨和空气静压导轨示意图，其导轨的上下、左右均在静压液体、静压空气的约束下，整个导轨浮在中间，基本没有摩擦力，有较好的刚度和运动精度。

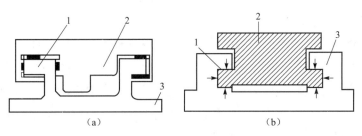

图 2-77　液体静压导轨和空气静压导轨

（a）液体静压导轨；（b）空气静压导轨

1—导轨面；2—移动工作台；3—底座

3. 微量进给装置

高精度微量进给装置是超精密机床的一个关键装置，它对实现超薄切削、高精度尺寸加工和实现在线误差补偿有着十分重要的作用。目前，高精度微量进给装置分辨率已可达到 0.001~0.01 μm。

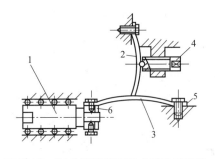

图 2-78　双 T 形弹性变形式微进给装置

1—微位移刀夹；2，3—T 形弹簧；
4—驱动螺钉；5—固定端；6—动端

微量进给装置有机械或液压传动式、弹性变形式、热变形式、流体膜变形式、压电陶瓷式等多种结构形式。

如图 2-78 所示是一种双 T 形弹性变形式微进给装置的工作原理图。当驱动螺钉 4 前进时，迫使两个T 形弹簧 2、3 变直伸长，从而可使微位移刀夹前进。该微量进给装置分辨率为 0.01 μm，最大输出位移为20 μm，输出位移方向的静刚度为 70 N/μm，满足切削负荷要求。

2.4.5　超精密加工的工作环境

为了适应精密和超精密加工的需要，达到微米甚至纳米级的加工精度，必须对它的工作环境提出较高的要求，超精密加工的工作环境是达到其加工质量的必要条件，主要包括空气环境、热环境、振动环境、电磁环境等。

1. 净化空气环境

净化空气环境主要是为了避免空气中的尘埃影响。对于普通精度的加工，这些尘埃和微粒不会有什么不良的影响，但对于精密和超精密加工将会引起加工精度的下降。例如，精密加工计算机硬盘表面时，1 μm 直径的尘埃将会拉伤加工表面导致不能正确记录数据。

为了保证精密和超精密加工产品的质量，必须对周围的空气环境进行净化处理，减少空气中的尘埃含量，提高空气的洁净度。通常，洁净度要求 10 000 级至 100 级（100 级是指每立方英尺空气中所含大于 0.5 μm 的尘埃不超过 100 个，即每立方米空气中不超过 3 571个）。由于大面积的超净空间的造价很高，且达到高洁净度的难度极大，因此，主要是创建超净工作台、超净工作腔等局部超净环境，采用通入正压洁净空气以防止腔外不洁净的空气进入，工作人员则需穿戴专门的工作服，并进入风淋室洁净，以保证洁净度。

2. 恒温、恒湿环境

在精密加工中，机床热变形和工件温升所引起的加工误差占总误差的 40%~70%。如磨削 ϕ100 mm 的钢质零件，磨削液温升 10 ℃ 将产生 11 μm 的误差。如精密加工 100 mm 长的铝合金零件时，若要求确保 0.1 μm 的加工精度，环境温度变化需控制在 ±0.05 ℃ 范围内。可见，精密加工和超精密加工对恒温环境需提出较高的要求，因此，严格控制的恒温环境是精密和超精密加工的重要条件之一。

恒温环境有两个重要指标：一是恒温基数，即空气的平均温度，我国规定的恒温基数为 20 ℃；二是恒温精度，指对于平均温度所允许的偏差值。恒温精度主要取决于不同的精密和超精密加工的精度和工艺要求，加工精度要求越高，对温度波动范围的要求越严格。如对一般精度的坐标镗床的调整和校验环境可以取 ±1 ℃，而对于高精密度的微型滚动轴承的装配和调整工序的环境就可取 ±0.5 ℃。

随着现代工业技术的发展与超精密加工工艺的不断提高，对恒温精度也提出了越来越高的要求。达到恒温的办法可采用多层套间逐步得到大恒温间、小恒温间，再采用局部恒温的方法，如恒温罩，罩内还可用恒温液喷淋，实现更精确的温度控制。当前，已经出现了 ±0.01 ℃ 的恒温环境。

湿度将造成机器的锈蚀、石材膨胀，以及一些仪器（如激光干涉仪等）的零点漂移，从而影响加工精度，精密加工和超精密加工时，要求在恒温室内，湿度应保持在 55%~60%。

3. 抗振动、抗干扰环境

超精密加工对抗振、抗干扰环境的要求越来越高，限制越来越严格。这是因为工艺系统内部和外部的振动干扰，会使加工和被加工物体之间产生多余的相对运动而无法达到需要的加工精度和表面质量。

例如在精密磨削时，要获得 Ra 0.01 μm 以下的表面粗糙度，需将磨削时振幅控制在 1~2 μm 以下。

为保证精密和超精密加工的正常进行，必须采取有效措施以消除振动干扰，其途径包括如下两个方面。

1）防振。用来消除工艺系统内部自身产生的振动干扰，主要措施有：① 提高各运动部件精度，消除或减少工艺系统内部的振源；② 优化系统结构，提高系统抗振性；③ 对易振动部分增加阻尼，减小振动；④ 采用吸振能力强的材料制造系统结构件。

2）隔振。对于外界振动干扰只能采取各种隔离振动干扰的措施，阻止外部振动传播到工艺系统中来。主要措施有：① 使系统远离振动源；如事先对场地外的铁路、公路等振动源进行调查，对系统附近的振源，如空压机、泵等应尽量移走；② 采用单独地基，加隔振材料以减小振源所产生的振动。如现代超精密机床和精密测量平台的底下都用能自动找平的空气隔振垫，空气隔振垫能将机床架起来，并自动保持机床水平。

✖ 2.5 高速与超高速切削技术 ✖

2.5.1 概述

1. 高速切削的概念与高速切削技术

高速切削理论是 1931 年 4 月德国物理学家 Carl. J. Salomon 提出的，他指出：在常规切削速度范围内（见图 2-79 中 A 区），切削温度随着切削速度的提高而升高，但切削速度提高到一定值后，切削温度不但不升高反会降低，且该切削速度值 v_ε 与工件材料的种类有关。对每一种工件材料都存在一个速度范围，在该速度范围内（见图 2-79 中 B 区），由于切削温度过高，刀具材料无法承受，即切削加

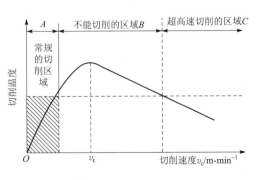

图 2-79 超高速切削概念示意图

工不可能进行，称该区为"死谷"。虽然由于实验条件的限制，当时无法付诸实践，但这个思想给后人一个非常重要的启示，即如能越过这个"死谷"，在高速区（见图2-79 中 C 区）工作，有可能用现有刀具材料进行高速切削，切削温度与常规切削基本相同，从而可大幅度提高生产效率。

高速加工是一个相对的概念，由于不同的加工方式、不同工件材料有不同的高速加工范围，很难就高速加工的速度给出一个确切的定义，一般认为应是常规切削速度的 5~10 倍。概括地说，高速加工技术是指采用超硬材料的刀具与磨具，能可靠地实现高速运动的自动化制造设备，极大地提高材料切除率，并保证加工精度和加工质量的现代制造加工技术。

高速切削技术是在机床结构及材料、机床设计、制造技术、高速主轴系统、快速进给系统、高性能 CNC 系统、高性能刀夹系统、高性能刀具材料及刀具设计制造技术、高效高精度测量测试技术、高速切削机理、高速切削工艺等诸多相关硬件和软件技术均得到充分发展基础之上综合而成的。因此，高速切削技术是一个复杂的系统工程。

2. 高速与超高速切削的特点

随着高速与超高速机床设备和刀具等关键技术领域的突破性进展，高速与超高速切削技术的工艺和速度范围也在不断扩展。如今在实际生产中超高速切削铝合金的速度范围为 1 500~5 500 m/min，铸铁为 750~4 500 m/min，普通钢为 600~800 m/min，进给速度高达 20~40 m/min。而且超高速切削技术还在不断地发展。在实验室里，切削铝合金的速度已达 6 000 m/min 以上，有人预言，未来的超高速切削将达到音速或超音速。其特点可归纳如下。

（1）可减少工序，提高生产效率

许多零件在常规加工时需要分粗加工、半精加工、精加工工序，有时机加工后还需进行费时、费力的手工研磨，而使用高速切削可使工件加工集中在一道工序中完成。这种粗精加

工同时完成的综合加工技术，叫作"一次过"技术（One pass maching）。"一次过"技术可使机动时间和辅助时间大幅度减少，而且机床结构也大大简化，其零件的数量减少了25%，有利于设备的维护。

（2）切削力小、热变形小

加工速度提高，可使切削力减少30%以上，而且加工变形减小，切削热来不及传给工件，因而工件基本保持冷态，热变形小，有利于加工精度的提高，刀具耐用度也能提高70%。如大型的框架件、薄板件、薄壁槽形件的高精度高效率加工，超高速铣削则是目前唯一有效的加工方法。

（3）加工精度高

在保证生产效率的同时，可采用较小的进给量，从而减小了加工表面的粗糙度值，又由于切削力小且变化幅度小，机床的激振频率远大于工艺系统的固有频率，故振动对表面质量的影响很小，加工过程平稳、振动小、可实现高精度、低粗糙度加工，非常适合于光学领域的加工。

（4）加工能耗低、节省制造资源

超高速切削时，单位功率的金属切除率显著增大。以洛克希德飞机制造公司的铝合金超高速铣削为例，主轴转速从 4 000 r/min 提高到 20 000 r/min，切削力减小了 30%，金属切除率提高了 3 倍，工件的制造时间短，从而提高了能源和设备的利用率，适用于材料切除率要求大的场合，如汽车、模具和航天航空等制造领域。

2.5.2 高速加工技术的发展与应用

1. 高速加工技术的发展与现状

高速切削加工技术的发展经历了高速切削的理论探索、应用探索、初步应用、较成熟的应用四个发展阶段。

20 世纪 60 年代，美国就开始了高速切削的试验研究工作。1977 年就在有高频电主轴的铣削加工中心上进行了高速切削试验。当时，主轴转速达到 18 000 r/min，最大进给速度达到了 7.6 m/min。1979 年美国确定了铝合金的最佳切削速度为 1 500~4 500 m/min。

1984 年德国全面系统地开展了超高速切削机床、刀具、控制系统等相关工艺技术的研究，对多种工件材料（钢、铸铁、铝合金、铝镁铸造合金、铜合金和纤维增强塑料）的高速切削性能进行了深入的研究和试验，并研制了立式高速铣削中心，其主轴转速达 60 000 r/min，三向进给速度达 60 m/min，加速度为 2.5g（g 为重力加速度），重复定位精度为 ±1 μm。

日本于 20 世纪 60 年代着手高速切削机理的研究，近些年来吸收了各国的研究成果，现在已后来居上，跃居世界领先地位。20 世纪 90 年代以来发展更迅速，于 1996 年研制出了日本第一台卧式加工中心，主轴转速达到 30 000 r/min，最大进给速度为 80 m/min，加速度为 2 g，重复定位精度为 ±1 μm。日本厂商已成为世界上高速机床的主要提供者。

此外，法国、瑞士、英国、意大利、瑞典、加拿大和澳大利亚等国也在高速切削方面做了不少工作，相继开发出了各自的高速切削机床。如瑞士 MIKRON 公司的铣削中心的主轴转速可达 42 000 r/min，进给速度 30 m/min。

我国于 20 世纪 90 年代初开始有关高速切削机床及工艺的研究工作。研究内容包括：高速主轴系统、全陶瓷轴承和磁悬浮轴承、快速进给系统、有色金属及铸铁的高速切削机理与适应刀具等。并已开发成功主轴转速为 10 000~15 000 r/min 的立式加工中心、主轴转速为 18 000 r/min 的卧式加工中心及转速达 40 000 r/min 的高速数字化仿形铣床，虽然各项技术取得了显著进展，但与发达国家相比尚有较大差距。

目前的高速切削机床均采用了高速的电主轴部件；进给系统多采用大导程多线滚珠丝杠或直线电动机，直线电动机最大加速度可达 $2g~10g$；CNC 控制系统则采用 32 或 64 位多 CPU 系统，以满足高速切削加工对系统快速数据处理功能；采用强力高压的冷却系统，以解决极热切屑冷却问题；采用温控循环水来冷却主轴电动机、主轴轴承和直线电动机，有的甚至冷却主轴箱、横梁、床身等大构件；采用更完备的安全保障措施来保证机床操作者以及在现场周围人员的安全。

在高速加工的工艺参数选择方面，国际上还没有面向生产的实用数据库可供参考，但在工件材料切削参数的研究方面取得了进展，使一些难加工材料，如镍基合金、钛合金和纤维增强塑料等在高速条件下变得易于切削。

对在高速切削机理的研究，包括高速切削过程中的切屑成形机理、切削力、切削热变化规律，及其对加工精度、表面质量、加工效率的影响。目前对铝合金的研究已取得了较为成熟的结论，并用于铝合金的高速切削生产实践；但对于黑色金属及难加工材料的高速切削加工机理尚处探索阶段。

2. 高速加工技术的应用

高速切削加工目前主要用于汽车工业大批生产、难加工材料、超精密微细切削、复杂曲面加工等不同的领域。

（1）在航空、汽车工业中的应用

航空工业是高速加工的主要应用行业，飞机制造业是最早采用高速铣削的行业。飞机制造通常需切削加工长铝合金零件、薄层腹板件等，直接采用毛坯高速切削加工，可不再采用铆接工艺，从而降低飞机质量。飞机中有多数零件是从原材料中切除 80%~90% 的多余材料而制成的，即所谓"整体制造法"。采用高速加工这些构件，可使加工效率提高 7~10 倍，其尺寸精度和表面质量都达到无须再光整加工的水平。铝合金的切削速度已达 1 500~5 500 m/min，最高达 7 500 m/min。如图 2-80 所示为薄壁零件加工。

汽车工业是高速切削的又一应用领域。汽车发动机的箱体、气缸盖多用组合机加工。国外汽车工业及上海大众、上海通用公司，凡技术变化较快的汽车零件，如：气缸盖的气门数目及参数经常变化，现一律用高速加工中心来加工。由柔性生产线代替了组合机床刚性生产线，高速的加工中心将柔性生产线的效率提高到组合机床生产线的水平。铸铁的切削速度可达 750~4 500 m/min。如图 2-81 所示为叶轮加工。

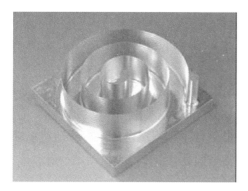

图 2-80　薄壁零件加工　　　　　　　　　图 2-81　叶轮加工

（2）在模具制造领域的应用

模具制造业是高速加工技术的主要受益者。模具型腔加工过去一直为电加工所垄断，但其加工效率低。而高速加工切削力小，可铣淬硬 60 HRC 的模具钢，加工表面粗糙度又很小，浅腔大曲率半径的模具完全可用高速铣削来代替电加工；对深腔小曲率的，可用高速铣削加工作为粗加工和半精加工，电加工只作为精加工。钢的切削速度可达 600~800 m/min。高速加工技术在模具行业的应用，无论是在减少加工准备时间，缩短工艺流程，还是缩短切削加工时间方面都具有极大的优势。如图 2-82 所示为铝合金模具加工。随着高速加工技术成熟和发展，其应用领域将会进一步扩大。

（3）在特殊材料加工的应用

随着石墨电极在工业生产中越来越广泛的应用，石墨电极的加工技术也逐渐引起人们的关注。与金属材料不同的是，石墨在加工时切屑不连续，容易产生挤压和剥落，从而在工件表面留下缺陷。目前，国内外对石墨加工的研究表明，利用超高速切削技术能加工出高质量的石墨电极，如图 2-83 所示。

图 2-82　铝合金模具加工　　　　　　　　　图 2-83　石墨电极加工

2.5.3　高速切削加工的关键技术

随着近几年高速切削技术的迅速发展，各项关键技术也正在不断地跃上新水平，包括高速主轴、快速进给系统、高性能 CNC 控制系统、先进的机床结构、高速加工刀具等。

1. 高速主轴

高速主轴单元是高速加工机床最关键的部件。在超高速运转的条件下，传统的齿轮变速和皮带传动方式已不能适应要求，为适应这种切削加工，高速主轴应具有先进的主轴结构，优良的主轴轴承，良好的润滑和散热等新技术。

当前，高速主轴在结构上几乎全都采用主轴电机与主轴合二为一的结构形式，简称电主轴，如图 2-84 所示，其主要结构如图 2-85 所示。即采用无外壳电机，将其空心转子直接套装在机床主轴上，电动机定子安装在主轴单元的壳体中，采用自带水冷或油冷循环系统，使主轴在高速旋转时保持恒定的温度。这样的主轴结构具有精度高、振动小、噪声低、结构紧凑的特点。

超高速的机床加工

图 2-84　高速电主轴

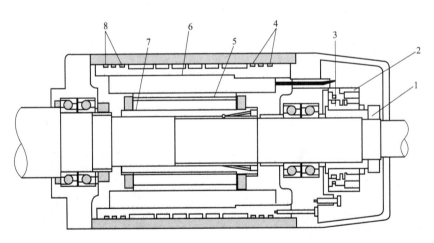

图 2-85　电主轴结构

1—螺母；2—旋转变压器定子；3—旋转变压器转子；4，7，8—密封圈；5—转子；6—定子

高速主轴采用的轴承有滚动轴承、气浮轴承、液体静压轴承和磁浮轴承几种形式。

目前，高速铣床上装备的主轴多采用滚动轴承。在滚动轴承中，一种称为陶瓷混合轴承越来越被人们所青睐，其内外圈由轴承钢制成，轴承滚珠由氮化硅陶瓷制成。

滚动轴承各运动体之间是接触摩擦，其润滑方式也是影响主轴极限转速的一个重要因素。适合高速主轴轴承的润滑方式有油脂润滑、油雾润滑、油气润滑等。其中油气润滑的优点有：油滴颗粒小，能够全部有效地进入润滑区域，容易附着在轴承接触表面；供油量较少，能够达到最小油量润滑；油、气分离，既润滑又冷却，而且对环境无污染。因此，油气润滑在超高速主轴单元中得到了广泛的应用。

气浮轴承主轴的优点在于高的回转精度、高转速和低温升，其缺点是承载能力较低，因而主要适合于工件形状精度和表面精度较高、所需承载能力不大的场合。

液体静压轴承主轴的最大特点是运动精度高，回转误差一般在 0.2 μm 以下；动态刚度大，特别适合于像铣削的断续切削过程。但液体静压轴承最大的不足是高压液压油会引起油温升高，造成热变形，影响主轴精度。

磁浮轴承是用电磁力将主轴无机械接触地悬浮起来，其间隙一般在 0.1 mm 左右，由于空气间隙的摩擦热量较小，因此磁浮轴承可以达到更高的转速，可达滚珠轴承主轴的两倍。高精度、高转速和高刚度是磁浮轴承的优点。但由于机械结构复杂，需要一整套传感器系统和控制电路，其造价也在滚动轴承主轴的两倍以上。

2. 快速进给系统

实现高速切削加工不仅要求有很高的主轴转速和功率，同时要求机床工作台有很高的进给速度和运动加速度。超高速切削进给系统是超高速加工机床的重要组成部分，是评价超高速机床性能的重要指标之一。在 20 世纪 90 年代，工作台的快速进给多采用大导程滚珠丝杠和增加进给伺服电动机的转速来实现，其加速度可达 0.6g；在采用先进的液压丝杠轴承，优化系统的刚度与阻尼特性后，其进给速度可达到 40~60 m/min。

由于工作台的惯性以及受滚珠丝杠本身结构的限制，若要进一步提高进给速度，就非常困难。然而，更先进、更高速的直线电动机已经发展起来，它可以取代滚珠丝杠传动，提供更高的进给速度和更好的加、减速特性。目前，国内外机床专家和许多机床厂家普遍认为直线电机直接驱动是新一代机床的基本传动形式，如图 2-86 所示为直线电机驱动系统原理图。直线电机直接驱动的优点是：① 控制特性好、增益大、滞动小，在高速运动中保持较高位移精度；② 高运动速度，因为是直接驱动，最大进给速度可高达 100 ~ 180 m/min；③ 高加速度，质量轻，可实现的最大加速度高达

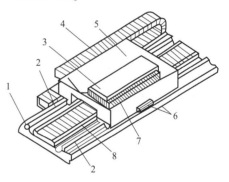

图 2-86　直线电机驱动系统原理图

1—定子冷却板；2—滚动导轨；3—动子冷却板；
4—输电线路；5—工作台；6—位置检测系统；
7—动子部分；8—定子部分

2g~10g；④ 无限运动长度；⑤ 定位精度和跟踪精度高，以光栅尺为定位测量元件，采用闭环反馈控制系统，工作台的定位精度高达 0.1~0.01 μm；⑥ 启动推力大，可达 120 mN；⑦ 由于无传动环节，因而无摩擦、无往返程空隙，且运动平稳；⑧ 有较大的静、动态刚度。

直线电机直接驱动的缺点是：① 由于电磁铁热效应对机床结构有较大的热影响，需附

设冷却系统；② 存在电磁场干扰，需设置挡切屑防护；③ 有较大功率损失；④ 缺少力转换环节，需增加工作台制动锁紧机构；⑤ 由于磁性吸力作用，造成装配困难；⑥ 系统价格较高。

3. 高性能的 CNC 控制系统

用于高速加工的 CNC 控制系统必须具有很高的运算速度和运算精度，以及快速响应的伺服控制，以满足高速及复杂型腔的加工要求。随着计算机技术的发展，许多高速切削机床的 CNC 控制系统采用多个 32 位甚至 64 位 CPU，同时配置功能强大的计算处理软件，使工件加工质量在高速切削时得到明显改善。相应地，伺服系统则发展为数字化、智能化和软件化，从而保证了高进给速度加工的要求。

4. 先进的机床结构

为了适应粗精加工、轻重切削负荷和快速移动的要求，同时保证高精度，高速切削机床床身必须具有足够的刚度、强度和高的阻尼特性及高的热稳定性。其措施有：一是改革床身结构，如 Gidding & Lewis 公司在其 RAM 高速加工中心上将立柱与底座合为一个整体，使机床整体刚性得以提高；二是使用高阻尼特性材料，如聚合物混凝土。日本牧野高速机床的主轴油温与机床床身的温度通过传感控制保持一致，协调了主轴与床身的热变形。机床厂商同时在切除、排屑、丝杠热变形等方面采用各种热稳定性措施，极大地保证了机床稳定性和精度。高速切削机床用防弹玻璃作观察窗；同时，采用主动在线监控系统对刀具和主轴的运转状况进行在线识别与控制，确保人身与设备的安全。

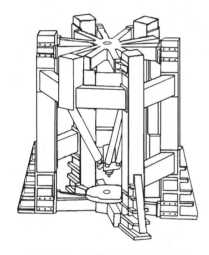

图 2-87　六杆机床结构示意图

进入 20 世纪 90 年代以来，在高速切削领域出现了一种全新结构形式的机床——六杆机床，又称为并联机床，如图 2-87 所示，机床的主轴由六条伸缩杆支承，通过调整各伸缩杆的长度，使机床主轴在其工作范围内既可作直线运动，也可转动。与传统机床相比，六杆机床能够有六个自由度的运动，每条伸缩杆可采用滚珠丝杠驱动或直线电动机驱动，结构简单。由于每条伸缩杆只是轴向受力，结构刚度高，可以降低其质量以达到高速进给的目的。如图 2-88 所示为我国生产的第一代并联机床，可实现快速进给，高速切削。

5. 高速切削的刀具系统

高速切削与普通切削相比，高速切削时刀具与工件的接触时间减少，接触频率增加，切削过程所产生的热量更多地向刀具传递，刀具磨损机理与普通切削有很大区别。此外，由于高速切削时的离心力和振动的影响，刀具必须具有良好的平衡状态和安全性能，刀具的设计必须根据高速切削的要求，综合考虑磨损、强度、刚度和精度等多方面的因素。

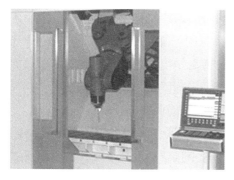

图 2-88　中国生产的第一代并联机床

目前，高速切削通常使用的刀具材料如下。

1）硬质合金涂层刀具。如图 2-89 所示。由于刀具基体有较高的韧性和抗弯强度，涂层材料高温耐磨性好，故可采用高切削速度和高进给速度。

2）陶瓷刀具。如图 2-90 所示。陶瓷刀具与金属材料的亲和力小，热扩散磨损小，其高温硬度优于硬质合金，可承受比硬质合金刀具更高的切削速度。但陶瓷刀具的韧性较差，常用的有氧化铝陶瓷、氮化硅陶瓷和金属陶瓷等。

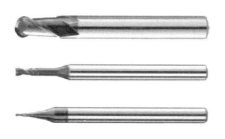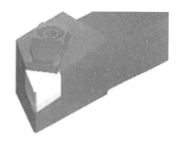

图 2-89　硬质合金涂层刀具　　　　　　　　图 2-90　陶瓷刀具

3）聚晶金刚石刀具。如图 2-91 所示。聚晶金刚石刀具的耐磨性极强，具有良好的导热性，特别适合于难加工材料及黏结性强的有色金属的高速切削，但价格较贵。

4）立方氮化硼刀具。如图 2-92 所示。具有高硬度、良好的耐磨性和高温化学稳定性，寿命长，适合于高速切削淬火钢、冷硬铸铁、镍基合金等材料。

图 2-91　聚晶金刚石刀具　　　　　　　　图 2-92　立方氮化硼砂轮

当主轴转速超过15 000 r/min时，由于离心力的作用将使主轴锥孔扩张，普通刀柄与主轴的连接刚度将会明显降低，径向跳动精度会急剧下降，甚至会导致主轴与刀柄锥面脱离，出现颤振。为了满足高速旋转下不降低刀柄的接触精度，一种新型的双定位刀柄已在高速切削机床上得到应用，如图2-93所示的德国HSK刀柄就是采用的这种结构。这种刀柄以锥度1∶10代替传统的7∶24，楔作用较强，其锥面和端面同时与主轴保持面接触，实现双定位，定位精度明显提高，轴向定位重复精度可达0.001 mm。这种刀柄结构在高速转动的离心力作用下，锥体向外扩张，增加压紧力，会更牢固地锁紧，在整个转速范围内保持较高的静态和动态刚性，刀柄为中空短柄，其工作原理是利用锁紧力及主轴内孔的弹性膨胀补偿端面间隙。由于中空刀柄自身重复精度好、连接锥面短，可以缩短换刀时间，适应于主轴高速运转。

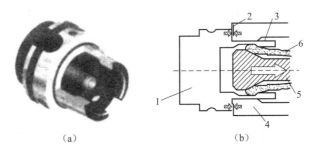

图2-93 德国HSK刀柄系统

（a）外形图；（b）原理图

1—刀柄；2—定位端面；3—定位锥面；4—主轴；5—刀柄拉杆；6—夹爪

2.5.4 高速磨削加工

高速磨削是提高磨削效率和降低工件表面粗糙度的有效措施，它与普通磨削的区别在于用很高的磨削速度和进给速度。高速磨削的定义随时间的不同在不断地推进，20世纪60年代以前磨削速度在50 m/s时即被称为高速磨削，而90年代磨削速度最高已达500 m/s。在实际应用中，磨削速度在100 m/s以上即被称为高速磨削。

高速磨削的特点是尽可能地提高切削速度。在材料切除率不变的条件下，提高切削速度可以降低单一磨粒的切削厚度，从而减小磨削力，降低工件表面的粗糙度，且在加工刚性较低的工件时，易于保证加工精度。假如高速磨削时仍维持原有的切削力，则可提高进给速度，降低加工时间，提高生产效率。

高速磨削的另一个特点是既可用于精加工又可用于粗加工。以往磨削仅适用于精加工，加工精度虽高，但加工余量很小，磨削前需有许多粗加工工序，需配有不同类型的机床，构成了一个冗长的工艺链。当前的高速磨削的材料切除率已可与车削、铣削相比，因而对于以磨削为最终加工工序的产品而言，高速磨削可以大幅度地降低生产成本和提高产品质量。

实际应用中，高速磨削的速度一般在100~200 m/s，如果进一步提高磨削速度，会导致无功率消耗呈超线性增长，而可用于切除材料的有效功率相应减少；此外，砂轮消耗加剧，润滑冷却要求严格，无法达到降低生产成本的目的。

高速磨削涉及如下几方面的关键技术。

1. 高速主轴

高速磨削的砂轮直径较大，由于制造、调整和装夹等误差，在更换砂轮或者修整砂轮后，甚至在停车重新启动时，砂轮主轴必须进行动平衡，以保证获得低的工件表面粗糙度。所以高速磨削主轴上要有连续自动动平衡系统，以便能把动不平衡引起的振动降低到最低程度。

高速磨削时，主轴功率损失随转速的提高呈超线性增长。当磨削速度由 80 m/s 提高到 180 m/s 时，主轴的无功功率消耗从不到 20% 增至 90% 以上，其中因冷却润滑液引起的损耗占比例最大，主要是因为磨削速度提高后，砂轮与冷却液之间的摩擦急剧加大，所消耗的能量也急剧增大。实验证明，无功功率不仅与转速有关，而且还与砂轮的直径有关，例如当磨削速度为 400 m/s 时，若采用 350 mm 直径的砂轮，无功功率消耗为 17 kW，而用 275 mm 直径的砂轮，功率损耗可降至 13.5 kW。

2. 高速磨床结构

高速磨床除具有普通磨床的一般功能外，还需具有高动态精度、高阻尼、高抗振性和热稳定性等结构特征。其基本结构与普通平面磨床相似，所不同的是磨削速度及工作台的往复运动高。机床工作台由直线电动机驱动，其往复频率是普通磨床的十倍以上。磨削速度的提高有利于减小磨削力，避免薄壁工件的变形，有利于提高工件的尺寸精度，因此，高速磨床特别适合于加工精度要求很高的薄壁工件。

3. 高速磨削砂轮

高速磨削砂轮必须满足如下的要求：① 砂轮基体的机械强度必须能承受高速磨削时的磨削力；② 磨粒突出高度要大，以便能容纳大量的长切屑；③ 结合剂具有很高的耐磨性，以减少砂轮的磨损；④ 高速磨削时要安全可靠。

高速磨削砂轮的基体设计必须考虑高转速时离心力的作用，并根据应用场合进行优化。图 2-94 为一个经优化后的砂轮基体外形，其腹板为一个变截面等力矩体，优化的基体没有单独的法兰孔，而是用多个小的螺孔代替，以充分降低基体在法兰孔附近的应力。

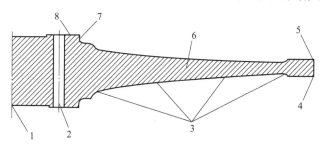

图 2-94　高速砂轮的结构和形状优化

1—无中心孔的法兰；2—连接法兰螺孔；3—通过径向变厚度进行形状优化；4—电镀层结合方式；

5—磨料层（CBN/金刚石）；6—铝合金材料；7—径向连接面；8—端面连接面

高速磨削砂轮的磨粒主要为立方氮化硼和金刚石，所用的结合剂有多孔陶瓷和电镀镍。电镀结合砂轮是高速磨削时最为广泛采用的一种砂轮，砂轮表面只有一层磨粒，其厚度接近磨粒的平均粒度，生产成本较低。制造时通过电镀的方式将磨粒黏在基体上，磨粒的突出高度很大，能够容纳大量切屑，而且不易形成钝刃切削，十分有利于高速磨削。

除电镀结合砂轮外，高速磨削也有用多孔陶瓷结合剂砂轮。这种结合剂的主要成分是再结晶玻璃，它具有很高的强度，在制造砂轮时结合剂的用量也很少。由于结合剂不产生切削作用，所以它的比例越小越好。

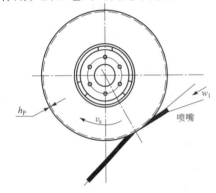

图 2-95　与砂轮同向喷射的冷却润滑液对磨削的作用

4. 冷却润滑液

在磨削过程中，冷却润滑液需完成润滑、冷却、清洗砂轮和传送切屑的任务，以利于提高磨削的材料切除率、延长砂轮的使用寿命和降低工件表面粗糙度。

冷却润滑液出口流速对高速磨削的效果有很大的影响。当砂轮圆周速度接近冷却液的出口速度时，冷却与润滑效果最好，但清洗砂轮的效果很小。若砂轮的容屑空间得不到清洗，在磨削过程中极易堵塞，会引起磨粒发热磨损，切削力增加。为了能够冲走残留在结合剂孔穴中的切屑，冷却润滑液的出口速度必须大于砂轮的圆周速度。如图 2-95 所示。

※　2.6　逆向工程技术　※

2.6.1　逆向工程概述

1. 逆向工程技术概述

逆向工程是相对于传统正向工程（Convention Engineering）而言的。传统设计是严格按照研究开发的流程，通过工程师创造性的劳动，将一个未知的设计理念变成人类需求的产品的过程。首先，工程师根据市场需求，确定功能与规格的预期指标，构思产品的组件，然后，经过一系列的设计活动之后，得到新产品，再经过性能测试等程序来完成。对每一组件来说，其正向工程的流程如图 2-96 所示。

图 2-96　组件的正向开发流程图

逆向工程（Reverse Engineering，RE）又称反求工程或反求设计，其思想最初是来自从油泥模型到产品实物的设计过程。通常是以工程方式执行某一产品的复制和仿制工作，尤其是产品的外观设计，委托单位往往是交付一件样品或模型，如木鞋模、高尔夫球头等，需要制作单位复制或仿制出来。

目前，基于 CAD/CAM 系统的数字扫描技术为实物逆向工程提供了有力的支持，在进行数字化扫描、完成实物的 3D 重建后，通过 NC 加工就能快速地制造出模具，最终注塑得到所需的产品。具体流程如图 2-97 所示。

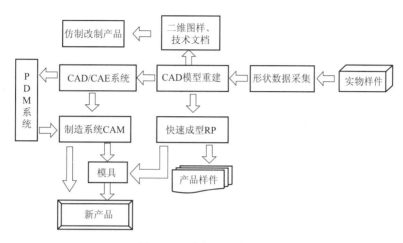

图 2-97　逆向工程流程图

逆向工程技术为制造业提供了全新、高效的产品设计制造的一种手段，在 20 世纪 90 年代初，引起各国工业界和学术界的高度重视，这个过程已成为许多家用电器、玩具、摩托车等产品企业的产品开发及生产模式，但这只是对产品的简单复制和仿制，是简单的照抄和照搬，从严格意义上来说，这不等于逆向工程。真正的逆向工程，是在现代产品造型理念的指导下，以现代设计理论、方法、测量技术为基础，运用专业人员的工程设计经验、知识和创新思维，对已有的实物通过解剖深化地重新设计和再创造。

2. 逆向工程技术应用

逆向工程技术实现了设计制造技术的数字化，为现代制造企业充分利用已有的设计制造成果带来便利，从而降低新产品开发成本，提高制造精度，缩短设计生产周期。据统计，在产品开发中采用逆向工程技术作为重要手段，可使产品研制周期缩短 40%以上。

目前，逆向工程技术的应用主要有以下几个方面。

1）在对产品外形的美学有特别要求的领域，为方便评价其美学效果，设计师广泛利用油泥、黏土或木头等材料进行快速且大量的模型制作，将所要表达的意图以实体的方式呈现出来，而不是采用在计算机屏幕上缩小比例的物体投视图的方法。如何根据造型师制作出来的模型，快速建立三维 CAD 模型，就必须引入逆向工程的技术。如图 2-98 所示为利用逆向工

图 2-98　利用逆向工程技术制作鼠标

程技术制作鼠标。

2）当设计需要通过实验测试才能定型的工件模型时，通常采用逆向工程的方法，比如航天航空、汽车等领域，为了满足产品对空气动力学等的要求，首先要求在实体模型、缩小模型的基础上经过各种性能测试（如风洞实验等）建立符合要求的产品模型。此类产品通常是由复杂的自由曲面拼接而成的，最终确认的实验模型必须借助逆向工程，转换为产品的三维 CAD 模型及其模具。

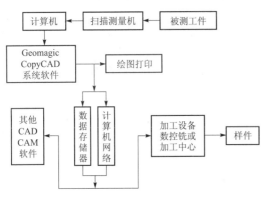

图 2-99　无零件设计图逆向生成样件的原理框图

3）在没有设计图纸或者设计图纸不完整以及没有 CAD 模型的情况下，在对零件原型进行测量的基础上，形成零件的设计图纸或 CAD 模型，并以此为依据生成数控加工的 NC 代码或快速原型加工所需的数据，复制一个相同的零件。无零件设计图逆向生成样件的原理框图如图 2-99 所示。

4）在模具行业，常需要通过反复修改原始设计的模具型面，以得到符合要求的模具。然而这些几何外形的改变，却往往未曾反应在原始的 CAD 模型上。借助于逆向工程在设计、制造时的功能，设计者可以建立或修改在制造过程中变更过的设计模型。如图 2-100 所示为利用逆向工程技术制作鞋模。

5）很多物品很难用基本几何来表现与定义，例如流线型产品、艺术浮雕及不规则线条等，如果利用通用 CAD 软件、以正向设计的方式来重建这些物体的 CAD 模型，在功能、速度及精度方面都将异常困难。这种场合下，必须引入逆向工程，以加速产品设计，降低开发的难度。如图 2-101 所示利用逆向工程技术制作工艺品。

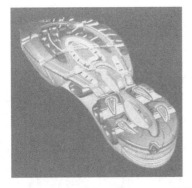

图 2-100　利用逆向工程技术制作鞋模

图 2-101　利用逆向工程技术制作工艺品

6）逆向工程在新产品开发、创新设计上同样具有相当高的应用价值。因为研究上的需求，许多大企业常常运用逆向工程协助产品研究。如韩国现代汽车在发展汽车工业制造时，曾参考日本 HONDA 汽车设计，将它的各部工件经由逆向工程还原成产品，进行包括安全测试在内的各类测试研究，协助现代的汽车设计师了解 HONDA 车辆设计原意、想法。这是一个基于逆向工程的典型设计过程：利用逆向工程技术，可以直接在已有的国内外先进的产品基础上，进行结构性能分析、设计模型重构、再设计优化与制造，吸收并改进国内外先进的产品和技术，极大地缩短产品开发周期，有效地占领市场。如图 2-102 所示为逆向工程技术应用于汽车开发。

图 2-102　逆向工程技术应用于汽车开发

7）逆向工程也广泛用于修复破损的文物、艺术品，或缺乏供应的损坏零件等。此时，不需要复制整个零件，只是借助逆向工程技术抽取原来零件的设计思想，用于指导新的设计。如图 2-103 所示为利用逆向工程技术修复文物。

8）特种服装、头盔的制造要以使用者的身体为原始设计依据，此时，需首先建立人体的几何模型。

9）在 RPM 的应用中，逆向工程的最主要表现为：通过逆向工程，可以方便地对快速原型制造的原型产品进行快速、准确的测量，找出产品

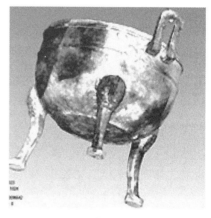

图 2-103　利用逆向工程技术修复文物

设计的不足，进行重新设计，经过反复多次迭代可使产品完善。

现代逆向工程技术除广泛应用在上述的汽车工业、航天工业、机械工业、消费性电子产品等几个传统应用领域外，也开始应用于休闲娱乐方面，比如用于立体动画、多媒体虚拟实境、广告动画等；另外在医学科技方面，如人体中的骨头和关节等的复制、假肢制造、人体外形量测、医疗器材制作等，也有其应用价值。如图 2-104 所示为利用逆向工程技术制作的牙齿和骨骼模型。

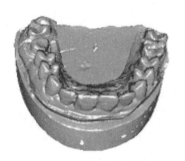
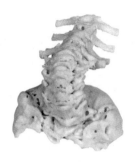

图 2-104　利用逆向工程技术制作的牙齿和骨骼模型

2.6.2　逆向工程系统

1. 逆向工程系统组成

从图 2-97 的逆向工程流程看出，逆向工程系统主要由三部分组成。

（1）产品实物几何外形的数字化

1）零件原型的三维数字化测量。采用三坐标测量机（CMM）或激光扫描等测量装置，测量采集零件原型表面点的三维坐标值，使用逆向工程专业软件接收处理离散的点云数据。

2）提取零件原型的几何特征。按测量数据的几何属性对其进行分割，采用几何特征匹配与识别的方法来获取零件原型所具有的设计与加工特征。

（2）CAD 模型重建

1）零件原型三维重构。将分割后的三维数据在 CAD 系统中分别作曲面模型的拟合，并通过各曲面片的求交与拼接获取零件原型表面的 CAD 模型。

2）CAD 模型的分析及改进。对虚拟重构出的 CAD 模型，从产品的用途及零件在产品中的地位、功用进行原理和功能分析，确保产品良好的人机性能，并实施有效的改进创新。

3）CAD 模型的校验与修正。根据获得的 CAD 模型，采用重新测量和加工出样品的方法，来校验重建的 CAD 模型是否满足精度或其他试验性能指标的要求。对不满足要求者重复以上过程，直至达到零件的功能、用途等设计指标的要求。如图 2-105 所示为零件原型及 CAD 模型。

（3）产品或模具制造

根据重建的 CAD 模型就可进行产品的加工或模具制造。如图 2-106 所示为以快速原型技术为基础快速制作的高尔夫球头模具。

图 2-105　零件原型及 CAD 模型

图 2-106　以快速原型技术为基础
快速制作的高尔夫球头模具

2. 逆向工程系统的设备与软件

逆向工程系统的设备与软件主要包括以下方面。

（1）测量机与测量探头

测量机+测量探头是进行实物数字化的关键设备，如图2-107所示。测量机有三坐标测量机、多轴专用机、多轴关节式机械臂等；测量探头分接触式（触发探头、扫描探头）和非接触式（激光位移探头、激光干涉探头、线结构光及CCD扫描探头、面结构光及CCD扫描探头）两种。

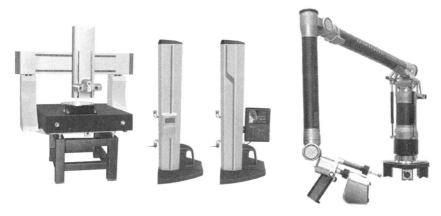

图2-107　测量机

（2）数据处理

由坐标测量机得到的外形点数据在进行CAD模型重建以前必须进行格式转换、噪声滤除、平滑、对齐、归并、测头半径补偿和插值补点等数据处理。

（3）模型重建软件（CAD/CAM）

模型重建软件包括三类。

1）用于正向设计的CAD/CAE/CAM软件，如Solidworks、I-deas、GRADE等，但数据处理和逆向造型功能有限。

2）集成有逆向功能模块的正向CAD/CAE/CAM软件，如集成有SCAN-TOOLS模块的Pro/Engineer、集成有点云处理和曲线、曲面拟合、快速造型功能的UGII和STRIMl00等。

3）专用的逆向工程软件，如Imageware、Paraform、Geomagic、Surfacer等。除此之外，有较高要求的还包括产品数据管理（PDM）等软件。支撑软件的硬件平台有个人计算机和工作站。

（4）CAE软件

计算机辅助工程分析，包括机构运动分析、结构仿真、流场及温度场分析等。目前较流行的分析软件有Ansys、Nastran、I-deas、Moldflow、ADMAS等。

（5）CNC加工设备

各种CNC加工设备进行原型和模具制作。

（6）快速成形机

产生模型样件，按制造工艺原理分有立体印刷成形、层合实体制造、选择激光烧结、熔融沉积造型、三维喷涂黏结、焊接成形和数码累积造型等方法。如图 2-108 所示为快速成形方法制作的模型。

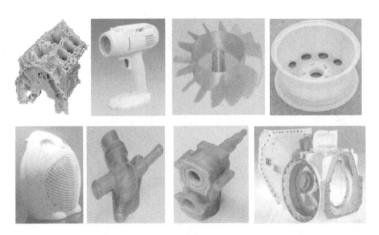

图 2-108　快速成形方法制作的模型

（7）产品制造设备

各种注塑成形机、冲压设备、钣金成形机等。

2.6.3　逆向工程的关键技术

逆向工程关键技术包括：数据采集与处理（即数字化技术）、曲面构造（即建模技术）等。

1. 数据采集方法

目前，数字化方法主要分为接触式测量和非接触式测量两类。

接触式测量是通过传感测量仪器与样件的接触来记录样件表面的坐标位置，接触式测量的精度一般较高，可以在测量时根据需要进行规划，从而做到有的放矢，避免采集大量冗余数据，但测量效率很低。如图 2-109 所示为接触式测量探头。

图 2-109　接触式测量探头

非接触式测量方法主要是基于光学、声学、磁学等领域中的基本原理，将测得的物理模拟量通过适当的算法转化为样件表面的坐标点。非接触式测量技术由于其测量效率高，所测数据能包含被测物体足够细节信息，但是由于非接触式测量技术本身的限制，在测量时会出现一些不可测区域（如型腔、小的凹形区域等），可能会造成测量数据的不完整。同时，此种测量方式所产生的数据过于庞大，会增大数据处理和曲面重建的负担。如图 2-110 所示为手持式激光扫描仪。

图 2-110　手持式激光扫描仪

在逆向工程技术中，CAD 模型数字化是关键的第一步。只有获取正确的测量数据，才能进行误差分析和曲面比较，实现 CAD 曲面建模。

近年来，国内也开展了基于其他数字化方法的逆向工程的研究，如清华大学激光快速成形中心进行的照片反求、CT 反求；西安交通大学研创的激光扫描法、层析法等。

测量常用的数字化设备有三维坐标测量机、激光测量仪、工业 CT 和逐层切削照相测量、数控机床（NC）加工测量装置、专用数字化仪器等。

当被测物体有内轮廓曲面，尤其是内轮廓曲面内有肋板、凸块、凹块时，三维坐标测量机与激光测量仪的测量方法就显得无能为力。为了能精确地测得物体内表面的数据，可采用计算机断层扫描——工业 CT 和层析法——逐层扫描法。

工业 CT 方法的优点是可对被测物体内部的结构和形状进行无损测量，对内部结构有透视能力，如图 2-111 所示。缺点是空间分辨率较低，物体外缘有时模糊不清，数据获取所需时间较长，重建图像的工作量很大，目前现场应用还很少。

层析法也称逐层切削扫描法，是将被测量的物体在工作台上装夹好，通过数控系统控制铣刀的进给速度，一层层地

图 2-111　工业 CT 扫描法

切削出被测物体的截面，再用 CCD 摄像获得每一个截面的轮廓图像，通过一系列的图像处理技术，得到每一层的数据。这种测量方法，可以精确获得被测物体的内、外曲面的轮廓数据。层析法的测量精度更高，成本更低，测量更方便。但这种测量方法是一种破坏性的测量，并且一般用于钢性物体的测量，这些都限制了它的应用。

2. 数据的处理

对测量数据进行处理主要是通过逆向工程应用软件来实现。逆向工程应用软件能控制测

量过程，产生原型曲面的测量"点云"，以合适的数据格式传输至 CAD/CAM 系统中；或在生成及接收的测量数据基础上，通过编辑和处理直接生成复杂的三维曲线或曲面原型，选择合适的数据格式后，再转入到 CAD/CAM 系统中，经过反复修改完成最终的产品造型。

从 20 世纪 80 年代开始，国外对逆向工程软件展开了一系列的研究开发。近年国内的几所著名大学如清华大学、浙江大学、南京航空航天大学在这方面也相继开展研究，并前后推出一系列的逆向工程应用软件。这些种类繁多的逆向工程应用软件，按其使用功能可划分为三大类。

1）对测量"点云"尚不能直接处理成曲线、曲面，需转换为合适的数据格式文件后，传入到其他的 CAD/CAM 系统中，通过 CAD/CAM 软件将测量"点云"处理成原型曲面。例如，配三坐标测量机的专用逆向工程软件 PC-DMIS。

2）对测量"点云"经后置处理后直接生成曲面，生成的曲面可采取无缝连接的方式或有冗余数据的过渡方式集成到 CAD/CAM 系统作后续处理。此类逆向工程应用软件中，比较有代表性的有 DELCAM 公司的 CopyCAD 软件。另外，UG 及 Pro/E 系列产品中有独立完成逆向工程的点云数据读入与处理功能的模块，如 ImageWare、ICEMSurf 等。

3）完全独立的逆向工程软件，如 Geomagic 等一些专业处理三维测量数据的应用软件，一般具有多元化的功能，即除了处理几何曲面造型以外，还可以处理以 CT、MRI 数据为代表的断层界面数据造型，从而使软件在医疗成像领域具有相当的竞争力。

2.6.4 快速原型制造技术

快速原型制造技术（Rapid Prototyping & Manufacturing，简称 RPM）综合机械、电子、光学、材料等学科，能够自动、直接、快速、精确地将设计思想转化为具有一定功能的原型或直接制造零件/模具，它是当前世界上先进的产品开发与快速工具制造技术，这种技术在逆向工程技术中占有十分重要的地位。

1. RPM 技术的产生与发展

机械制造中，在产品设计完成到批量生产前，往往需要制造产品的原型样品，以便尽快地对产品设计进行验证和改进。如果按常规方法制作产品原型，一般需采用多种机床加工或手工造型，时间长达几周或几个月，加工费用昂贵。另外，对于某些复杂形状的零件和硬质合金材料，即使采用多轴 CNC 加工也还存在一些无法解决的问题。

快速原型技术理念最早由日本的 Kodama 于 1980 年提出，20 世纪 80 年代末、90 年代初得到较快发展。快速原型技术突破了传统的加工模式，不需机械加工设备即可快速地制造形状极为复杂的工件，有效地缩短了产品的研究开发周期，被认为是近 30 年制造技术领域的一次重大突破，有人称为继数控技术之后的制造领域又一场技术革命。

目前，全球范围出现了数十种 RPM 工艺技术，有数百家公司从事这项技术的开发、商品化生产和技术服务工作。1995 年 RPM 的市场增长率为 49%，1996 年 RPM 设备市场销售额已达 4.2 亿美元，1998 年达到 10 亿美元。

在国家自然科学基金委和科技部的支持下，我国于 20 世纪 90 年代初进入 RPM 领域。清华大学、西安交通大学、华中科技大学、南京航空航天大学等单位对 RPM 设备、材料和软件方面进行了大量的研究，并先后完成了产品的开发和商品化工作，许多关键技术达到或领先国际先进水平。

2. RPM 技术原理

传统的零件加工过程是先制造毛坯，然后经切削加工，从毛坯上去除多余的材料得到零件的形状和尺寸，这种方法统称为材料去除制造。

快速原型技术彻底摆脱了传统的"去除"加工法，而基于"材料逐层堆积"的制造理念，将复杂的三维加工分解为简单的材料二维的组合，它能在 CAD 模型的直接驱动下，快速制造任意复杂形状的三维实体，是一种全新的制造技术，其工艺流程如图 2-112 所示。

图 2-112　快速成形工艺流程

（1）建立产品的三维 CAD 模型

设计人员可以应用各种三维 CAD 造型系统，包括 Solidworks、Solidedge、UG、Pro/E、Ideas 等进行三维实体造型，将设计人员所构思的零件概念模型转换为三维 CAD 数据模型。也可通过三坐标测量仪、激光扫描仪、核磁共振图像、实体影像等方法对三维实体进行反求，获取三维数据，以此建立实体的 CAD 模型。

（2）三维模型的近似处理

由三维造型系统将零件 CAD 数据模型转换成一种可被快速成形系统所能接受的数据文件，如 STL、IGES 等格式文件。目前，绝大多数快速成形系统采用 STL 格式文件，因 STL 文件易于进行分层切片处理。所谓 STL 格式文件即为对三维实体内外表面进行离散化所形成的三角形文件，所有 CAD 造型系统均具有对三维实体输出 STL 文件的功能。

（3）三维模型的 Z 向离散化（即分层处理）

将三维实体沿给定的方向切成一个个二维薄片的过程，薄片的厚度可根据快速成形系统制造精度在 0.05~0.5 mm 选择。

（4）逐层堆积制造

快速成形系统根据层片几何信息，生成层片加工数控代码，用以控制成形机的加工运动。在计算机的控制下，根据生成的数控指令，RP 系统中的成形头（如激光扫描头或喷头）在 X-Y 平面内按截面轮廓进行扫描，固化液态树脂（或切割纸、烧结粉末材料、喷射热熔材料），从而堆积出当前的一个层片，并将当前层与已加工好的零件部分黏合。然后，成形机工作台面下降一个层厚的距离，再堆积新的一层。如此反复进行，直到整个零件加工完毕。

（5）后处理

对完成的原型进行处理，如深度固化、去除支撑、修磨、着色等，使之达到要求。

3. 典型的 RPM 工艺方法

自从 1988 年世界第一台快速成形机问世以来，各种不同的快速原型工艺相继出现，并逐渐成熟。目前快速原型方法有几十种，其中以 SLA、LOM、SLS、FDM 工艺使用最为广泛和成熟。下面简要介绍几种典型的快速原型工艺的基本原理。

（1）光敏液相固化法（Stereo Lithography Apparatus，SLA）

光敏液相固化法又称为立体印刷或立体光刻。该工艺是基于液态光敏树脂的光聚合原理工作的，这种液态材料在一定波长和功率的紫外光照射下能迅速发生光聚合反应，分子量急剧增大，材料就从液态转变成固态。

图 2-113 为 SLA 工艺原理图，液槽中盛满液态光敏树脂，氦-镉激光器或氩离子激光器发出的紫外激光束在偏转镜作用下，能在液体表面进行扫描，扫描的轨迹及光线的有无均按零件的各分层截面信息由计算机控制。成形开始时，工作平台在液面下一个确定的深度，聚焦后的光斑在液面上按计算机的指令逐点扫描，一层扫描完成后，光点扫描到的地方，光敏树脂液体被固化，而未被照射的地方仍是液态树脂。然后工作台下降一个层厚的高度，重新覆盖一层液态树脂，然后，刮刀将黏度较大的树脂液面刮平，再进行下一层的扫描加工，新固化的一层牢固地黏在前一层上，如此重复，直到整个零件制造完毕，得到一个三维实体原型。

SLA 方法的工艺特点是：① 可成形任意复杂形状的零件；② 成形精度高，可达到 ±0.1 mm 的制造精度；③ 材料利用率高，性能可靠。

SLA 方法主要用于产品外形评估、功能试验、快速制造电极和各种快速模具；不足之处是所需设备及材料价格昂贵，光敏树脂有一定毒性，不符合绿色制造趋势。

（2）叠层实体制造法（Laminated Object Manufacturing，LOM）

叠层实体制造法，也称分层实体制造，该工艺是利用背面带有粘胶的箔材或纸材相互黏结成形的。

图 2-114 为 LOM 工艺原理图。单面涂有热熔胶的纸卷套在供纸辊上，并跨过支撑辊缠绕在收纸辊上。伺服电动机带动收纸辊转动，使纸卷沿图中箭头所示的方向移动一定距离。工作台上升至与纸面接触，热压辊沿纸面自右向左滚压，加热纸背面的热熔胶，并使这一层纸与基板上的前一层纸黏合。CO_2 激光器发射的激光束跟踪零件的二维截面轮廓数据进行切割，并将轮廓外的废纸余料切割出方形小格，以便于成形过程完成后的剥离。每切割完一个截面，工作台连同被切出的轮廓层自动下降至一定高度，重复下一次工作循环，直至形成由一层层横截面黏叠的立体纸质原型零件。然后剥离废纸小方块，即可得到性能似硬木或塑料的"纸质模样产品"。LOM 工艺成形速度快，成形材料便宜，无相变，无热应力，形状和尺寸精度稳定，但成形后废料剥离费时。适合于航空、汽车等行业中体积较大的制件。

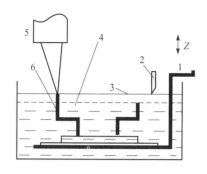

图 2-113 SLA 工艺原理图

1—升降台；2—刮平器；3—液面；

4—光敏树脂；5—紫外激光器；6—成形零件

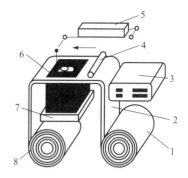

图 2-114 LOM 工艺原理图

1—供纸辊；2—料带；3—控制计算机；

4—热压辊；5—CO_2 激光器；6—加工平面；

7—升降工作台；8—收纸辊

（3）选择性激光烧结法（Selective Laser Sintering，SLS）

选择性激光烧结工艺是利用粉末状材料在激光照射下烧结的原理，在计算机控制下层层堆积成形的。

图 2-115 为 SLS 工艺原理图。加工时，将材料粉末铺洒在已成形零件的上表面，并刮平；用高强度的 CO_2 激光器在刚铺的新层上以一定的速度和能量密度按分层轮廓信息扫描出零件截面，材料粉末在高强度的激光照射下被烧结在一起，得到零件的截面，并与下面已成形的部分连接，未扫描过的地方仍然是松散的粉末；当一层截面烧结完后，铺上新的一层材料粉末，选择烧结下一层截面，如此反复直到整个零件加工完毕，得到一个三维实体原型。

SLS 工艺的特点是取材广泛，不需要另外的支撑材料。所用的材料包括石蜡粉、尼龙粉和其他熔点较低的粉末材料。

（4）熔融沉积制造法（Fused Deposition Modeling，FDM）

熔融沉积制造工艺是利用热塑性材料的热熔性、黏结性，在计算机控制下层层堆积成形的。

图 2-116 为 FDM 工艺原理图，其所使用的材料一般是蜡、ABS 塑料、尼龙等热塑性材

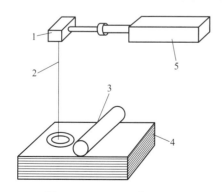

图 2-115 SLS 工艺原理图

1—扫描镜；2—激光束；3—平整辊；

4—粉末；5—激光器

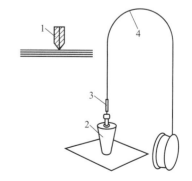

图 2-116 FDM 工艺原理图

1—喷头；2—成形工件；3—喷头；4—料丝

料，以丝状供料。材料通过送丝机构被送进带有一个微细喷嘴的喷头，并在喷头内被加热熔化。在计算机的控制下，喷头沿零件分层截面轮廓和填充轨迹运动，同时将熔化的材料挤出。材料挤出喷嘴后迅速凝固并与前一层熔结在一起。一个层片沉积完成后，工作台下降一个层厚的距离，继续熔喷沉积下一层，如此反复直到完成整个零件的加工。

FDM 工艺无须激光系统，因而设备简单，运行费用便宜，尺寸精度高，表面光洁度好，特别适合薄壁零件，但需要支撑，这是其不足之处。

4. RPM 技术的应用

如图 2-117 所示，RPM 技术在国民经济极为广泛的领域得到了应用，并且还在向新的领域发展。

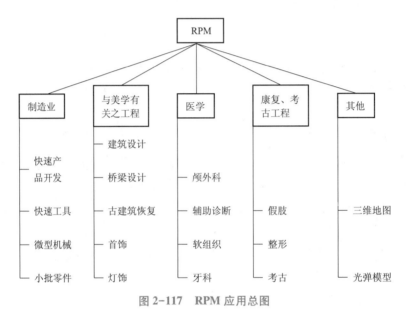

图 2-117　RPM 应用总图

（1）快速产品开发

RPM 在快速产品开发中的应用如图 2-118 所示。

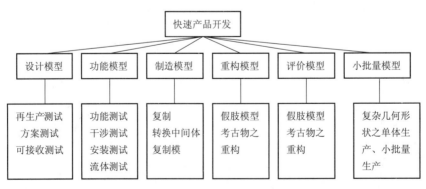

图 2-118　RPM 在快速产品开发中应用总图

RPM 在产品开发中的关键作用和重要意义是很明显的，它不受形状复杂程度的限制，可迅速地将显示于计算机屏幕上的设计结果变为可进一步评估的实物原型，根据该原型可对设计的正确性、造型的合理性、可装配和干涉性进行具体的检验。对于一些新产品，或像模具这样形状复杂、造价昂贵的零件，若根据 CAD 模型直接进行最终的加工制造，风险很大，有时往往需要多次返工才能成功，这不仅研制周期长，资金消耗也相当大。通过 RPM 原型的检验可将这种风险减小到最低限度。

采用 RPM 快速产品开发技术可减少产品开发成本 30%～70%，缩短开发周期 50%。如德国一公司开发光学照相机机体，采用 RPM 技术从 CAD 建模到原型制作仅需 3.5 天时间，耗费 5 000 马克；而用传统的方法则至少需一个月，耗费 3 万马克。

（2）RPM 在医学领域中的应用

在医学上，应用 RPM 技术进行辅助诊断和辅助治疗的应用也得到日益推广。如脑外科、骨外科，可直接根据 CT 扫描和核磁共振数据转换成 STL 文件，再采用各种 RPM 工艺技术均可制造出病变处的实体结构，以帮助外科医生确定复杂的手术方案。在骨骼制造和人的器官制造上，RPM 有着独特的用处，如人的右腿遭遇粉碎性骨折，则用左腿的 CT 数据经对称处理后可获得右腿粉碎破坏处的骨组织结构数据，通过 RPM 技术制取骨骼原型，可取代已破坏的骨骼，注以生长素，可在若干天后与原骨骼组织长为一体。这项技术已被清华大学等单位掌握开始应用。

（3）快速模具制造（Rapid Tooling，RT）

随着多品种小批量时代的到来以及快速占领市场的需要，开发快速经济型模具越来越引起人们的重视。RT 技术无须数控铣削，无须电火花加工，无须专用工装，直接根据 RPM 原型可将复杂的模具型腔制造出来，是当今 RPM 技术的最大优势。RT 技术与传统模具制造技术相比，可节省三分之一的时间和成本。图 2-119 为各种基于快速原型的 RT 技术示意图。由图示可见，RT 技术可分为直接制模和间接制模两大类，各自又都有许多不同的工艺方法，范围之广，足以使人们根据产品规格、性能要求、精度需要、成本控制、交货期限来选择合适的技术路线。

1）间接制模。间接制模是指利用 RPM 技术首先制造模芯，然后用此模芯复制软质模具，或制作金属硬模具，或者制作加工硬模具的工具。相对于直接制模来说，间接制模技术比较成熟，常用的技术方法和工艺有以下几种。

① 硅橡胶浇注法。硅橡胶浇注法是以 RPM 原型为母模，采用硫化的有机硅橡胶制作硅橡胶软模。其工艺过程为：对 RPM 原型进行表面处理，并在原型表面涂洒脱模剂；将原型放置在模框内并进行固定，同时在真空室对硅橡胶进行配置混合；抽去气泡，向已准备好的模框内浇注混合的硅橡胶液；待硅橡胶固化后开模，取出原型，便得到所需的硅橡胶模。这种 RT 工艺方法可不考虑增设模具拔模斜度，有较好的切割性能，用薄刀片就可容易地将硅橡胶切开。因此，用硅橡胶来复制软质模具时，可以先不分上下模，整体浇注出模后再由预定的分模面将其切开，取出原型，即可得到上下模。目前高温硫化硅橡胶模可作为压铸

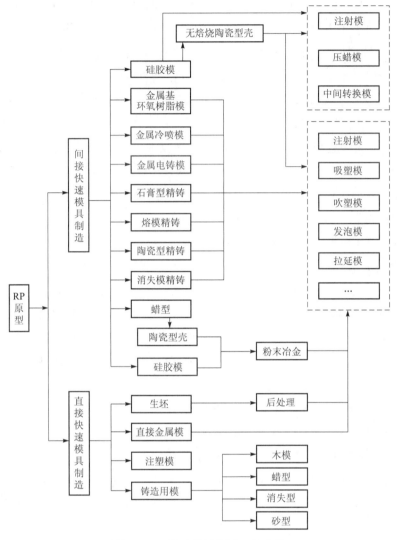

图 2-119　快速模具制造工艺路线

模，铸造如锌合金这样的金属件，寿命可达 200~500 件。如图 2-120 所示为硅橡胶浇注法制作的模具。

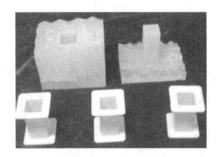

图 2-120　利用硅橡胶浇注法制作的线圈模具和佛头模具

② 树脂浇注法。树脂浇注法是以液态环氧树脂作为基体材料，将 RPM 原型进行表面处理并涂洒脱模剂，选择设计分型面，然后进行环氧树脂浇注，取出原型后，便得到所需软质模具。环氧树脂模的制作工艺简单，成本低廉，传热性好、强度高，适合于注塑模、吸塑模等模具，其寿命可达 3 000 件。

③ 精密铸造陶瓷型模具。其工艺过程为：RPM 原型→复制硅橡胶或环氧树脂软模→移去母模原型→利用软模浇注或喷涂陶瓷浆料并硬化→浇注金属形成金属模→金属模型腔表面抛光→加入浇注系统和冷却系统→批量生产用注塑模具。

④ 电铸法制作金属模。工艺过程：RPM 原型→复制软模→移去母模原型→在软模中浇注石蜡石膏模型→石蜡石膏模型表面金属化处理→电铸、形成金属硬壳→制作背衬→加入浇注系统和冷却系统→作为注塑、压铸模具。

⑤ 金属熔射喷涂法制作金属模。工艺过程：RPM 原型表面处理→原型表面喷涂雾状金属、形成金属硬壳→制作背衬→加入浇注系统和冷却系统→作为注塑、压铸模具。所制作的模具力学性能好，可以作为工作压力较高的模具。

⑥ 熔模铸造制作模具。工艺过程：RPM 原型→制作蜡模压型→蜡模→利用蜡模熔模铸造制成金属模。

2）直接制模。随着 RPM 技术的发展，可用来制造原型的材料越来越多，性能也在不断改进，一些非金属 RPM 原型已有较好的机械强度和热稳定性，可以直接用作模具。如采用 LOM 工艺的纸基原型，坚如硬木，可承受 200 ℃的高温，并可进行机械加工，经适当的表面处理，如喷涂清漆、高分子材料或金属后，可作为砂型铸造的木模、低熔点合金的铸模、试制用的注塑模及熔模铸造用的蜡模成形模。若作为砂型铸造木模时，纸基原型可制作 50~100 件砂型，用作蜡模成形模时可注射 100 件以上的蜡模。

利用 SLS 工艺烧结由聚合物包覆的金属粉末，可得到金属的实体原型，经过对该原型的后处理，即高温熔化蒸发其中的聚合物，然后在高温下烧结，再渗入熔点较低的如铜之类的金属后可直接得到金属模具。这种模具可用作吹塑模或注塑模，其寿命可达几万件，可用于大批量生产。

利用 RPM 技术直接制造金属模具方法在缩短制造周期、节省资源、发挥材料性能、提高精度、降低成本方面具有很大潜力。目前，用 SLS 和 FDM 等工艺方法直接成形金属模的研究仍在进行之中。

另外，注塑模、压铸模等多种模具，常常需要用电火花机床（EDM）通过成形电极进行电加工。利用 RPM 原型或其工艺转换模，采用研磨法、精密铸造、电铸、粉末冶金、石墨成形等方法，快速制作金属电极和石墨电极，用于所需模具的加工，要比通常的机械加工方法具有速度快、质量好、成本低、制造周期短的特点。

※ 2.7 其他加工技术 ※

2.7.1 激光加工技术

激光加工是 20 世纪 60 年代发展起来的新技术，它是利用光能经过透镜聚焦后达到很高的能量密度，依靠光热效应来加工各种材料。近年来，激光加工被越来越多地用于打孔、切割、焊接、表面处理等加工工艺。

1. 激光的特性

激光是一种光，具有一般光的共性（如光的反射、折射、绕射以及光的干涉等），也有它的特性。激光是由处于激发状态的原子、离子或分子受激辐射而发出的得到加强的光，与普通光比较，激光具有以下几个基本特性。

1）亮度强度高。红宝石脉冲激光器的亮度比高压脉冲氙灯高 370 亿倍，比太阳表面的亮度也要高 200 多亿倍。

2）单色性好。激光是一种波长范围（谱线宽度）非常小的光。

3）相干性好。激光源先后发出的两束光波，在空间产生干涉现象的时间或所经过的路程（相干长度）很长。某些单色性很好的激光器所发出的光，其相干长度可达几十千米。而单色性很好的氦灯所发出的光，相干长度仅为 78 cm。

4）方向性好。激光束的发射角小，几乎是一束平行光。

2. 激光加工的工作原理

激光加工是工件在光热效应下产生的高温熔融和冲击波的综合作用过程。

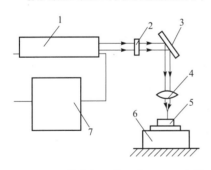

图 2-121　激光加工的工作原理示意图

1—激光器；2—光阑；3—反射镜；
4—聚焦镜；5—工件；
6—工作台；7—电源

如图 2-121 所示，激光加工的基本设备包括电源、激光器、光学系统及机械系统等四部分。电源系统包括电压控制、储能电容组、时间控制及触发器等，它为激光器提供所需的能量。产生激光束的器件称为激光器，激光器是激光加工的主要设备，它把电能转变成光能，产生所需要的激光束。激光加工目前广泛采用的是二氧化碳气体激光器及红宝石、钕玻璃、YAG（掺钕钇铝石榴石）等固体激光器。光学系统将光束聚焦并观察和调整焦点位置，包括显微镜瞄准、激光束聚焦及加工位置在投影仪上显示等。机械系统主要包括床身、能在三坐标范围内移动的工作台及机电控制系统等。加工时，激光器产生激光束，通过光学系统把激光束聚焦成一个极小的光斑（直径仅有几微米到几十微米），获得 $10^8 \sim 10^{10}$ W/cm² 能量密度以及 10 000 ℃ 以上的高温，从而能在千分之几秒甚至更短的时间内使材料熔化和汽化，以蚀除被加工表面，通过工作台与激光束间的相对运动来完成对工件的加工。

3. 激光加工的特点

1）激光加工属于非接触加工，加工速度快，热影响区小，没有明显的机械力，可加工易变形的薄板及弹性零件等。

2）由于激光的功率密度高，几乎能加工所有的材料，如各种金属材料，以及陶瓷、石英、玻璃、金刚石及半导体等。如果是透明材料，需采取一些色化和打毛措施才可加工。

3）由于激光光点的直径可达 1 μm 以下，能进行非常微细的加工，如加工深而小的微孔和窄缝（直径可小至几微米，深度与直径之比可达 50~100 以上）。

4）不需要加工工具，所以不存在工具损耗问题，适宜自动化生产系统。

5）通用性好，同一台激光加工装置，可作多种加工用，如打孔、切割、焊接等都可以在同一台机床上进行。

6）激光加工是属于一种瞬时的局部熔化和汽化的热加工方法，其影响因素很多。因此，精密微细加工时，其精度和表面粗糙度需反复试验，寻找合理的加工参数才能达到所需要求。

4. 激光加工的应用

随着激光技术与电子计算机数控技术的密切结合，激光加工技术的广泛应用于一般加工方法难以实现其工艺要求的零件，现已广泛用于打孔、切割、焊接、表面处理等加工制造领域。

激光加工

1）激光打孔。利用激光几乎可在任何材料上打微型小孔，目前已应用于火箭发动机和柴油机的燃料喷嘴加工、化学纤维喷丝板打孔、钟表及仪表中的宝石轴承打孔、金刚石拉丝模加工等。激光打孔适合于自动化连续打孔，如加工钟表行业红宝石轴承上直径为 $\phi0.12 \sim \phi0.18$ mm、深度为 $0.6 \sim 1.2$ mm 的小孔，采用自动传送装置每分钟可以连续加工几十个宝石轴承。如图 2-122 所示为利用激光在陶瓷上打 $\phi0.5$ mm 孔。

2）激光切割。如图 2-123 所示，激光可用于切割各种各样的材料，既可切割金属，也可切割非金属，如利用激光可以用 3 m/min 以上的切削速度切割 6 mm 的钛板；既可切割无机物，也可以切割皮革之类的有机物。它可以代替钢锯来切割木材，代替剪子切割布料、纸张，还能切割无法进行机械接触的工件，如利用激光可以从电子管外部切断内部的灯丝。

图 2-122　利用激光在陶瓷
零件上打 $\phi0.5$ mm 孔

图 2-123　激光切割

3）激光焊接。激光焊接是以高功率聚焦的激光束为热源，熔化材料形成焊接接头的。它既是一种熔深大、速度快、单位时间熔合面积大的高效焊接方法，又是一种焊接深宽比大、比能小、热影响区小、变形小的高精度焊接方法。激光焊接一般无须焊料和焊剂，只需将工件的加工区域"热熔"在一起就可以。如图 2-124 所示为利用激光焊接不锈钢毛细管。

4）激光表面处理。激光表面处理是近十年来激光加工领域中最为活跃的研究和开发方向，发展了相变硬化、快速熔凝、合金化、熔覆等一系列处理工艺。其中相变硬化和熔凝处理的工艺技术趋向成熟并产业化。合金化和熔覆工艺，对基体材料的适用范围和性能改善的幅度均比前两种工艺广得多，发展前景广阔。如图 2-125 所示为利用激光对模具进行表面淬火。

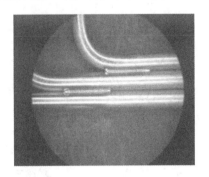

图 2-124　激光焊接不锈钢毛细管

图 2-125　对模具表面进行激光淬火

2.7.2　超声波加工

激光加工原理

1. 超声波加工的工作原理

超声波加工也称为超声加工。人耳能感受的声波频率是在 16~16 000 Hz 范围内，而超声波是指频率 f 在 16 000 Hz 以上的振动波。超声波和声波一样，可以在气体、液体和固体介质中传播，但由于超声波频率高、波长短、能量大，所以传播时反向、折射、共振及损耗现象更显著，可对传播方向上的障碍物施加很大的压力。

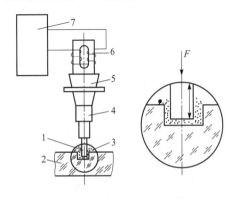

图 2-126　超声加工原理示意图

1—工具；2—工件；3—磨料悬浮液；

4、5—变幅杆；6—换能器；7—超声发生器

超声波加工是利用工具端面作超声频振动，通过磨料悬浮液加工，使工件成形的一种方法。工作原理如图 2-126 所示。加工时，在工具 1 和工件 2 之间加入液体（水或煤油等）和磨料混合的悬浮液 3，并使工具以很小的力 F 轻轻压在工件上。超声发生器 7 将工频交流电能转变为有一定功率输出的超声频电振荡，通过换能器 6 将超声频电振荡转变为超声机械振动。其振幅很小，一般只有0.005~0.01 mm，再通过上粗下细的变幅杆 4、5，使振幅增大到 0.01~0.15 mm，固定在变幅杆上的工具即产生超声振动（频率在 16 000~25 000 Hz 之间）。迫使工作液中悬浮

的磨粒高速不断地撞击、抛磨被加工表面，把加工区域的材料粉碎成很细的微粒，从材料上被打击下来。虽然每次打击下来的材料很少，但由于每秒钟打击的次数多达 16 000 次以上，所以仍有一定的加工速度。与此同时，工作液受工具端面超声振动作用而产生的高频、交变的液压正负冲击波和"空化"作用，促使工作液钻入被加工材料的微裂缝处，加剧了机械破坏作用。加工中的振荡还强迫磨料液在加工区工件和工具间的间隙中流动，使变钝了的磨粒能及时更新。随着工具沿加工方向以一定速度移动，实现有控制的加工，逐渐将工具的形状"复制"在工件上，加工出所要求的形状。

2. 超声加工的特点

超声波加工

1）适合于加工各种硬脆材料，特别是不导电的非金属材料，例如玻璃、陶瓷（氧化铝、氮化硅）、石英、锗、硅、石墨、玛瑙、宝石、金刚石等。对于导电的硬质金属材料，如淬火钢、硬质合金等，也能进行加工，但加工生产率低。

2）由于工具可用较软的材料，可以制成较复杂的形状，工具和工件之间的运动简单，因而超声加工机床的结构比较简单，操作、维修方便。

3）由于去加工材料是靠极小磨料瞬时局部的撞击作用，故工件表面的宏观切削力很小，切削应力、切削热很小，不会引起变形及烧伤，表面粗糙度 Ra 值可达 $1\sim0.1$ μm，加工精度可达 $0.01\sim0.02$ mm，而且可以加工薄壁、窄缝、低刚度零件。

3. 超声加工的应用

1）超声加工目前在各部门中主要用于对脆硬材料加工圆孔、型孔、型腔、套料、微细孔等。

2）用普通机械加工切割脆硬的半导体材料十分困难，但超声切割则较为有效。

3）用于一些淬火钢、硬质合金冲模、拉丝模、塑料模具型腔的最终抛磨光整加工。

4）超声加工还可以用于清洗、焊接和探伤等。如图 2-127 所示为超声波清洗机和焊接机。

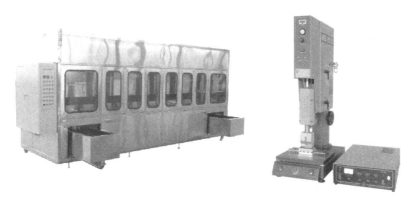

图 2-127　超声波清洗机和超声波焊接机

5）在用超声波直接加工金属材料时，其自身加工效率较低，工具消耗大。超声加工可以和其他加工方法结合进行的复合加工，如超声电火花加工、超声电解加工、超声调制激光打孔、超声振动切削加工等。这些复合加工方法，由于把两种或两种以上加工方法的工作原理结合在一起，起到取长补短的作用，使生产率、加工精度及工件表面质量都有显著提高，因而应用越来越广泛。例如超声与电火花复合加工，不附加超声波时电火花精加工的放电脉冲利用率仅为3%~5%，附加超声波后电火花精加工时的有效放电脉冲利用率可提高到50%以上，从而提高生产率2~20倍。越是小面积、小用量的加工，超声波复合加工相对生产率的提高倍数越多。而在金属切削加工中引入超声振动，可以大大降低切削力，改善加工表面粗糙度，延长刀具寿命，提高加工效率。

2.7.3 水射流切割加工

高压水射流切割技术是以水作为携带能量的载体，用高速水射流对各类材料进行切割的一种工艺方法，是一种冷切割工艺，切割过程中，材料的物理、力学性能及材质的晶体组织结构不会遭到破坏，可免除后续机械加工工艺。尤其对如钛合金、碳纤维等特种材料，其切割效果是其他加工工艺方法无法比拟的。目前，已有3 000多套水射流切割设备在数十个国家的几十个行业中应用，可切割500余种不同的工程材料。如图2-128所示为用水射流切割加工的零件。

图 2-128　水射流切割加工的零件

1. 水射流切割加工基本原理

如图2-129所示为高压水射流切割机床，其主要组成部分如图2-130所示，主要包括增压系统、蓄能器、喷嘴、控制系统及辅助系统等。水射流切割加工时，往复压缩式增压器在液压系统提供的高压油作用下作往复运动，把水压增大到300~1 000 MPa，将动能转变为压力能，在增压器与高压水路之间装有蓄能器，磨料在高速射流形成的真空作用下吸入混合腔与水混合，再经过直径为0.1~0.6 mm的磨料喷嘴喷射形成磨料射流以2~3倍的声速喷出，使压力能转变为动能。在人工或计算机控制下，移动工件或切割头完成所要求的切割过程。水射流切割加工设备可使用一个以上的切割头同时切割复杂的外形，以提高切削效率。喷嘴通常用人造红

图 2-129　高压水射流切割机床

宝石、陶瓷、碳化钨等耐磨材料制造，结构如图 2-131 所示。

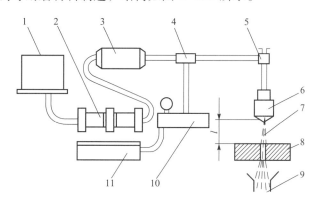

图 2-130　高压水射流切割设备组成

1—带有过滤器的水箱；2—水泵；3—蓄能器；4—控制器；5—阀；6—蓝宝石喷嘴；

7—射流；8—工件；9—排水器；10—液压机构；11—增压器

该加工方法可分为两大类：一类是以水作为能量载体，也叫纯水射流切割，它的结构较简单，喷嘴磨损慢，但切割能力较低，适合于切割软质材料；另一类是以水与磨料（磨料约占 90%）的混合液作为能量载体，也叫磨料射流切割，由于射流中加入磨料，大大提高切割功效，即在相同切割速度下，磨料射流切割的压力可以大大降低，并极大地拓宽了切割范围，但喷嘴磨损快，且结构复杂，适于切割硬质材料。磨料通常采用粒度为 80～150 目的二氧化硅、氧化铝、石榴石。

图 2-131　磨料射流
切割头结构图

1—水磨料射流；2—磨料喷嘴；

3—磨料入口；4—水喷嘴；

5—水射流；6—混合腔

2. 水射流切割加工的应用

水射流切割具有切口平整、无毛边、无火花、加工清洁等特点，已用于汽车、航空、家电、食品加工等行业，有着十分广阔的应用前景。

2.7.4　表面工程技术

表面工程技术是通过运用各种物理、化学或机械工艺过程，来改变基体表面状态、化学成分、组织结构和应力状态等，使基体表面具有不同于基体的某种特殊性能，从而达到特定使用要求的一项应用技术。早在战国时期，我国在制造兵器时，对钢进行淬火，使钢质零件表面获得坚硬层，这是历史上最早使用表面技术的记录。近 20 年多来，随着电子束、离子束、激光束技术达到实用化并进入材料表面加工技术领域后，表面技术得到了前所未有的丰富和发展，在促进高技术进步，节约原材料，提高新产品性能，延长产品使用寿命，装饰环境，美化生活等方面发挥了越来越突出的作用，成为 20 世纪 80 年代世界十项关键技术之一，并形成一门独立学科，受到世界各国的重视。

电解加工

表面工程是由多个学科交叉、综合而发展起来的新兴学科，有着广泛的含义，概括了表

面处理、表面加工、表面涂层、表面改性以及薄膜技术等内容。这里仅介绍表面改性、表面覆层和复合表面处理几方面技术。

1. 表面改性技术

表面改性是指采用某种工艺手段使在零件表面获得与基体的组织结构和性能不同的技术。材料经表面改性处理后，既能发挥基体的力学性能，又能使材料表面获得各种如耐磨性、耐腐蚀、耐高温等特殊性能，延长材料和构件的使用寿命。传统的喷丸强化处理、表面淬火、化学热处理等均属于表面改性技术，近 10 年来，激光束、电子束、离子束等高能束表面改性处理技术也得到了大量的应用。

（1）激光表面改性

激光表面淬火是目前应用最成功的激光表面改性技术，它是以高能量的激光束快速扫描工件表面，在扫描表面极薄一层的小区域内极快吸收能量而使温度急剧上升，升温速度可达 $10^5 \sim 10^6 \, ℃/s$，而工件基体仍处于冷态，由于热传导的作用，表面热量迅速传到工件其他部位，表面温度瞬间冷却，其冷却速度可达 $10^4 \, ℃/s$，达到快速自冷淬火，实现工件表面的相变硬化。激光淬火比常规淬火的表面硬度高 15% ~ 20% 以上，可显著提高钢的耐磨性，通常，表面硬化层的深度为 0.3~0.6 mm，当采用大功率激光器时可达 3 mm 的深度。

（2）电子束表面改性

当高速电子束照射到金属表面时，电子能深入金属表面一定深度，与基体金属的原子核及电子发生相互作用，从而使被处理金属的表层温度迅速升高。

电子束表面处理主要有以下的特点。

1）加热和冷却速度快。电子束以巨大的能量作用在金属表面上，能在 0.3 s 的短时间内使金属表面温度升到 1 000 ℃，使钢的表面完成相变，快速冷却后形成硬化层。

2）与激光处理相比，电子束处理设备的结构简单、使用成本低，其一次性投资仅为激光的 1/3，实际使用成本也只有激光处理的一半。

3）电子束与金属表面耦合性好，能量利用率远高于激光，而且，电子束能量的控制比激光束控制方便。

4）电子束是在真空中工作的，可保证在表面处理时工件表面不被氧化，但这也带来许多不便。

（3）离子注入表面改性

离子注入属于物理气相沉积范围，是将所需物质的离子在电场中加速后高速轰击工件表面，并使之注入工件表面一定深度的真空处理工艺。离子注入将引起材料表层成分和结构发生变化，使原子环境和电子态等微观状态发生扰动，因而导致材料的各种物理、化学和力学性能的变化。目前，离子注入工艺已应用于许多工业部门，尤其是在工具模具制造业效益突出。离子注入表面改性特征如下。

1）利用离子注入法可注入任何元素，且不受固溶度和扩散系数的影响，是开发新型材料的非常独特的方法，为材料性能的挖掘提供了广阔的天地。

2）离子注入温度和注入后的温度可以任意控制，且在真空中进行，不发生氧化，不变形，不产生退火软化现象，表面粗糙度一般无变化，可作为最终处理工艺。

3）可控性和重复性好。通过改变离子源和加速器能量，可以调整离子注入深度及其分布；通过可控扫描机构，不仅可实现在较大面积上均匀化，而且可以在很小范围内进行局部改性。

4）可获得两层或两层以上性能不同的复合材料，复合层不易脱落。注入层薄，工件尺寸基本不变。

2. 表面覆层技术

表面覆层技术是指通过应用物理、化学、电学、光学、材料学、机械学等各种工艺手段，用极少量的材料，在产品表面制备一层保护层、强化层或装饰层，达到耐磨、耐蚀、耐（隔）热、抗疲劳、耐辐射、提高产品质量、延长使用寿命的目的。如图 2-132 所示为应用表面覆层技术制作的产品。

图 2-132　应用表面覆层技术制作的产品

表面覆层技术有许多工艺方法，传统的工艺方法有电镀、化学镀、电刷镀、热浸镀、涂装、搪瓷涂敷等。近 20~30 年来，发展了热喷涂、电火花喷敷、气相沉积、塑料粉末涂敷等新工艺技术。

（1）热喷涂技术

热喷涂技术是采用气体、液体或电弧、等离子、激光等作为热源，使金属、合金、陶瓷、氧化物、碳化物、塑料以及其复合材料加热到熔融或半熔融状态，通过高速气流使其雾化，然后喷射、沉积到经过预处理的工件表面，从而形成附着牢靠的表面层。如图 2-133 所示为火焰喷涂方法及设备。

图 2-133　火焰喷涂方法及设备

（2）气相沉积技术

气相沉积技术是近 30 年来迅速发展的一种表面制膜新技术，它是利用气相之间的反应，在各种材料表面沉积单层或多层薄膜，从而使材料获得所需的各种优异性能。气相沉积技术可分为物理气相沉积（PVD）和化学气相沉积（CVD）。物理气相沉积是在真空条件下，利用各种物理方法将镀料气化成原子、分子或离子，直接沉积到基体表面的方法。化学气相沉积则是把含有构成薄膜元素的一种或几种化合物或单质气体供给基体，借助气相作用或在基体表面上的化学反应生成所要求的薄膜。

3. 复合表面处理技术

单一的表面处理技术往往具有一定的局限性，不能满足人们对材料越来越高的使用要求。若将两种或两种以上的表面处理工艺用于同一工件的处理，不仅可以发挥各种表面处理技术的各自特点，而且更能显示组合使用的突出效果。

（1）复合热处理技术

将两种以上的热处理方法复合起来，比单一的热处理具有更多的优越性。因而，在实际生产中发展了许多种复合热处理工艺，并得到了广泛的应用。例如：渗钛与离子渗氮复合处理，可在工件表面形成硬度极高、耐磨性很好且具有较好耐蚀性的金黄色 TiN 化合物层，其性能明显高于单一渗钛和单一渗氮层的性能。

（2）表面覆层技术与其他表面处理技术的复合

利用各种工艺方法在工件表面上所形成的各种覆层，如镀层、涂层、沉积层或薄膜，若再经过适当热处理，使覆层中的金属原子向基体扩散，或与基体进行冶金化融合，不仅增强了覆层与基体的结合强度，同时也能改变表层覆层本身的成分，防止覆层剥落并获得较高的强韧性，可提高表面的抗擦伤、耐磨损和耐腐蚀能力。

除此以外，复合表面处理技术还有离子辅助涂覆、离子注入与气相沉积复合表面改性技术等。近年来，复合表面处理技术在欧美、日本以及在我国均得到较快的发展，并取得了良好的效果。

 思考题

1. 按照工具电极的形式及其与工件之间的相对运动的特征，可将电火花加工方式分成哪六类？

2. 火花放电转化为有用的加工技术，必须满足什么条件？

3. 影响数控电火花成形加工生产率、加工精度及加工表面质量的工艺因素有哪些？

4. 简述电火花成形加工的主要优点和局限性。

5. 如何合理选择数控电火花成形加工的电加工工艺参数？

6. 简述电火花加工时，工作液的作用。

7. 用线切割机床加工直径为 10 mm 的圆孔，当采用的补偿量为 0.12 mm 时，实际测量孔的直径为 10.02 mm。若要孔的尺寸达到10 mm，试计算采用的补偿量应为多少？

8. 加工如图 2-134 所示零件，试分析说明图示穿丝位置及加工路线的优缺点。

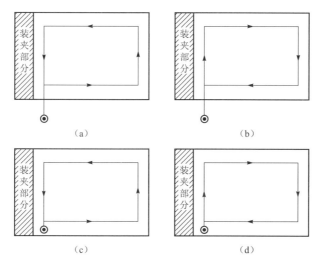

图 2-134

9. 用 3B 格式按图 2-135 所示依电极丝中心轨迹编制内型腔的数控线切割程序（毛坯尺寸为 50 mm×50 mm）。

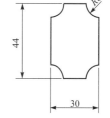

图 2-135

10. 分析 RPM 工作原理和作业过程，列举典型的 RPM 工艺方法。

11. 如何利用 RPM 技术进行模具制造？分别列举几种直接制模和间接制模工艺。

12. 叙述微机械的概念及基本特征，目前有哪些微细加工工艺方法？

13. 什么是 LIGA 技术？什么是准 LIGA 技术？两者有何不同之处？

14. 叙述微细加工技术的发展与趋势。

15. 就目前技术条件下，普通加工、精密加工和超精密加工是如何划分的？

16. 描述金刚石刀具的性能特征，为什么当今超精密切削加工一般均采用金刚石刀具？

17. 常用修整超精密磨削砂轮的方法有哪些？

18. 超精密加工对机床设备和工作环境有何要求？

19. 高速切削理论的主要内容是什么？分析高速切削加工所需解决的关键技术。

20. 叙述高速与超高速切削的特点。

21. 叙述高速磨削对砂轮的要求。

22. 分别分析激光加工、超声波加工及水射流切割加工的工作原理。它们各有何加工特点？有哪些用途？

23. 叙述表面工程技术的概念。

24. 常用的金属表面改性技术的种类有哪些？表面覆层技术和复合表面处理技术的方法有哪些？

第 3 章 计算机辅助设计与制造技术

20 世纪 70 年代后期以来，一个以计算机辅助设计技术为代表的新的技术改革浪潮席卷了全世界，它不仅促进了计算机本身性能的提高和更新换代，而且几乎影响到全部技术领域，冲击着传统的工作模式。随着计算机有关技术的不断发展和计算机技术应用领域的日益扩大，涌现出了许多以计算机技术为基础的新兴学科。CAD/CAM 技术便是其中之一。

本章主要讲述计算机辅助设计（CAD）技术、计算机辅助工艺过程设计（CAPP）技术、计算机辅助制造（CAM）技术和 CAD/CAM 集成技术。

本章要点
- 计算机辅助设计（CAD）技术
- 计算机辅助工艺过程设计（CAPP）技术
- 计算机辅助制造（CAM）技术
- CAD/CAM 集成技术

课程思政案例三

本章难点
- 计算机辅助设计与制造集成技术（CAD/CAM）

❈ 3.1 计算机辅助设计（CAD）技术 ❈

3.1.1 CAD 系统的基本功能

计算机辅助设计（CAD，Computer Aided Design）是指工程技术人员以计算机为工具，用各自的专业知识，对产品进行设计、绘图、分析和编写技术文档等设计活动的总称，CAD 支持设计过程的方案设计、总体设计和详细设计等各个阶段，把整个设计过程作为一个信息处理系统，计算机作为这个系统的中心环节，对设计信息进行有效的存储、传递、分析和控制，对设计对象完成计算机内部和外部的描述（如图 3-1）。

完整的 CAD 系统具有图形处理、几何建模、工程分析，仿真模拟及工程数据库的管理与共享等功能，见表 3-1。

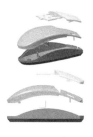

图 3-1 CAD 设计

表 3-1 CAD 系统的基本功能

功　能	功　能　说　明
图形处理	完成图形绘制、编辑、图形变换、尺寸标注及技术文档生成等
几何建模	几何建模指在计算机上对一个三维物体进行完整几何描述，几何建模是实现计算机辅助设计的基本手段，是实现工程分析、运动模拟及自动绘图的基础
工程分析	对设计的结构进行分析计算和优化，应用范围最广、最常用的分析是利用几何模型进行质量特性和有限元分析。质量特性分析提供被分析物体的表面积、体积、质量、重心、转动惯量等特性。有限元分析可对设计对象进行应力和应变分析及动力学分析、热传导、结构屈服、非线性材料蠕变分析，利用优化软件，可对零部件或系统设计任务建立最优化问题的数字模型，自动解出最优设计方案
仿真模拟	在产品设计的各个阶段，对产品的运动特性，动力学特性进行数值模拟从而得到产品的结构、参数、模型对性能等的影响情况，并提供设计依据
数据库的管理与共享	数据库存放产品的几何数据、模型数据、材料数据等工程数据，并提供对数据模型的定义、存取、检索、传输、转换

目前，以计算机系统为支持的技术活动正向更大范围的集成化方向发展。将 CAD、CAPP、CAM 组织在一起，称为 CAD/CAM 集成系统，见图 3-2。在整个制造系统范围内，将设计、制造、管理、销售等环节信息通过计算机集成统一处理，称为计算机集成制造系统（CIMS）。在 CAD/CAM、CIMS 中，CAD 都是其中的核心部分，它通过公共数据库与其他部分相连接。

3.1.2　CAD 系统的类型

1. CAD 系统的软件类型

CAD 系统的软件分为三个层次：系统软件，支撑软件和应用软件，其关系见图 3-3。系统软件与硬件的操作系统环境相关，支撑软件主要指各种工具软件；应用软件指以支撑软件为基础的各种面向工程应用的软件。

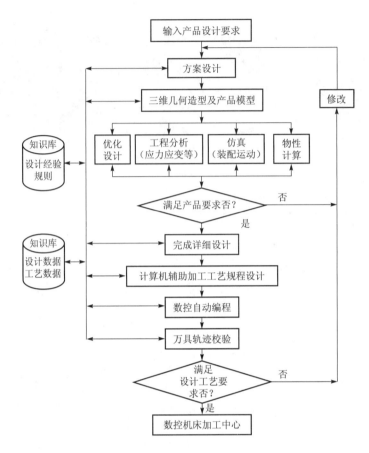

图 3-2　CAD/CAM 集成系统的工作流程

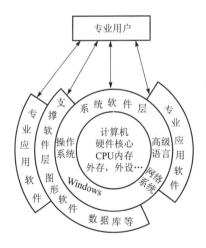

CAD 简介

图 3-3　CAD 软件的层次结构

CAD 系统的各种软件的功能见表 3-2。

表 3-2　CAD 系统的软件

组　成		功　能	备　注
系统软件	语言编译软件	CAD 技术中广泛应用的面向过程或面向问题的高级语言程序叫源程序，源程序要经过编译器编译后产生可执行的二进制机器语言码，才可以在计算机中执行，常用的高级语言有 BASIC，FORTRAN，PASCAL，C，LISP 和 PROLOG 等	程序编写者可根据具体情况选用某种高级语言，例如 FORTRAN 语言计算功能强，适于科学计算等
	操作软件	操作软件是指为控制和管理计算机的硬件和软件资源，合理组织计算机工作流程以及方便用户使用计算机而配置的程序的集合	操作软件必须提供多道程序运行或分时操作的可能性，它必须使用户能用高级程序语言，以实现对语式和几何数据的输入和输出
CAD 支撑软件		图形软件，二维图形软件主要提供绘制机械制图图样的功能；三维图形软件则还具有生成透视图、轴测图、阴影浓淡外形图等的功能。在 CAD 工作中，还要求能方便地在屏幕上构成设计对象形状和尺寸，并反复作优化修改，即有构形的功能 分析软件，常用的有有限元计算软件，机构运动分析和综合计算软件，优化计算软件，动力系统分析计算软件等 数据库管理软件和数据交换接口软件，CAD 过程中需引用大量设计标准和规范数据；设计对象的几何形状，材料热处理以及工艺参数等数据需在设计过程中逐步确定，并根据分析结果作优化修改，因此，CAD 系统中需要有数据库管理软件，以便对 CAD 数据库进行组织和管理	支撑软件有图形软件，分析软件，数据库管理软件，数据交换接口软件等
应用软件		应用软件是直接解决实际问题的软件，例如把常用的典型的机构或零件的设计过程标准化，然后建立通用设计程序，设计者可以方便地调用，按照需要输入参数来计算应力，确定几何尺寸、质量以及设计工艺过程等	它可以是一个用户专用，也可以为许多用户通用

2. CAD 系统的配置类型

CAD 系统常以其硬件组成特征分类，按主机功能等级，CAD 系统可分为大中型机系统、小型机系统、工程工作站和微型机系统。

通常，用户可以进行 CAD 工作的独立硬件环境称作工作站，根据主机和工作站之间的配置情况，CAD 系统可分为独立配置系统、集中式系统和分布式系统，见表 3-3。

表 3-3　CAD 系统配置的分类

类　别	系统配置说明	备　注
集中式系统	主机常为大中型机，以一个集中的主机同时支持若干个工作站。这种系统具有比较强的功能，除直接用于 CAD/CAM 外，还可以支持管理、办公自动化工作	（1）具有高速大容量的内存和外存，可配置高精度、高速度、大幅面图形输入输出设备 （2）是一个多用户的 CAD/CAM 系统，有一个集中的数据库，所有数据统一管理与维护 （3）配备有较强的图形支撑软件和较多的应用软件 （4）主机失误会影响到所有用户；当系统用户增加时，系统响应将变慢 （5）价格较贵
分布式系统	以个人计算环境与分布式网络环境相结合的高性能计算机系统，通常由工程工作站及高档微机组成	为用户提供了分布处理和共享各个节点软硬件资源的条件，且具有响应速度快，可靠性好，易于扩充等优点
独立配置系统	独立地用一个主机支持一个工作站，主机可以是工程工作站或高档微机	硬件配置简单，价格低；操作方便简单，系统培训时间短；技术普及，微机上软件包种类繁多，价格低，应用范围广

3.1.3　几何建模技术

1. 几何建模过程

在传统的机械设计与加工中，技术人员通过二维工程图纸交换信息。应用计算机辅助设计后，所有工程信息，如几何形状、尺寸、技术要求等都是以数字形式进行存取和交换的。正是由于将工程信息数字化，才使得计算机辅助设计的各个环节，如结构设计、分析计算，工艺规划、数控加工、生产管理使用同一个产品数据模型，从而实现 CAD/CAE/CAPP/CAM 系统的集成。由此可知，设计对象的计算机内部表示是 CAD/CAM 系统的核心部分。所谓计算机内部表示就是要决定采用什么样的模型来描述、表达和存储现实世界中的物体。模型一般由数据、结构和算法三部分组成。

对于现实世界中的物体，从人们的想象出发，到完成它的计算机内部表示的这一过程称为建模。建模步骤如图 3-4 所示，即首先研究物体的描述方法，得到一种想象模型（亦称外部模型），它表示了用户所理解的事物及事物之间的关系，然后将这种想象模型转换成用符号或算法表示的形式，最后形成计算机内部模型，这是一种数据模型。因此建模过程是一个产生、存储、处理和表达现实世界的过程。

建模技术是 CAD/CAM 系统的核心技术，是实现计算机辅助制造的基本手段。就机械产品 CAD 而言，最终产品信息的描述包括形状信息、物理信息、功能信息及工艺信息等。其中形状信息是最重要、最基础的信息，对产品形状信息的处理表达称为几何建模（Geometric Modeling）。所谓几何建模方法，即物体的描述和表达是建立在几何信息和拓扑信息处理基础上的，几何信息一般是指物体在欧氏空间中的形状、位置和大小，而拓扑信息则是物体各分量的数目及其相互间的连接关系。

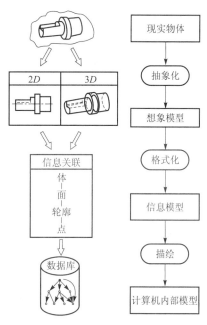

图3-4　建模过程

2. 几何建模方法

计算机内部的模型可以是二维模型，2.5维模型和三维模型，这主要取决于应用场合和目的。如果任务仅局限于计算机辅助绘制三视图或是对回转体零件进行数控编程，则可采用二维几何建模系统。2.5维模型能表示一个等截面的产品形体，即一个平面轮廓在深度方向延伸或绕一轴旋转形成三维的表示方法。三维模型可在空间任一角度，准确地、全面地描述产品形体，并且可进行任意组合和分析。根据描述的方法及存储的几何信息和拓扑信息的不同，可将三维几何建模分为如图3-5所示的三种类型。

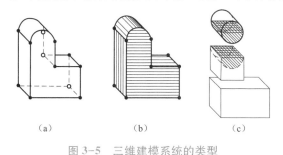

图3-5　三维建模系统的类型

（a）线框模型；（b）表面模型；（c）实体模型

（1）线框（又称线素）几何模型

线框模型是CAD/CAM技术发展过程中最早应用的三维模型，这种模型表示的是物体的棱边，由物体上的点、直线和曲线组成，在计算机内部以边表和点表表达和存储，实际物体是边表和点表的三维映像，计算机可以自动实现视图变换和空间尺寸协调。线框模型具有数据结构简单、对硬件要求不高和易于掌握等特点，但也存在着严重缺陷，比如所表示的图形有时含义不清楚，如图3-6中左方所示透视图就可以有两种理解，如图中右方两图所示。线框模型不能进行物体几何特性（体积、面积、质量、惯性矩等）计算，不便于消除隐藏线。不能满足表面特性的组合和存储及多坐标数控加工刀具轨迹的生成等方面的要求。

（2）表面（又称面素）几何模型

表面模型除了储存有线框几何模型的线框信息外，还储存了各个外表面的几何描述信息。利用表面模型，就可以对物体作剖面、消隐，获得NC加工所需的表面

图3-6　线框几何模型

信息等。表面几何模型仍然没有对物体构建起完整的三维模型，仍然缺乏三维智能，例如不能自动进行体积、质量、质心的计算等。

表面造型又叫曲面造型，是 CAD 和计算机图形学中最活跃、最关键的学科分支之一，这是因为三维形体的几何表示处处都要用到它，从飞机、汽车、船舶、叶轮的流体动力学分析，家用电器、轻工产品的工业造型设计，山脉、水浪等自然景物模拟，地形、地貌、矿产资源的地理分布描述，科学计算中的应力、应变、温度场、速度场的直观显示等，无不需要强有力的曲面造型工具。STEP 产品数据表达和交换国际标准选用了非均匀有理 B 样条 NURBS 作为曲面描述的主要方法。

（3）实体几何模型

实体几何模型储存的是物体的完整三维几何信息，它可区别物体的内部和外部，可以提取各部几何位置和相互关系的信息。实体几何模型典型应用为：支持绘制真实感强的自动消去隐藏线透视图和浓淡图。可以生成指定位置、方向和剖面剖视图；自动计算体积、质量、重心；可以将有关的零部件组装在一起，动态显示其运动状态并检查是否发生干涉；支持三维有限元网格自动划分和计算分析等。

实体造型以立方体、圆柱体、球体、锥体、环状体等多种基本体素为单位元素，通过集合运算，生成所需要的几何形体。这些形体具有完整的几何信息，是真实而唯一的三维物体。目前常用的实体造型的表示方法主要有边界表示法、构造实体几何法和扫描法等，见表 3-4。

表 3-4　常用实体建模方法

名　称	描　述
边界表示法	以物体边界为基础的定义和描述三维物体的方法，它能给出完整的界面描述，边界表示的数据结构一般用体表、面表、环表、边表及顶点表 5 层描述，它对物体几何特征的整体描述能力弱，不能反映物体的构造过程和特点，不能记录物体的组成元素的原始特征，目前边界表示是实体造型系统中使用最广泛的表示方法之一
构造实体几何法	一种由简单的几何形体（通常称为体素，例如球、圆柱、圆锥等）通过正则布尔运算（并，交，差），来构造复杂三维物体的表示方法，用 CSG 方法表示，一个复杂物体可以描述为一棵树，树的叶结点为基本体素，中间结点为正则集合运算，这棵树称为 CSG 树，树中的叶结点对应于一个体素并记录体素的基本定义参数；树的根结点和中间结点对应于一个正则集合运算符；一棵树以根结点作为查询和操作的基本单元，它对应于一个物体名，CSG 表示的物体具有唯一性和明确性，CSG 表示的主要缺点是不具备物体的面、环、边、点的拓扑关系和不具有唯一性
扫描法	扫描表示法是基于一个点、一条曲线、一个表面或一个三维体沿某一路径运动而产生所要表达的三维形体，扫描表示有两种常见特例：平移扫描和旋转扫描。平移扫描的扫描轨迹是直线。平移与旋转扫描表示都是把对三维物体的表示转化为二维或一维物体的表示
单元分解法	单元分解表示法是一个几何体有规律地分割为有限个单元，单元分解是非二义性的，却不是唯一的

3.1.4 三维实体造型方法

三维实体造型方法的主要内容是特征建模（Feature Modeling）。为了满足 CIMS 技术发展的需要，更完整地描述几何体的实体造型，人们提出了特征造型的概念。

特征是指产品描述的信息的集合，将特征的概念引入几何造型系统的目的是增加实体几何的工程意义。常用的特征信息主要包括：① 形状特征：与公称几何相关的概念；② 精度特征：可接受公称形状和大小的偏移量；③ 技术特征：性能参数；④ 材料特征：材料、热处理和条件等；⑤ 装配特征：零件相关方向、相互作用面和配合关系。

其中形状特征按几何形状的构造特点可分为：通道、凹陷、凸起、过渡、面域、变形；按特征在设计中所起的作用又可分为五类：① 基本类：零件的主要形状；② 附加类：形状局部修正特征；③ 交特征类：基本特征和附加特征相交的性质；④ 总体形状类：整个零件的属性；⑤ 宏类：基本类的复合。

与传统的几何造型方法相比，特征造型具有如下特点。

1）特征造型着眼于更好地表达产品完整的技术和生产管理信息，为建立产品的集成信息服务。其目的是用计算机可以理解和处理的统一产品模型支持工程项目或机电产品的并行设计。

2）它使产品设计在更高的层次上进行，设计人员的操作对象不再是原始的线条和体素，而是产品的功能要素，如螺纹孔、定位孔、键槽等。特征的引用体现了设计意图，建立的产品模型容易为别人所理解和应用。设计人员可以将更多的精力用在创造性构思上。

3）它有助于加强产品设计、分析，工艺规划，加工、检验各个部门间的联系，更好地将产品的设计意图贯彻到各个后续环节并且及时得到后者的意见反馈。为实现新一代基于统一产品信息模型的 CAD/CAPP/CAM 集成系统奠定了基础。

❈ 3.2 计算机辅助工艺过程设计（CAPP） ❈

3.2.1 CAPP 系统的功能及结构组成

工艺设计是机械制造生产过程的技术准备工作的一个重要内容，是产品设计与车间的实际生产的纽带，是经验性很强且随环境变化而多变的决策过程。当前，机械产品市场是多品种小批量生产起主导作用，传统的工艺设计方法远不能适应当前机械制造行业发展的要求，其主要表现如下。

1）传统的工艺设计是人工编制的，劳动强度大，效率低，是一项烦琐的重复性工作。

2）设计周期长，不能适应市场瞬息多变的需求。

3）工艺设计是经验性很强的工作，它是随产品技术要求、生产环境、资源条件、工人技术水平、企业及社会的技术经济要求而多变，甚至完全相同的零件，在不同的企业，其工艺也可能不一样，即使在同一企业，也因工艺设计人员的不同而异。工艺设计质量依赖于工艺设计人员的水平。

4）工艺设计最优化、标准化较差，工艺设计经验的继承性也较困难。

1. CAPP 系统的功能

CAPP（Computer Aided Process Planning）是应用计算机快速处理信息功能和具有各种决策功能的软件来自动生成工艺文件的过程。CAPP 能迅速编制出完整而详尽的工艺文件，大大提高了工艺人员的工作效率，可以获得符合企业实际条件的优化工艺方案，给出合理的工时定额和材料消耗，并有助于对工艺人员的宝贵经验进行总结和继承。CAPP 不仅能实现工艺设计自动化，还能把生产实践中行之有效的若干工艺设计原则及方法转换成工艺决策模型，并建立科学的决策逻辑，从而编制出最优的制造方案。CAPP 是连接 CAD 和 CAM 的桥梁，是实现 CAD/CAM 以至 CIMS 集成的一项重要技术。

CAPP 系统一般具有以下功能：输入设计信息；选择工艺路线；决定工序、机床、刀具；决定切削用量；估算工时与成本；输出工艺文件以及向 CAM 提供零件加工所需的设备、工装、切削参数、装夹参数以及反映零件切削过程的刀具轨迹文件等。

2. CAPP 系统的结构组成

CAPP 系统的种类很多，但其基本结构主要可分为如下五大组成模块：零件信息的获取、工艺决策、工艺数据库/知识库、人机界面和工艺文件管理/输出，如图 3-7 所示。

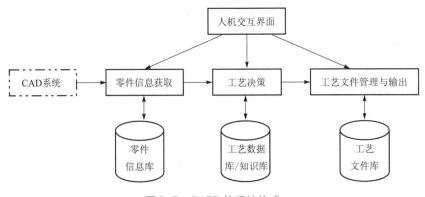

图 3-7　CAPP 的系统构成

（1）零件信息的获取

零件信息是 CAPP 系统进行工艺过程设计的对象和依据，零件信息常用的输入方法主要有人机交互输入和从 CAD 造型系统所提供的产品数据模型中直接获取两种方法。

（2）工艺决策

工艺决策模块是以零件信息为依据，按预先规定的决策逻辑，调用相关的知识和数据，进行必要的比较、推理和决策，生成所需要的零件加工工艺规程。

（3）工艺数据库/知识库

工艺数据库/知识库是 CAPP 的支撑工具，它包含了工艺设计所要求的工艺数据（如加工方法、切削用量、机床、刀具、夹具、工时、成本核算等多方面信息）和规则（包括工艺决策逻辑、决策习惯、加工方法选择规则、工序工步归并与排序规则等）。

（4）人机交互界面

人机交互界面是用户的操作平台，包括系统菜单、工艺设计界面、工艺数据/知识输入界面、工艺文件的显示、编辑与管理界面等。

（5）工艺文件管理与输出

如何管理、维护和输出工艺文件是 CAPP 系统所要完成的重要内容。工艺文件的输出包括工艺文件的格式化显示、存盘和打印等内容。

3.2.2 CAPP 系统的类型及工作原理

CAPP 系统是根据企业的类别、产品类型、生产组织状况、工艺基础及资源条件等各种因素而开发应用的，不同的系统有不同的工作原理，就目前常用的 CAPP 系统可分为派生式、创成式和综合式三大类。

1. 派生式 CAPP 系统

派生式 CAPP 系统是在成组技术的基础上，按零件结构和工艺的相似性，用分类编码系统将零件分为若干零件加工族，并给每一族的零件制订优化加工方案和编制典型工艺规程，以文件形式存储在计算机中。在编制新的工艺规程时，首先根据输入信息编制零件的成组编码，根据编码，识别它所属的零件加工族，检索调出该零件族的标准工艺规程，然后进行编辑、筛选而得到该零件的工艺规程，产生的工艺规程可存入计算机供检索用。如图 3-8 所示为派生式 CAPP 系统的工作原理图。

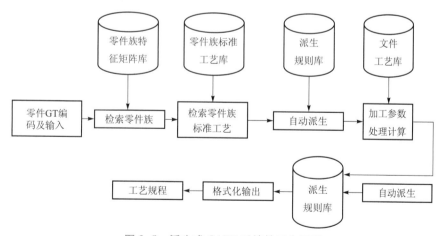

图 3-8 派生式 CAPP 系统的工作原理

派生式 CAPP 系统继承和应用了企业较成熟的传统工艺，应用范围比较广泛。有较好的实用性，但系统的柔性较差，对于复杂零件和相似性较差的零件，不适宜采用派生式 CAPP系统。

2. 创成式 CAPP 系统

创成式 CAPP 系统是一个能综合零件加工信息，自动地为一个新零件创造工艺规程的系统。如图 3-9 所示，创成式 CAPP 系统能够根据工艺数据库的信息和零件模型，在没有人干预的条件下，系统自动产生零件所需要的各个工序和加工顺序，自动提取制造知识，自动完成机床、刀具的选择和加工过程的优化，通过应用决策逻辑，模拟工艺设计人员的决策过程，自动创成新的零件加工工艺规程。为此，在 CAPP 系统中要建立复杂的能模拟工艺人员思考问题、解决问题的决策系统，完成具有创造性的工作，故称为创成式 CAPP 系统。

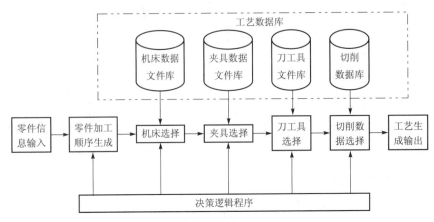

图 3-9　创成式 CAPP 系统的工作原理

创成式 CAPP 系统便于实现计算机辅助设计和计算机辅助制造系统的集成，具有较高的柔性，适应范围广，但由于系统自动化要求高，系统实现较为困难，目前系统的应用还处于探索发展阶段。

3. 综合式 CAPP 系统

综合式 CAPP 系统也称半创成式 CAPP 系统，它综合派生式 CAPP 与创成式 CAPP 的方法和原理，采用派生与自动决策相结合的方法生成工艺规程。如需对一个新零件进行工艺设计时，先通过计算机检索它所属零件族的标准工艺，然后根据零件的具体情况，对标准工艺进行自动修改，工序设计则采用自动决策产生，其工作原理如图 3-10 所示。

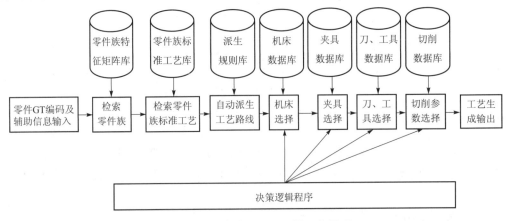

图 3-10　综合式 CAPP 系统工作原理

综合式 CAPP 系统兼顾了派生式 CAPP 与创成式 CAPP 两者的优点，克服各自的不足，既具有系统的简洁性，又具有系统的快捷和灵活性，有很强的实际应用性。

3.2.3　CAPP 系统的基础技术

1. 成组技术

成组技术是一门生产技术科学，CAPP 系统的研究和开发与成组技术密切相关。成组技术的实质是利用事物的相似性，把相似问题归类成组并进行编码，寻求解决这一类问题相对统一的最优方案，从而节约时间和精力以取得所期望的经济效益。零件分类和编码是成组技术的两个最基本概念。根据零件特征将零件进行分组的过程是分类；给零件赋予代码则是编码。对零件设计来说，由于许多零件具有类似的形状，可将它们归并为设计族，设计一个新的零件可以通过修改一个现有同族典型零件而形成。对加工来说，由于同族零件要求类似的工艺过程，可以组建一个加工单元来制造同族零件，对每一个加工单元只考虑类似零件，就能使生产计划工作及其控制变得容易些。所以成组技术的核心问题就是充分利用零件上的几何形状及加工工艺相似性进行设计和组织生产，以获得最大的经济效益。

2. 零件信息的描述与输入

零件信息的描述与输入是 CAPP 系统运行的基础和依据。零件信息包括零件名称、图号、材料、几何形状及尺寸、加工精度、表面质量、热处理以及其他技术要求等。准确的零件信息描述是 CAPP 系统进行工艺分析决策的可靠保证。因此，对零件信息描述的简明性、方便性以及输入的快速性等方面都有较高的要求。常用的零件描述方法有分类编码描述法、表面特征描述法以及直接从 CAD 系统图库中获取 CAPP 系统所需要的信息。从长远的发展角度看，根本的解决方法是直接从 CAD 系统图库中获取 CAPP 系统所需要的信息，即实现 CAD 与 CAPP 的集成化。

3. 工艺设计决策机制

工艺设计方案决策主要有工艺流程决策、工序决策、工步决策以及工艺参数决策等内容。其中，工艺流程设计中的决策最为复杂，是 CAPP 系统中的核心部分。不同类型 CAPP 系统的形成，主要也是由于工艺流程生成的决策方法不同而决定的。为保证工艺设计达到全局最优，系统常把上述内容集成在一起，进行综合分析、动态优化和交叉设计。

4. 工艺知识的获取及表示

工艺设计随着各个企业的设计人员、资料条件、技术水平以及工艺习惯不同而变化。要使工艺设计能够在企业中得到广泛有效的应用，必须根据企业的具体情况，总结出适应本企业的零件加工典型工艺决策的方法，按所开发 CAPP 系统的要求，用不同的形式表示这些经验及决策逻辑。

5. 工艺数据库的建立

CAPP 系统在运行时需要相应的各种信息，如机床参数、刀具参数、夹具参数、量具参数、材料、加工余量、标准公差及工时定额等。工艺数据库的结构要考虑方便用户对数据库进行检索、修改和增删，还要考虑工件、刀具材料以及加工条件变化时数据库的扩充和完善。

CAPP 系统的基础技术还包括：工序图及其他文档的自动生成、NC 加工指令的自动生成及加工过程的动态仿真。

3.2.4 CAPP 今后的发展趋势

随着 CAD、CAPP、CAM 单元技术日益成熟，同时又由于 CIMS 及 IMS 的提出和发展，促使 CAPP 向智能化、集成化和实用化方向发展。当前，研究开发 CAPP 系统的热点问题如下。

1）产品信息模型的生成与获取。

2）CAPP 体系结构研究及 CAPP 工具系统的开发。

3）并行工程模式下的 CAPP 系统。

4）基于分布型人工智能技术的分布型 CAPP 专机系统。

5）人工神经网络技术与专家系统在 CAPP 中的综合应用。

6）面向企业的实用化 CAPP 系统。

7）CAPP 与自动生产调度系统的集成。

※ 3.3 计算机辅助制造（CAM）技术 ※

3.3.1 CAM 的功能

CAM 系统是通过计算机分级结构控制和管理制造过程的多方面工作，它的目标是开发一个集成的信息网络来监测一个广阔的相互关联的制造作业范围，并根据一个总体的管理策略控制每项作业。

按计算机与物流系统是否有硬件"接口"联系，可将 CAM（Computer Aided Manufacturing）功能分为直接应用功能和间接应用功能。

1. 直接应用功能

CAM 的直接应用功能是指计算机通过接口直接与物流系统连接，用以控制、监视、协调物流过程，它包括物流运行控制、生产控制和质量控制。物流运行控制是根据生产作业计划的生产进度信息控制物料的流动；生产控制指在生产过程中，随时收集和记录物流的数据，当发现偏离作业计划时，即予以协调与控制；质量控制是指通过现场检测随时记录现场数据，当发现偏离或即将偏离预质量指标时，向工序作业级发出命令，予以校正。

2. 间接应用功能

CAM 的间接应用功能是指计算机与物流系统没有直接的硬件连接，用以支持车间的制造活动并提供物流过程和工序作业所需数据与信息，它包括计算机辅助工艺过程设计（CAPP），计算机辅助数控程序编制、计算机辅助工装设计及计算机辅助编制作业计划。CAPP 其本质就是用计算机模拟人工编制工艺规程的方法编制工艺文件；计算机辅助数控程序编制是指根据 CAPP 所指定的工艺路线和所选定的数控机床，用计算机编制数控机床的加工程序；计算机辅助工装设计包括专用夹具、刀具的设计与制造，这也是工艺准备工作中的重要内容；计算机辅助编制作业计划是指当生产计划确定了在规定期内应生产的零件品种、数量和时间之后，用计算机根据数据库中人员、设备、资源的情况以及生产计划和工艺设计的数据，编制出详细的生产作业计划，确定在哪台设备，由谁何时进行何种作业以及完工时间，以作为车间的生产命令。

3.3.2 机床数控技术

数控技术是指用数字化信号对设备运行及其加工过程进行控制的一种自动化技术，也是典型的机械、电子、自动控制、计算机和检测技术密切结合的机电一体化高新技术。数控技术是实现制造过程自动化的基础，是自动化柔性系统的核心，是现代集成制造系统的重要组成部分。数控技术把机械装备的功能、效率、可靠性和产品质量提高到一个新水平，使传统的制造业发生了深刻的变化。

本节所述的数控技术仅限于机床数控技术，力求在有限的篇幅下反映当代数控技术的主要内容、发展现状和趋势。

1. 机床数控系统

（1）机床数控系统的组成及功能原理

如图 3-11 所示，CNC 机床数控系统由数控装置、可编程控制器（PLC）、进给伺服驱动装置、主轴伺服驱动装置、输入输出接口，以及机床控制面板和人机界面等部分组成。其中数控装置为机床数控系统的核心，其主要功能有运动轴控制和多轴联动控制功能；准备功能，即用来设定机床动作方式，包括基本移动、程序暂停、平面选择、坐标设定、刀具补偿、固定循环等；插补功能，包括直线插补、圆弧插补、抛物线插补等；辅助功能，即用来规定主轴的启停、转向，冷却润滑的通断、刀库的启停等；补偿功能，包括刀具半径补偿、

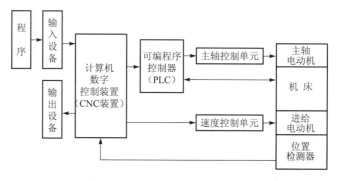

图 3-11　CNC 数控系统组成原理

刀具长度补偿、反向间隙补偿、螺距补偿、温度补偿等。此外，还有字符图形显示、故障诊断、系统通信、程序编辑等功能。

数控系统中的 PLC 主要用于开关量的输入和控制，包括控制面板的输入、机床主轴的启停与换向、刀具的更换、冷却润滑的启停、工件的夹紧与松开、工作台分度等开关量的控制。

数控系统的工作过程：首先从零件程序存储区逐段读出数控程序，对读出的程序段进行译码，将程序段中的数据依据各自的地址送到相应的缓冲区，同时完成对程序段的语法检查，然后进行数据预处理，包括刀具半径补偿、刀具长度补偿、象限及进给方向判断、进给速度换算以及机床辅助功能判断，将预处理数据直接送入工作寄存器，提供给系统进行后续的插补运算，接着进行插补运算，根据数控程序 G 代码提供的插补类型及所在象限、作用平面等进行相应的插补运算，并逐次以增量坐标值或脉冲序列形式输出，使伺服电机以给定速度移动，控制刀具按预定的轨迹加工，数控程序中的 M、S、T 等辅助功能代码经过 PLC 逻辑运算后控制机床继电器、电磁阀、主轴控制器等执行元件动作，位置检测元件将坐标轴的实际位置和工作速度实时反馈给数控装置或伺服装置，并与机床指令进行比较后对系统的控制量进行修正和调节。

（2）数控系统的硬件结构

数控系统从硬件结构上可分为单 CPU 结构、多 CPU 结构及直接采用 PC 计算机的系统结构。

1）单 CPU 结构。单 CPU 数控装置是以一个 CPU 为核心，CPU 通过总线与存储器以及各种接口相连接，采用集中控制、分时处理的工作方式完成数控加工中各项控制任务。

2）多 CPU 结构。多 CPU 数控装置配置多个 CPU 处理器，通过公用地址与数据总线进行相互连接，每个 CPU 共享系统公用存储器与 I/O 接口，各自完成系统所分配的功能，从而将单 CPU 系统中的集中控制、分时处理作业方式转变为多 CPU 多任务并行处理方式，使整个系统的计算速度和处理能力得到大大提高，图 3-12 为一种典型的多 CPU 结构的 CNC 系统框图。多 CPU 结构的 CNC 装置以系统总线为中心，把各个模块有效地连接在一起，按照系统总体要求交换各种数据和控制信息，实现各种预定的控制功能。这种结构的基本功能模块可分为以下几类：① CNC 管理模块，用于控制管理的中央处理机；② 位置控制模块、PIE 模块及对话式自动编程模块，用于处理不同的控制任务；③ 存储器模块，存储各类控制数据和机床数据；④ CNC 插补模块，对零件程序进行译码、刀具半径补偿、坐标位移量计算、进给速度处理等插补前的预处理，完成插补计算，为各坐标轴提供精确的给定位置；⑤ 输入/输出和显示模块，用于工艺数据处理的二进制输入/输出接口、外围设备耦合的串行接口，以及处理结构输出显示。多 CPU 结构的 CNC 系统具有良好的适应性、扩展性和可靠性，性能价格比高，被众多数控系统所采用。

3）基于 PC 微机的 CNC 系统。基于 PC 微机的 CNC 系统是当前数控系统的一种发展趋势，它得益于 PC 微机的飞速发展和软件控制技术的日益完善。利用 PC 微机丰富的软硬件

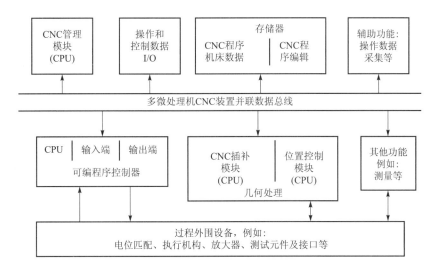

图 3-12　多 CPU 结构 CNC 框图

资源可将许多现代控制技术融入数控系统；借助 PC 微机友好的人机交互界面，可为数控系统增添多媒体功能和网络功能。

图 3-13 为基于 PC 微机和美国 Delta Tau 公司 PMAC 多轴运动卡所构造的 CNC 系统，它包括工控机 IPC、多轴运动卡 PMAC、双端口 RAM、带光隔的 I/O 接口、永磁同步式交流伺服电机、变频调速主轴电机、接线器等。PMAC 与 IPC 之间的通信可通过 PC 总线和双端口RAM 两种方式进行：当 IFC 向 PMAC 写数据时，双端口 RAM 能够在实时状态下快速地将位置指令或程序信息进行下载；若从 PMAC 中读取数据时，IPC 通过双端口 RAM 可以快速地获取系统的状态、电动机的位置、速度、跟随误差等各种数据。利用双端口 RAM 大大提高了数控系统的响应能力和加工精度，同时也方便了用户的系统开发。

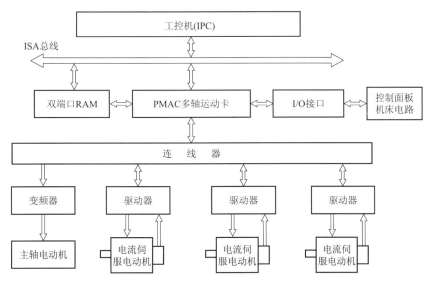

图 3-13　基于 PMAC 的 CNC 系统结构

（3）数控系统的软件组成

CNC 系统是一个多任务系统，它通常作为一个独立的控制单元用在自动化生产中。CNC 系统的软件结构由一个主控模块与若干功能模块组成。主控模块为用户提供一个友好的系统操作界面，在此界面下系统的各功能模块以菜单的形式被调用。系统的功能模块分为实时控制类模块和非实时管理类模块两大类，如图3-14所示。实时控制类模块是控制机床运动和动作的软件模块，具有毫秒级甚至更高要求的时间响应；非实时管理类模块没有具体的时间响应要求。

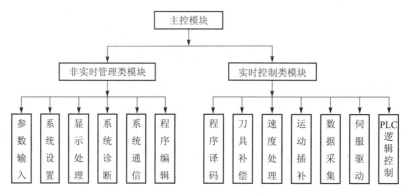

图 3-14　CNC 系统的软件组成

非实时管理类软件模块包括参数输入、系统设置、系统诊断、系统通信、显示处理以及程序编辑等，这类软件模块可利用 PC 微机所提供的计算机语言和软件工具来实现。

实时控制类软件模块包括程序译码、刀具补偿、速度处理、运动插补、数据采集以及 PLC 逻辑控制等。在这些实时控制软件模块中，有些多轴运动卡以硬件形式已提供了许多基本功能，如运动插补、刀具补偿、速度处理等，这就大大方便了系统软件的开发。

CNC 系统软件又有前后台型软件结构与中断型软件结构之分。

在前后台型 CNC 系统软件结构中，前台程序为中断服务程序，完成系统的全部实时控制功能；后台程序为循环运动程序，一些非实时的管理类软件以及插补准备预处理软件在后台完成。在后台程序运行过程中，前台的实时中断程序不断插入，与后台程序相配合共同完成零件加工的控制任务。

中断型 CNC 系统软件结构的特点是整个软件就是一个大的中断系统，除了初始化程序外，整个系统各个软件模块安排在不同级别的中断服务中，通过不同的中断来调用所需功能模块。同样，管理类软件模块也是通过各级中断服务的相互通信来运行的。

2. 数控加工编程技术

（1）数控加工编程一般步骤

数控加工编程就是将零件的工艺过程、工艺参数、刀具位移量、位移方向及其他辅助动作（刀具选择、冷却开闭、工件夹紧松开等），按运动顺序和所用数控系统规定的坐标系和指令代码及格式来编制加工程序单，经校核、试切无误后储备在存储介质上，然后再由相应的阅读器将程序输入数控装置，从而控制数控设备的运行。这一过程称为数控加工编程。

数控加工编程一般可分为如下的几个步骤。

1）工艺处理。根据被加工零件图样及技术要求进行工艺分析，明确加工内容和要求，确定工艺方案，选择合适的加工工具和合理的切削用量，在保证加工精度的前提下应满足工艺方案的合理性和经济性。

2）数值计算。根据零件的几何形状、加工路线和数控系统的情况，并考虑所允许的编程误差，进行基点、节点和刀具中心轨迹等计算。

3）编制零件加工程序单。根据所确定的工艺内容和数值计算结果，按照数控系统所规定的程序指令和程序格式，逐段编写零件加工程序单。

4）输入数控程序。通过键盘输入或磁盘读入，或通过 RS-232C 接口将数控加工程序输入到数控系统。

5）程序校验。编制好的程序，在正式用于生产加工前必须进行程序运行检查。在某些情况下，还需做零件试加工。根据试加工检验结果，对程序进行修改和调整，直到获得完全满足加工要求的程序为止。

（2）计算机辅助数控加工编程

数控加工程序可以由手工编制，但手工编程只能编制那些几何形状不复杂、计算量不大、加工程序不多的简单零件；对于一些复杂零件，如带有非圆曲面、自由曲面的凸轮、模具型腔等，其手工编程变得极为困难。据统计，一般手工编程所需时间与机床加工时间之比约为 30 : 1。因此，快速而准确地编制数控加工程序就成为数控技术发展和应用中的一个重要环节，而计算机辅助编程技术正是针对这一问题而产生和发展起来的。

如图 3-15 所示，计算机辅助数控加工编程有两种不同的方式：一是借助于数控语言进行自动编程；另一是利用 CAD/CAM 软件工具完成数控加工程序的编制。

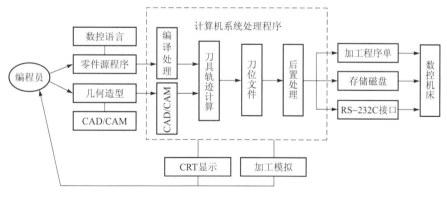

图 3-15　计算机辅助数控编程原理图

1）数控语言自动编程。该方法几乎是与数控机床同步发展起来的，APT 语言是一种典型的数控编程语言。编程人员根据零件图样和工艺要求，应用数控语言编制零件加工源程序，通过该源程序描述零件的几何形状、尺寸大小、工艺路线与参数以及刀具与零件的相对运动关系等，经过系统编译和刀具轨迹计算，生成中性的刀位文件（Cutter Location Data），最后根据所要求的指令和格式进行后置处理，生成具体机床的零件加工数控程序，从而最终完成自动编程工作。

2）CAD/CAM 系统数控编程。它是直接利用 CAD 造型所生成的三维几何实体，采用人机交互的方式，由操作者在计算机屏幕上指定三维实体被加工的部位，输入合适的切削参数和刀具参数，交互选择走刀方式，然后由系统自动进行刀具轨迹计算和处理，生成刀位文件。同样，经过后置处理生成所需的数控加工程序。

与数控语言自动编程比较，利用 CAD/CAM 软件系统进行数控编程具有如下的特点：

① 将零件数控加工编程过程中的几何造型、刀位计算、图形显示和后置处理等作业过程结合在一起，有效地解决了编程的数据来源、图形显示、加工模拟和交互修改问题，弥补了数控语言编程的不足。② 编程过程是在计算机上直接面向零件的三维实体图形交互进行，不需要用户编制零件加工源程序，用户界面友好，使用简便、直观、准确，便于检查。③ 有利于实现系统的集成，不仅能够实现产品设计（CAD）与数控编程（CNCP）的集成，还便于实现与工艺设计（CAPP）、刀夹量具设计等其他生产过程的集成。

（3）数控编程系统的进展

1）面向车间的编程。面向车间的编程（WOP，Workshop Orientated Programming）是 20 世纪 90 年代初兴起的一种新的编程方法。WOP 基本思想是用图形符号代替数控语言，编程者按照系统菜单提示选择相应的图形符号，并回答屏幕上所提出的问题，输入必要的工艺数据，从而由系统自动完成编程工作。按照 WOP 编程方法，编程员用所给的图形符号对机加工零件进行描述，充分利用 WOP 系统所推荐的工艺数据，并结合自身的生产经验进行工艺优化，具体的数控程序则由 WOP 编程系统自动生成。

WOP 作为一种新的数控编程方法，其显著特点是：它不仅考虑了零件编程的柔性和适应性，还充分利用和发挥编程人员的专门知识和经验，实用性强，同时，由于所给图形的直观性，将更容易被人们接受和应用。

2）数字化扫描编程。近十多年来，随着 CAD/CAM 技术的成熟，出现了各种实体数字化扫描技术。数字化扫描技术（Digital Scanning）现已成为汽车、航空、航天、轻工、医疗等行业中一些零件和模具制造的关键技术。数字化扫描系统由数据采集装置、数据处理软件模块及其控制系统组成，它是借助接触式或非接触式采样头，快速实现复杂曲面的扫描，由此获得一系列模型表面的坐标点集，由这些坐标点集自动生成零件加工的数控程序。此外，根据需要也可以将扫描的数据送到 CAD 系统中进行修改。

数字化扫描及其相关技术又称为反求工程（RE，Reverse Engineering）。反求工程的典型应用是数控仿形加工，其工作过程为：首先借助于采样头采集模型的每一点几何数据，通过数据处理生成数控程序，由该数控程序控制机床复制加工出所需零件。也可在三坐标测量仪上对样本进行数据扫描，通过数据接口与 CAD/CAM 系统相连，利用 CAD 软件模块重新建模，生成扫描件三维实体模型，绘制扫描件的零件图样。

世界著名的 RENISHAU 公司为机械制造商们提供了高速数字化扫描系统 RESCAN，可将该扫描系统直接安装在现有的数控机床或加工中心机床上，对各种样本进行仿形加工和反求工程作业。

3. 机床数控技术发展趋势

自第一台数控机床在美国问世至今的半个世纪内，机床数控技术发展迅速，经历了六代、两个阶段的发展历程。其中第一个阶段为 NC 阶段，它包含了电子管、晶体管和小规模集成电路的三代发展。自 1970 年小型计算机应用于数控系统，成为第四代数控系统，它标志着数控系统进入到第二个发展阶段，称为 CNC 阶段。从 1974 年微处理器开始用于数控系统，即为第五代数控系统。在 20 多年内，在生产中实际使用的数控系统大多是这第五代数控系统，其性能和可靠性随着技术的发展得到了根本性的提高。从 20 世纪 90 年代开始，微电子技术和计算机技术的发展突飞猛进，PC 微机的发展尤为突出，无论是软硬件还是外围器件的进展日新月异，计算机所采用的芯片集成化程度越来越高，功能越来越强，而成本却越来越低，原来在大、中型机上才能实现的功能现在在微型机上就可以实现。在美国首先推出了基于 PC 微机的数控系统，即 PCNC 系统，它被划为所谓的第六代数控系统。

下面从数控系统的性能、功能和体系结构三方面讨论机床数控技术的发展趋势。

（1）性能发展方面

1）高速高精高效化。开发高速高精高效功能的数控系统是数控技术不断创新的体现，也是制造业发展的实际需要。① 高生产率，目前加工中心进给速度已达到 $80 \sim 120$ m/min，换刀时间小于 1 s；② 高加工精度，以前精密零件的加工要求一般为 1 μm，随着精密产品的出现，对精度要求提到 0.1 μm，有些零件甚至已达到 0.01 μm，高精密零件要求提高机床加工精度，包括采用温度补偿；③ 微机电加工，其尺寸大小一般在 1 mm 以下，表面粗糙度为纳米数量级，要求数控系统能直接控制纳米级机床。

2）柔性化。包含两个方面的柔性：① 数控系统本身的柔性，数控系统采用模块化设计，功能覆盖面大，便于不同用户的需求；② DNC 系统的柔性，同一 DNC 系统能够依据不同生产流程的要求，使物料流和信息流自动进行动态调整，从而最大限度地发挥 DNC 系统的效能。

3）工艺复合化和多轴化。数控机床的工艺复合化，是指工件在一台机床上一次装夹后，通过自动换刀、旋转主轴头或旋转工作台等各种措施，完成多工序、多表面的复合加工。数控技术的进步提供了多轴和多轴联动控制功能，如 FANUC 15 系统的可控轴数和联动轴数均达到 24 轴。

4）实时智能化。早期的实时系统通常针对相对简单的理想环境，其作用是如何调度任务，以确保任务在规定期限内完成。而人工智能，则试图用计算模型实现人类的各种智能行为。科学技术发展到今天，实时系统与人工智能相互结合，人工智能正向着具有实时响应的更加复杂的应用发展，由此产生了实时智能控制这一新的领域。在数控技术领域，实时智能控制的研究和应用正沿着几个主要的分支发展：自适应控制、模糊控制、神经网络控制、专家控制、学习控制等。

（2）功能发展方面

1）用户界面图形化。用户界面是数控系统与操作者之间的对话接口。由于不同用户对界面的要求不同，因而开发用户界面的工作量极大，用户界面已成为计算机软件研制中最困难的部分之一。当前 Internet、虚拟现实、科学计算可视化及多媒体等技术，也对用户界面提出了更高的要求。图形用户界面极大地方便了非专业用户的使用，人们可以通过窗口和菜单进行操作，便于蓝图编程和快速编程、图形模拟、三维彩色立体动态图实现、图形动态跟踪和仿真、不同方向的视图和局部显示比例缩放功能的实现等。

2）科学计算可视化。科学计算可视化可用于高效处理数据和解释数据，使信息交流不再局限于用文字和语言表达，而可以直接使用图形、图像、动画等可视信息。可视化技术与虚拟环境技术相结合，进一步拓宽了应用领域，如无图纸设计、虚拟样机技术等，这对缩短产品设计周期、提高产品质量、降低产品成本具有重要意义。在数控技术领域，可视化技术可用于自动编程设计、参数自动设定、刀具补偿和刀具管理数据的动态处理和显示以及加工过程的可视化仿真演示等。

3）插补和补偿方式多样化。多种插补方式，如直线插补、圆弧插补、空间椭圆曲面插补、螺纹插补、极坐标插补、样条插补、NURBS 插补、多项式插补等。多种补偿功能，如反向间隙补偿、垂直度补偿、象限误差补偿、螺距补偿、测量系统误差补偿、与速度相关的前馈补偿、温度补偿等。

4）内置高性能。数控系统内置高性能 PLC 控制模块，可直接用梯形图或高级语言编程，具有直观的在线调试和在线帮助功能。编程工具中包含用于车床、铣床的标准 PLC 用户程序，用户可在标准 PLC 用户程序基础上进行编辑修改。从而方便地建立自己的应用程序。

5）多媒体技术应用。多媒体技术集计算机、声像、通信技术于一体，使计算机具有综合处理声音、文字、图像和视频信息的能力。在数控技术领域，应用多媒体技术可以做到信息处理综合化、智能化，在实时监控系统和生产现场设备的故障诊断。生产过程参数监测等方面有着重大的应用价值。

（3）体系结构的发展

1）集成化。采用高度集成化芯片，可提高数控系统的集成度和软硬件运行速度。应用 FPD 平板显示技术可提高显示器性能。平板显示器具有科技含量高、质量轻、体积小、功耗低、便于携带等优点，可实现超大尺寸显示，成为与 CRT 抗衡的新兴显示技术，是 21 世纪显示技术主流。应用先进封装和互联技术，将半导体和表面安装技术融为一体。通过提高集成电路密度，减少互连长度和数量来降低产品价格，改进性能，减少组件尺寸，提高系统的可靠性。

2）模块化。硬件模块化易于实现数控系统的集成化和标准化。根据不同功能要求，将基本模块，如 CPU、存储器、位置伺服、PLC、输入输出接口、通信等模块做成标准的系列化产品，通过积木方式进行功能裁剪和模块数量的增减，构成不同档次的数控系统。

3）网络化。机床网络可进行远程控制和无人化操作，通过机床联网，可在任何一台机床上对其他机床进行编程、设定、操作和运行，不同机床的画面可同时显示在每一台机床的屏幕上。

4）开放式闭环控制模式。采用通用计算机组成总线式、模块化、开放、嵌入式体系结构，便于裁剪、扩展和升级，可组成不同档次、不同类型、不同集成程度的数控系统。闭环控制模式是针对传统的数控系统仅有的专用型封闭式开环控制模式提出的。由于制造过程是一个具有多变量控制和加工工艺综合作用的复杂过程，包含诸如加工尺寸、形状、振动、噪声、温度和热变形等各种变化因素。因此，要实现加工过程的多目标优化，必须采用多变量的闭环控制，在实时加工过程中动态调整加工过程变量。在加工过程中采用开放式通用型实时动态全闭环控制模式，易于将计算机实时智能技术、网络技术、多媒体技术、CAD/CAM、伺服控制、自适应控制、动态数据管理及动态刀具补偿、动态仿真等高新技术融于一体，构成严密的制造过程闭环控制体系，从而实现集成化、智能化、网络化。

❈ 3.4 CAD/CAM 集成技术 ❈

3.4.1 CAD/CAM 集成技术的产生和发展

1. CAD/CAM 集成技术的产生

CAD/CAM，即计算机辅助设计与计算机辅助制造，是一门基于计算机技术而发展起来的、与机械设计和制造技术相互渗透相互结合的、多学科综合性的技术，它随着计算机技术的迅速发展、数控机床的广泛应用及 CAD/CAM 软件的日益完善，在电子、机械、航空、航天、轻工等领域得到了广泛的应用。1989 年，美国国家工程科学院对 1965—1989 年的 25 年间当代十项杰出工程技术成就进行评选，CAD 技术名列第四。美国国家科学基金会曾在一篇报告中指出："CAD/CAM 对直接提高生产率比电气化以来的任何发展都具有更大的潜力，应用 CAD/CAM 技术，将是提高生产率的关键。"

CAD/CAM 技术为什么能在短短的 40 余年间发展如此迅速呢？归根到底是因为它几乎推动了整个领域的设计革命，大大提高了产品开发速度，缩短了产品从开发到上市的周期；同时，由于市场竞争的日益激烈，用户对产品的质量、价格、生产周期、服务、个性化等要求越来越高，对于产品开发商来说，为了立足市场，必须使用先进设计制造技术，以缩短产品的设计开发周期，提高产品质量，最终提升产品的市场竞争力，CAD/CAM 技术便是首选之一。因此，作为先进制造技术重要组成部分的 CAD/CAM 技术，它的发展及应用水平已成为衡量一个国家的科学技术进步和工业现代化的重要标志之一，尤其是模具 CAD/CAM 技术对于现代大批量优质生产更具有重要意义。

2. CAD/CAM 发展历程

(1) CAD/CAM 技术的发展历程

从 CAD/CAM 技术诞生至今，它的发展始终与计算机技术、软硬件水平及相关基础技术（如计算机图形学、网络技术、通信技术等）的发展紧密相连，因此，我们在了解 CAD 技术发展历程的同时，也需要了解当时与 CAD 技术相关技术的发展情况。在 CAD 技术和 CAM 技术诞生初期，它们是独立发展的，而且是 CAM 技术的发展促使 CAD 技术的出现和发展。

20 世纪 40 年代末期，美国有一位叫约翰·帕森斯（John Parsons）的工程师构思并向美国空军展示了一种加工方法：在一张硬纸卡上打孔来表示需要加工的零件的几何形状，利用这张硬纸卡来控制机床进行零件的加工。当时美国空军正在寻找一种先进的加工方法以解决飞机外形样板加工的问题，因此美国空军对该构思十分感兴趣并大力赞助，同时委托麻省理工学院进行研究开发。1952 年，麻省理工学院伺服机构实验室和帕森斯公司合作研制出了世界上第一台数控机床，该机床在用于飞机螺旋桨叶片轮廓检验样板的加工中取得圆满成功。它是用含有某种指令的特定程序控制其运动并实现工件加工的：首先由人工编好程序并输入数控机床，然后执行程序实现零件的自动加工。用这种方法在编制复杂零件的加工程序时存在编程比较麻烦、周期长且容易出错等缺点。因为程序编制较难，从而限制了它的有效应用。针对这些问题，以该实验室 D. T. Ross 教授为首的研究小组开始着手研究一种能实现自动编程的系统，即 APT（Automatically Programmed Tools）：它是一套纯文字的计算机语言。主要由几何定义语句、刀具语句、宏指令与循环指令、辅助功能及说明语句、输入输出语句组成，编程人员首先描述需要加工的零件形状和刀具形状、加工方法、加工参数等，然后编制出零件的加工程序。1969 年，美国 United Computing 公司成功地开发出了 APT 软件并取名为 UNIAPT。APT 软件经过软件开发商的发展，先后推出了 APT－Ⅱ、APT－Ⅲ、APT-Ⅳ、APT-SS 等版本，其功能不断扩充，APT-Ⅲ具有立体切削功能，APT-Ⅳ实现了曲面加工，APT-SS 可雕刻表面。APT 软件这种以语句为结构对加工零件的几何形状进行描述和定义、应用软件对语句进行信息处理、最终生成零件的数控加工程序的工作原理，就是 CAM 技术的开端。因此，早期的 CAM 主要是用于解决程序编制问题，APT 也成为自动编程的一种形式——以计算机语言为基础的自动编程。

虽然以计算机语言为基础的自动编程方法解决了不少编程问题，但它仍存在许多明显不足，如缺少对零件形状和刀位轨迹进行模拟验证的功能使得加工容易出错，程序编制时因为没有图形而不直观，不能处理复杂零件尤其是有曲面的零件等。

第二次世界大战后，随着美国飞机制造业的迅速发展，飞机气动外形的准确度要求逐渐提高，飞机结构也更加复杂，人们开始尝试着使用一种新的制造方法——模线样板工作法，即在铝板上，按真实尺寸绘制飞机各部分的外形轮廓及与外形有关的结构零件图，再用这些模线图制作样板和工装，从而保证了飞机零件制造和装配的精度。在飞机制造中，这种方法取得了很好的效果，缺点是生产准备周期长、手工劳动量大。20 世纪 50 年代中期，由于电子计算机的发展，一些飞机制造公司开始尝试用电子计算机建立飞机外形的数学模型，计算切面数据，再用绘图机输出这些曲线。这种方法大大提高了飞机的制造精度、缩短了生产准备时间、降低了人工工作量，这就是 CAD 技术的雏形。

CAD 技术从出现至今大致经历了五个阶段。

1）孕育形成阶段（20 世纪 50 年代）。该阶段最大的成果是：1950 年麻省理工学院研制出了"旋风 I 号"（Whirlwind –I）形显示器，该显示器类似于示波器。虽然它只能用于显示简单的图形且显示精度很低，但它却是 CAD 技术酝酿开始的标志。随后，1958 年，Calcomp 公司和 Gerber 公司先后研制出了滚筒式绘图仪和平板式绘图仪，显示器和绘图仪的发明，表明了该时期硬件具有图形输出功能。

2）快速发展阶段（20 世纪 60 年代）。20 世纪 50 年代末期，美国麻省理工学院林肯实验室研制出将雷达信号转换为显示器图形的空中防御系统。该系统使用了光笔，操作者用它指向屏幕中的目标图形，即可获得所需信息，这便是交互式图形技术的开端。

1962 年，麻省理工学院林肯实验室的 I. E. Sutherland 发表了《Sketchpad：一个人机通信的图形系统》的博士论文，首次提出了计算机图形学、交互技术、分层存储符号的数据结构等新思想，为 CAD 技术的发展和应用奠定了坚实的理论基础。I. E. Sutherland 的博士论文中所提出的 CAD 技术的思想，成了该时期的重大成果之一。

计算机技术、交互式图形技术等基础理论的建立与发展、图形输入输出设备（如光笔、图形显示器、绘图仪等）的成功研制及对图形数据处理方法的深入研究，大大推动了 CAD 技术的完善和发展。一个有力证据就是商品化 CAD 软件的出现和应用。如 1964 年美国通用汽车公司和 IBM 公司联合开发的 DAC-1 系统（Design Augmented by Computer），该系统主要用于汽车外形和汽车结构的设计。

1965 年美国 IBM 公司和美国洛克希德公司共同开发的 CADAM 系统，该系统具有三维造型和结构分析能力，广泛应用于工程设计、机械工业、飞机制造等行业。

不过，该时期的 CAD 系统主要是二维系统，三维 CAD 系统也只是简单的线框造型系统，且规模庞大，价格昂贵。线框造型系统只能表达几何体基本的几何信息，不能有效表达几何体间的拓扑信息，也就无法实现 CAM 和计算机辅助工程（CAE）。

虽然 CAD 技术和 CAM 技术是计算机应用技术中独立发展的两个分支，但随着 CAD 技术、CAM 技术在制造业中的推广，二者间的相互结合显得越来越迫切。CAD 系统只有配合 CAM，才能充分显示它的巨大优越性；同样，CAM 只有利用 CAD 技术所建立的几何模型，才能进一步发挥它的作用。20 世纪 60 年代末 70 年代初，一些外国公司开始着手将计算机辅助设计系统和计算机辅助制造系统进行集成，建立一个统一的应用程序库，并逐步形成统一的系统。United Computing 公司向一家专门从事图形开发的公司购买其图形系统 ADAM，并将 ADAM 与自己开发的 UNIAPT 软件结合起来，成为一套新的系统，并取名为 UNI-GRAPHICS。1973 年 10 月，在底特律召开的 CAD/CAM 会议上，United Computing 公司向外界发布了该系统。

3）成熟推广阶段（20 世纪 70 年代）。由于计算机硬件的快速发展，CAD 技术进入了成熟推广时期，出现了一批专门从事 CAD/CAM 技术的公司，推出了具有代表性的 CAD/CAM 软件：1970 年，美国 Applicon 公司第一个推出了完整的 CAD 系统；法国 Dassault 公司开发出基于表面模型的自由曲面建模技术，推出三维曲面造型软件 CATIA；美国 GE 开发的 CALMA；美国麦道飞机公司的 UG 等。1974 年，人们开始把 CAD 系统和生产管理及力学计算相结合，1975 年，发展为 CAD/CAM 集成系统。该时期 CAD 技术的应用主要是"交钥匙系统"（Turn key System），即软件服务商提供以小型计算机为基础、软硬件齐备的 CAD 系统。曲面造型系统的出现是这一时期在 CAD 技术方面取得的重大成果，被认为是第一次 CAD 技术革命。20 世纪 70 年代初，美国 IBM 公司和法国 Dassault 公司联合开发了 CATIA 系统，该系统以自由曲面造型方法表达零件的表面模型，使人们从简单的二维工程图样中解放出来。曲面造型技术的出现及应用，虽解决了 CAM 表面加工问题，但不能表达质量、重心、体积、转动惯量等几何物理量，因此无法实现 CAE。

4）广泛应用阶段（20 世纪 80 年代）。随着微型计算机的飞速发展，CAD 系统逐渐开始从小型计算机向微型计算机转化，这为 CAD 技术的广泛应用创造了良好的硬件条件。这一时期在 CAD 技术方面主要的技术特征是实体造型理论的建立和几何建模方法的出现，构造实体几何法（CSG）和边界表示法（B-mp）等实体表示方法在 CAD 软件开发中得到广泛应用。由于实体造型技术的出现，统一了 CAD、CAE、CAM 的表达模型，从而使得 CAE 技术成为可能并逐渐得到应用。因此，实体造型技术被认为是第二次 CAD 技术革命。1979 年，SDRC 公司开发出了第一套基于实体造型技术的大型 CAD/CAM 软件 I-DEAS。

20 世纪 80 年代中期，CV 公司的一些技术人员提出了一种比无约束自由造型更新颖的造型技术——参数化设计，但 CV 公司否决了这一技术提案，参与策划的技术人员便离开了 CV 公司，成立了 PTC 公司，并于 1988 年推出全球第一套基于参数化造型技术的 CAD/CAM 软件——Pro/ENGINEER，获得巨大成功。参数化实体造型技术的主要特点是基于特征、全数据相关、全尺寸约束、尺寸驱动。参数化实体造型技术成为 CAD 技术发展史中第三次技术革命。

20 世纪 80 年代后期，SDRC 公司的技术人员对参数化技术进行了深入的研究和探索。1990 年，经过几年的研究探索之后，发现参数化技术存在不少缺点，如全尺寸约束这一要求大大限制了设计人员创造能力的发挥。美国麻省理工学院的 Gossard 教授提出一种新的造型技术——变量化设计。变量化设计采用非线性约束方程组联立求解，设定初始值后用牛顿迭代法进行精化；同时，变量化设计扩大了约束的类型，除了几何约束外，还引入力学、运动学、动力学等约束，使得求解过程不仅含有几何问题，也包含了工程实际问题。众所周知，已知全部参数的方程组进行顺序求解比较容易。而在欠约束情况下，方程联立求解的数学处理和软件实现的难度则大大增加。但是，经过了三年的努力，在 1993 年，SDRC 公司推出了基于变量化设计的全新体系结构的 I-DEAS Mater Series 软件。变量化设计既保留了参数化设计的优点（如基于特征、全数据相关），又克服了参数化设计的不足（如全尺寸约束），因此，变量化设计技术被认为是 CAD 的第四次技术革命。

5）标准化、智能化、集成化阶段（20 世纪 80 年代后期）。随着 CAD 技术的不断发展，技术标准化愈显迫切和重要。从 1977 年推出 CORE 图形标准以来，陆续出现了与应用程序接口有关的标准、与图形存储和传输有关的标准和与虚拟设备接口有关的标准，这些标准的制订和采用为 CAD 技术的推广起到了重要的作用。

将人工智能 AI（Artificial Intelligence）引入 CAD 系统是 CAD 技术发展的必然趋势，这种结合大大提高了设计的自动化程度。专家系统 ES（Expert System）是人工智能在产品和工程设计中最早获得成功应用的一个领域，它在产品设计初始阶段，特别是在概念设计和构思评价阶段起到了积极的作用。

CAD 技术与 CAM、CAE 等技术的集成形成了广义的 CAD/CAM 系统。CAD/CAM 系统的构建实现了信息集成和功能集成，CIMS 则是更高层次的集成。它包括了产品几何、加工、管理等全方位的信息。

（2）CAE 技术的发展历程

CAE 是指以现代计算力学为基础、以计算机仿真为手段，对产品进行工程分析并实现产品优化设计的技术。这里所指的工程分析包括有限元分析、运动机构分析、应力计算、结构分析、电磁场分析等。在产品设计中，CAD 技术完成了产品的几何模型的建立，但是对于设计是否合理、产品能否满足工程应用要求，则需对模型进行工程分析、计算优化，并根据需要对几何模型进行必要的修改，使产品最终满足有关要求。CAE 是 CAD/CAM 进行集成的一个必不可少的重要环节，因此有些学者认为 CAE 应属于广义 CAD 的重要组成部分，目前在大型商业化 CAD/CAM 软件中，CAE 是该软件的重要功能模块。

CAE 技术的发展大致经历了三个阶段。

1）技术探索阶段（20 世纪 60~70 年代）。20 世纪 50 年代，飞机逐渐由螺旋桨式向喷气式转变。为了确定高速飞行的喷气式飞机的机翼结构，必须对其动态特性进行精确的分析计算。1956 年，美国波音飞机公司开发了一种新的计算方法——有限元法，并把它应用于飞机生产；1967 年，SDRC 公司成立并于 1968 年发布世界上第一个动力学测试及模态分析软件包；1970 年，SASI 公司成立，开发了 ANSYS 软件。

2）蓬勃发展时期（20 世纪 70~80 年代）。1977 年，MDI 公司成立，其主导软件 ADAMS 广泛应用于机械系统运动学、动力学仿真分析；1978 年，ABAQUS 软件应用于结构非线性分析；1982 年，CSAR 公司成立，所开发的 CSA/ Nastran 软件主要应用于大结构、流-固耦合、热学、噪声分析等；1989 年，ES-KD 公司成立，发展了 P 法有限元程序。

3）成熟推广时期（20 世纪 90 年代）。CAE 软件开发公司注意不断增强自身 CAE 软件的前、后置处理能力并积极配合开发与应用广泛的 CAD 软件的专用接口，CAE 逐渐走上了与 CAD/CAM 集成的轨道。

3.4.2 CAD/CAM 系统集成方式

1. CAD/CAM 基本概念

目前，有些人认为应用计算机完成设计过程中的数值计算、有关分析及计算机绘图就是

CAD，利用软件进行自动编程便是 CAM，应该说这是对 CAD/CAM 技术的片面理解和不全面的认识。设计是人类高度智能化的一种活动，往往贯穿了产品的整个生命周期，包含产品的需求规划、概念设计、总体设计、结构设计、产品试制、生产规划、营销设计、报废回收等流程，从而最终实现产品从概念设计到实物、从抽象到具体、从定性到定量，设计中既有大量的数值计算，也有众多的推理决策判断。从设计方法角度看，设计可分为常规设计、革新设计和创新设计三类。目前，一般的 CAD 系统是以数据库为核心、以交互图形设计为手段，在建立产品几何模型的基础上，利用有限元和优化设计对产品的性能进行分析计算，而对推理和判断却做得不多，因此，在产品开发中，计算机只是作为一种辅助的设计工具，许多推理判断工作仍需由人工完成，所以人们将它称为计算机辅助设计。

由于 CAD/CAM 技术是一个发展着的概念，不同地区、不同国家的学者从不同的角度出发，对 CAD、CAM 内涵的理解也不完全相同，因此要给 CAD、CAM 下一个确切的定义并不容易。一般认为，CAD 是指工程技术人员在人和计算机组成的系统中，以计算机为辅助工具，通过计算机和 CAD 软件对设计产品进行分析、计算、仿真、优化与绘图，在这一过程中，把设计人员的创造性思维、综合判断能力与计算机强大的记忆、数值计算、信息检索等能力相结合，各尽所长，完成产品的设计、分析、绘图等工作，最终达到提高产品设计质量、缩短产品开发周期、降低产品生产成本的目的。CAD 的功能可以大致归纳为四类，即几何建模、工程分析、动态模拟和自动绘图。为了实现这些功能，一个完整的 CAD 系统应由科学计算、图形系统和工程数据库等组成。科学计算包括有限元分析、可靠性分析、动态分析、产品的常规设计和优化设计等；图形系统则包括几何造型、自动绘图、动态仿真等；工程数据库对设计过程中需要使用和产生的数据、图形、文档等进行存储和管理。

值得注意的是，不应该把 CAD 与计算机辅助绘图、计算机图形学混淆起来。计算机辅助绘图是指使用图形软件和硬件进行绘图及有关标注的一种技术；计算机图形学是研究通过计算机将数据转换为图形，并在专用设备上显示的原理、方法和技术的科学。计算机辅助绘图主要解决机械制图问题，是 CAD 的一个组成部分，其内涵比 CAD 的内涵小得多；计算机图形学是一门独立的学科，但它的有关图形处理的理论与方法是构成 CAD 技术的重要基础。

CAM 是指应用电子计算机来进行产品制造的统称，有狭义 CAM 和广义 CAM 之分。狭义 CAM 是指在制造过程中的某个环节应用到计算机辅助技术（通常是指计算机辅助机械加工），更明确地说是数控加工，它的输入信息是零件的工艺路线和工序内容，输出信息是加工时的刀位文件和数控程序。广义 CAM 是利用计算机进行零件的工艺规划、数控程序编制、加工过程仿真等。在 CAM 过程中主要包括两类软件：计算机辅助工艺设计软件（CAPP）和数控编程软件（NCP）。狭义 CAM 理解为数控加工，即把 CAM 软件看做是 NCP 软件。其实，目前大部分商业化的 CAM 软件都包含有 NCP 功能。广义的 CAM 包括 CAPP 和 NCP。更为广义的 CAM 则是指应用计算机辅助完成从原材料到产品的全部制造过程，包括直接制造过程和间接制造过程，如工艺准备、生产作业计划、物流过程的运行控制、生产控制、质量控制等。

把计算机辅助设计和计算机辅助制造集成在一起，称为 CAD/CAM 系统；把计算机辅助设计、计算机辅助制造和计算机辅助工程集成在一起，称为 CAD/CAE/CAM 系统。现在很多 CAD 系统逐渐添加了 CAM 和 CAE 功能，所以工程界习惯上把 CAD/CAE/CAM 称为 CAD 系统或 CAD/CAM 系统。一个产品的设计制造过程往往包括产品任务规划、方案设计、结构设计、产品试制、产品试用、产品生产等阶段，而计算机只是按用户给定的算法完成产品设计制造全过程中某些阶段或某个阶段中的部分工作，如图 3-16 所示。

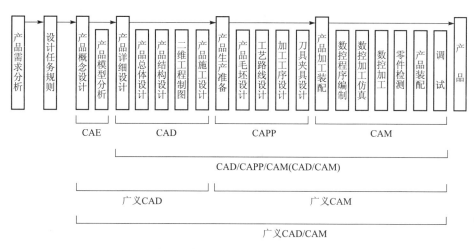

图 3-16　产品开发过程及 CAD、CAE、CAM 的范围

CAD/CAM 技术是一种在不断发展着的技术，随着相关技术及应用领域的发展和扩大，CAD/CAM 技术的内涵也在不断扩展。

2. CAD/CAM 系统组成

CAD/CAM 系统由硬件系统和软件系统组成。硬件系统包括计算机和外部设备，软件系统则由系统软件、应用软件和专业软件组成，如图 3-17 所示。

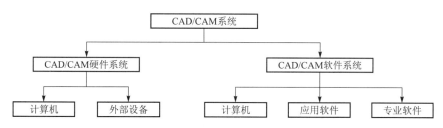

图 3-17　CAD/CAM 系统的组成

CAD/CAM 系统的功能不仅与组成该系统的硬件功能和软件功能有关，而且与它们的匹配和组织有关。在建立 CAD/CAM 系统时，首先应根据生产任务的需要，选定最合适的功能软件，然后再根据软件系统选择与之相匹配的硬件系统。

3.4.3 CAD/CAM 系统集成的关键技术

CAD/CAM 系统的集成就是按照产品设计与制造的实际进程，在计算机内实现各应用程序所需的信息处理和交换，形成连续的、协调的和科学的信息流。因而，产生公共信息的产品造型技术、存储和处理公共信息的工程数据库技术、进行数据交换的接口技术、对系统的资源进行统一管理、对系统的运行统一组织的执行控制程序以及实现系统内部的通信和数据等技术构成了 CAD/CAM 系统集成的关键技术。这些技术的实施水平将成为衡量 CAD/CAM 系统集成度高低的主要依据。

1. 产品建模技术

一个完善的产品设计模型是 CAD/CAM 系统进行信息集成的基础，也是 CAD/CAM 系统中共享数据的核心。为了实现信息的高度集成，产品建模是非常重要的。传统的基于实体造型的 CAD 系统仅仅是产品几何形状的描述，缺乏产品制造工艺信息，从而造成设计与制造信息彼此分离，导致 CAD/CAM 系统集成的困难。CAD/CAM 集成系统将特征概念引入 CAD/CAM 系统，建立 CAD/CAPP/CAM 范围内相对统一的、基于特征的产品定义模型，该模型不仅支持从设计到制造各阶段所需的产品定义信息（信息包括几何信息、工艺信息和加工制造），而且还提供符合人们思维方式的高层次工程描述语言特征，能使设计和制造工程师用相同的方式考虑问题。它允许用一个数据结构同时满足设计和制造的需要，这就为 CAD/CAM 系统提供了设计和制造之间相互通信和相互理解的基础，使之真正实现 CAD/CAM 系统的一体化。因而就目前而言，基于特征的产品定义模型是解决产品建模关键技术的比较有效的途径。

2. 集成的数据管理技术

随着 CAD/CAM 技术的自动化、集成化、智能化和柔性化程度的不断提高，集成系统中的数据管理问题日益复杂，传统的商用数据库已满足不了上述要求。CAD/CAM 系统的集成应努力建立能处理复杂数据的工程数据处理环境，使 CAD/CAM 各子系统能够有效地进行数据交换，尽量避免数据文件和格式转换，清除数据冗余，保证数据的一致性、安全性和保密性。采用工程数据库方法将成为开发新一代 CAD/CAM 集成系统的主流，也是系统进行集成的核心。

3. 产品数据交换接口技术

数据交换的任务是在不同的计算机之间、不同操作系统之间、不同数据库之间和不同应用软件之间进行数据通信。为了克服以往各种 CAD/CAM 系统之间，甚至各功能模块之间在开发过程中的孤岛现象，统一它们的机内数据表示格式，使不同系统间、不同模块间的数据交换顺利进行，充分发挥用户应用软件的效益，提高 CAD/CAM 系统的生产率，必须制订国际性的数据交换规范和网络协议，开发各类系统接口。有了这种标准和规范，产品数据才能在各系统之间方便、流畅地传输。

4. 集成的执行控制程序

由于 CAD/CAM 集成化系统的程序规模大、信息源多、传输路径不一，以及各模块的支撑环境多样化，因而没有一个对系统的资源统一管理、对系统的运行统一组织的执行控制程序是不行的。这种执行控制程序是系统集成的最基本要素之一。它的任务是把各个相关模块组织起来，按规定的运行方式完成规定的作业，并协调各模块之间的信息传输，提供统一的用户界面，进行故障处理等工作。

 思考题

1. 叙述 CAD 系统的基本功能。

2. 叙述 CAD 的几何建模方法和三维造型方法。

3. 叙述 CAPP 系统的功能。

4. 简述 CAPP 系统的发展趋势。

5. 发展 CAPP 有何意义？

6. 分析机床数控系统的组成和工作过程。

7. 什么是开放式数控系统？开放式数控系统有哪些实现途径？

8. 机床进给伺服系统包括哪些组成部分？分析比较机床进给伺服系统与主轴伺服系统的特点和区别。

9. 叙述当前数控技术发展现状与趋势。

10. CAD/CAM 技术的发展经历了哪几个阶段？各阶段的主要技术特点是什么？

11. 叙述 CAD/CAM 技术的发展趋势。这些发展趋势在实际应用中如何体现？

12. 常用的 CAD/CAM 软件有哪些？

第4章　制造自动化技术

自动化（Automation）是美国通用汽车公司 D. S. Harder 于 1936 年提出来的，其核心含义是"自动地去完成特定的作业"。当时 Harder 先生所说的特定作业，是指零件在机器之间转移的自动搬运，自动化功能目标是代替人的体力劳动。随着科学技术的进步，自动化技术也在不断发展变化。

本章主要讲述制造自动化技术内涵、制造自动化技术的现状与发展趋势、工业机器人技术、柔性制造系统。

本章要点

- 制造自动化技术的内涵
- 制造自动化技术的现状与发展趋势
- 工业机器人技术
- 柔性制造系统

课程思政案例四

本章难点

- 工业机器人技术
- 柔性制造系统

❈　4.1　概　　述　❈

4.1.1　制造自动化技术内涵

随着技术的进步，自动化的功能目标在不断地随着自动化手段的提高、时代的进步而变化。在计算机用于自动化之前，自动化的功能目标是以省力为主要目的，以代替人的体力劳动。随着计算机和信息技术的发展，计算机和信息技术作为自动化技术的重要手段，使自动化的视野大大扩展，自动化的功能目标不再仅仅是代替人的体力劳动，而且还需代替人的部分脑力劳动。

制造自动化是人类在长期的生产活动中不断追求的目标。在"狭义制造"概念下，制造自动化的含义是生产车间内产品的机械加工和装配检验过程的自动化，包括切削加工自动化、工件装卸自动化、工件储运自动化、零件与产品清洁及检验自动化、断屑与排屑自动化、装配自动化、机器故障诊断自动化等。而在"广义制造"概念下，制造自动化则包含了产品设计自动化、企业管理自动化、加工过程自动化和质量控制自动化等产品制造全过程以及各个环节综合集成自动化，以使产品制造过程实现高效、优质、低耗、及时、洁净的目标。

制造自动化促使制造业逐渐由劳动密集型产业向技术密集型和知识密集型产业转变。制造自动化技术是制造业发展的重要标志，代表着先进制造技术的水平，也体现了一个国家科技水平的高低。采用制造自动化技术不仅显著地提高劳动生产率、大幅度提高产品质量、降低制造成本、提高经济效益，还有效地改善劳动条件、提高劳动者的素质、有利于产品更新、带动相关技术的发展，大大提高企业的市场竞争能力。

4.1.2 制造自动化技术的现状

制造自动化的发展经历了一个漫长的发展过程，见表 4-1。回顾历史，可将制造自动化的发展历程分为刚性自动化、柔性自动化和综合自动化三个发展阶段。

刚性自动化：主要表现在半自动和自动机床、组合机床、组合机床自动线出现，解决了单一品种大批量生产自动化问题，其主要特点是生产效率高、加工品种单一。这个阶段于 20 世纪 50 年代达到了顶峰。

柔性自动化：为满足多品种小批量甚至单件生产自动化的需要，出现了一系列柔性制造自动化技术，如数控技术（NC）、计算机数控（CNC）、柔性制造单元（FMC）、柔性制造系统（FMS）等。

表 4-1 制造自动化发展概要

时间/年	自动化进程标志项目
1900	电液仿形机床（美国）
1913	福特流水装配线（美国）
1924	机械加工自动线（苏联）
1946	成组加工工艺（苏联）
1947	底特律机械加工自动线（美国福特公司）
1947	遥控机器人（美国）
1950	全自动锻压机床（美国福特公司）
1950	活塞生产全自动工厂（苏联）
1952	三轴数控立式铣床（美国 MIT）
1958	自动编程系统 APT（美国）
1958	加工中心机床（美国）
1958	自动绘图机（美国）
1959	极坐标式工业机器人（美国）
1960	自适应控制机床（美国）
1962	圆柱坐标式工业机器人（美国）

时间/年	自动化进程标志项目
1962	计算机辅助绘图（美国）
1965	CNC 数控（美国）
1967	柔性制造系统 SYSTEM24（英国）
1966	自动编程语言 EXAPT（德国）
1967	CAD/CAM 软件：CADAM（美国）
1968	DNC 系统（美国）
1970	机器人操作的焊接自动线（美国）
1973	哈林顿（Harrington）：计算机集成制造 CIM 概念（美国）
1973	三维实体模型 CAD（英国、日本）
1980	制造自动化协议 MAP（美国）
1980	CAE（美国）
1980	多品种小批量生产的无人化机械制造工厂—富士工厂（日本）
1989	精益生产（日本）
1991	智能制造系统 IMS 研究（日本、美国、欧共体）
1991	反求工程（日本、美国、欧共体）
1991	敏捷制造（美国）
1991	虚拟制造（美国）
1994	先进制造技术计划（美国）
1996	绿色制造（美国）

综合自动化：随着计算机及其应用技术的迅速发展，各项单元自动化技术的逐渐成熟，为充分利用资源，发挥综合效益，自 20 世纪 80 年代以来以计算机为中心的综合自动化得到了发展，如计算机集成制造系统（CIMS）、并行工程（CE）、精益生产（LP）、敏捷制造（AM）等模式得到了发展和应用。

制造自动化技术是先进制造技术中的重要组成部分，也是当今制造工程中涉及面广、研究十分活跃的技术。综合而言，制造自动化技术目前的研究主要表现在以下几个方面。

（1）制造系统中的集成技术和系统技术已成为研究热点

近年来，在单元技术如计算机辅助技术（CAD、CAPP、CAM、CAE 等）、数控技术、过程控制与监控技术等继续发展的同时，制造系统中的集成技术和系统技术的研究已成为制造自动化研究的热点。集成技术包括制造系统的信息集成技术（如 CIMS）、过程集成技术（如并行工程 CE）、企业集成技术（如敏捷制造 AM）等；系统技术包括制造系统分析技术、制造系统建模技术、制造系统运筹技术、制造系统管理技术和制造系统优化技术等。

（2）更加注重制造自动化系统中人因作用的研究

在过去一段时期，人们曾经认为全盘自动化工厂是制造自动化发展的目标。随着一些无人化工厂的实践和实施的失败，人们对无人化制造自动化问题进行了反思，并对人在制造自动化系统中的重要作用进行了重新认识，提出了"人机一体化制造系统""以人为中心的制造系统"等新思想，其内涵就是要发挥人的核心作用，将人作为系统结构中的有机组成部分，使人与机器处于合作优化的地位，实现制造系统中人与机器一体化的人机集成的决策机制，以取得制造系统的最佳效益。

（3）数控单元系统的研究仍然占有重要的位置

以一台或多台数控加工设备和物料储运系统为主体的数控单元系统，在计算机统一控制管理下，可进行多品种、中小批量零件自动化加工生产，它是现代集成制造系统（CIMS）的重要组成部分，是车间作业计划的分解决策层和具体执行机构。国内外制造业在数控单元系统的理论和技术研究方面投入了大量的人力物力，无论是软件还是硬件均有迅速的发展。近年来，基于多主体（Multi-Agent）的单元制造系统的研究正在兴起。

（4）制造过程的计划和调度研究十分活跃

在制造厂从原材料进厂到产品出厂的制造过程中，机械零件只有5%的时间是在机床上加工，而其余的95%时间零件是在不同地点和不同机床之间运输或等待。减少这95%的时间是提高制造生产率的重要方向。优化制造过程的计划和调度是减少95%时间的主要手段。有鉴于此，国内外对制造过程的计划和调度的研究非常活跃，发表了大量的研究论文和成果。但由于制造过程的复杂性和随机性，使得能进入实用化、特别是适用面较大的研究成果很少，大量的研究还有待于进一步深化。

（5）柔性制造技术的研究向着深度和广度发展

FMS的研究已有较长历史，但至今仍有大量学者对此进行研究。目前的研究主要是围绕FMS系统结构、控制、管理和优化运行等方面进行。DNC技术近年来得到了很大发展。DNC有两种不同的含义：一是Directed Numerical Control，即计算机直接数控；另一是Distributed Numerical Control，即分布式数控。分布式数控强调信息的集成与信息流的自动化，物流的控制与执行可大量介入人机交互。相对FMS来说，DNC具有投资小、见效快、柔性好和可靠性高的特点，因而近年来对DNC的研究非常活跃。

（6）适应现代生产模式制造环境的研究正在兴起

当前，并行工程（CE）、精益生产（LP）、敏捷制造（AM）、仿生制造（BM）等现代制造模式的提出和研究，推动了制造自动化技术研究和应用的发展，以适应现代制造模式应用的需要。围绕敏捷制造模式的研究，主要包括敏捷制造模式下的制造自动化系统体系结构、高效柔性制造系统的建模与重构、制造能力测量、评价与控制和制造加工过程的虚拟制造等。

（7）底层加工系统的智能化和集成化研究越来越活跃

目前，在世界上智能制造系统（IMS）计划中提出了智能完备制造系统（HMS，Holonic Manufacturing System）。HMS是由智能完备单元复合而成，其底层设备具有开放、自律、合作、可知、适应柔性、易集成等特性。另外，近年来推出的虚拟轴机床，变革了传统机床的工作原理，其性能上有许多独特优势，特别有利于实现车间内各虚拟轴机床的控制和集成。

如快速原型制造（RPM）是一种有利于实现集成制造的新技术，近年来各种快速原型新工艺的研究非常活跃。

4.1.3 制造自动化技术发展趋势

纵观新世纪的制造自动化技术发展趋势，可用六个方面来概括，即敏捷化、网络化、虚拟化、智能化、全球化、绿色化。

（1）制造敏捷化

敏捷化制造环境和制造过程是新世纪制造活动的必然趋势，其核心是使企业对面临市场竞争作出快速响应，利用企业内外各方面的优势，形成动态联盟，缩短产品开发周期，尽快抢占市场。

（2）制造网络化

基于 Internet/Intranet 的制造已成为当今制造业的重要发展趋势，包括企业制造环境的网络化和企业与企业之间的网络化。通过制造环境的网络化，实现制造过程的集成，实现企业的经营管理、工程设计和制造控制等各子系统的集成；通过企业与企业间的网络化，可实现异地制造、远程协调作业。

（3）制造虚拟化

包括设计过程的拟实技术和加工制造过程的虚拟技术，前者是面向产品的结构和性能的分析，以优化产品本身性能和成本为目标；后者是面向产品生产过程的模拟和检验，检验产品的可加工性、加工工艺的合理性。制造虚拟化的核心是计算机仿真，通过仿真来模拟真实系统，发现设计与生产中可避免的缺陷和错误，保证产品的制造过程一次成功。

（4）制造智能化

智能制造技术的宗旨在于扩大、延伸以及部分取代人类专家在制造过程中的脑力劳动，以实现优化的制造过程。智能制造包含智能计算机、智能机器人、智能加工设备、智能生产线等。智能制造系统是制造系统发展的最高阶段，即从柔性制造系统、集成制造系统向智能制造系统发展。

（5）制造全球化

制造网络化和敏捷化策略的实施，促进了制造全球化的研究和发展。这其中包括市场的国际化，目前产品销售的全球网络正在形成，产品设计和开发的国际合作及产品制造的跨国化，制造企业在世界范围内的重组与集成，制造资源的跨地区、跨国家的协调、共享和优化利用。全球制造的体系结构将会形成。

（6）制造绿色化

制造业是创造人类财富的支柱产业，但同时又是环境污染的主要源头，因而产生了绿色制造的新概念。绿色制造是一个综合考虑环境影响和资源效率的现代制造模式，其目标是使产品从设计、制造、包装、运输、使用到报废处理的整个产品生命周期中，对环境的影响最小、资源利用效率最高。绿色制造已成为全球可持续发展战略对制造业的具体要求和体现。

❋ 4.2 工业机器人（Industrial Robot） ❋

4.2.1 工业机器人的定义

工业机器人是一种可重复编程的多自由度的自动控制操作机，是涉及机械学、控制技术、传感技术、人工智能、计算机科学等多学科技术为一体的现代制造业的基础设备。当前国内外对机器人的研究十分活跃，应用领域日益广泛，它们通常配备有机械手、刀具或其他可装配的加工工具，以及能够执行搬运操作与加工制造的任务。机器人的研究和应用水平也是衡量一个国家制造业及其工业自动化水平的标志之一。

4.2.2 工业机器人的组成与分类

1. 工业机器人的组成

图 4-1 所示是一个典型的关节型工业机器人。从图可知，工业机器人一般由执行机构、控制系统、驱动系统以及位置检测机构等几个部分组成。

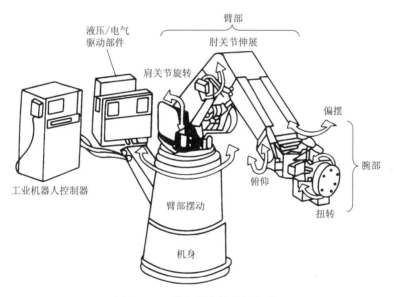

图 4-1 工业机器人的结构组成

（1）执行机构

执行机构是一组具有与人手脚功能相似的机械机构，俗称操作机，通常包括如下的组成部分。

1）手部：又称抓取机构或夹持器，用于直接抓取工件或工具。若在手部安装专用工具，如焊枪、电钻、电动螺钉拧紧器等，就构成了专用的特殊手部。工业机器人手部有机械夹持式、真空吸附式、磁性吸附式等不同的结构形式。

2）腕部：是连接手部和手臂的部件，用以调整手部的姿态和方位。

3）臂部：是支撑手腕和手部的部件，由动力关节和连杆组成，用以承受工件或工具负荷，改变工件或工具的空间位置，并将它们送至预定的位置。

4）机身：又称立柱，是支撑臂部的部件，用以扩大臂部活动和作业范围。

5）机座及行走机构：是支撑整个机器人的基础件，用以确定或改变机器人的位置。

（2）控制系统

控制系统是机器人的大脑，控制与支配机器人按给定的程序动作，并记忆人们示教的指令信息，如动作顺序、运动轨迹、运动速度等，可再现控制所存储的示教信息。

（3）驱动系统

驱动系统是机器人执行作业的动力源，按照控制系统发来的控制指令驱动执行机构完成规定的作业。常用的驱动系统有机械式、液压式、气动式以及电气驱动等不同的驱动形式。

（4）位置检测装置

通过附设的力、位移、触觉、视觉等不同的传感器，检测机器人的运动位置和工作状态，并随时反馈给控制系统，以便执行机构以一定的精度和速度达到设定的位置。

2. 工业机器人的分类

机器人分类方法很多，这里仅按机器人的系统功能、驱动方式以及机器人的结构形式进行分类。

（1）按系统功能分类

1）专用机器人：在固定地点以固定程序工作的机器人，其结构简单、工作对象单一、无独立控制系统、造价低廉，如附设在加工中心机床上的自动换刀机械手。

2）通用机器人：具有独立控制系统，通过改变控制程序能完成多种作业的机器人。其结构复杂，工作范围大，定位精度高，通用性强，适用于不断变换生产品种的柔性制造系统。

3）示教再现式机器人：具有记忆功能，在操作者的示教操作后，能按示教的顺序、位置、条件与其他信息反复重现示教作业。

4）智能机器人：采用计算机控制，具有视觉、听觉、触觉等多种感觉功能和识别功能的机器人，通过比较和识别，自主作出决策和规划，自动进行信息反馈，完成预定的动作。

（2）按驱动方式分类

1）气压传动机器人：以压缩空气作为动力源驱动执行机构运动的机器人，具有动作迅速、结构简单、成本低廉的特点，适用于高速轻载、高温和粉尘大的环境作业。

2）液压传动机器人：采用液压元器件驱动，具有负载能力强、传动平稳、结构紧凑、动作灵敏的特点，适用于重载、低速驱动场合。

3）电气传动机器人：用交流或直流伺服电动机驱动的机器人，不需要中间转换机构，机械结构简单、响应速度快、控制精度高，是近年来常用的机器人传动结构。

（3）按结构形式分

1）直角坐标机器人：由三个相互正交的平移坐标轴组成，如图4-2（a）所示，各个坐标轴运动独立，具有控制简单、定位精度高的特点。

2）圆柱坐标机器人：由立柱和一个安装在立柱上的水平臂组成，其立柱安装在回转机座上，水平臂可以自由伸缩，并可沿立柱上下移动。该类机器人具有一个旋转轴和两个平移轴，如图4-2（b）所示。

3）球坐标机器人：由回转机座、俯仰铰链和伸缩臂组成，具有两个旋转轴和一个平移轴，如图4-2（d）所示。可伸缩摇臂的运动结构与坦克的转塔类似，可实现旋转和俯仰运动。

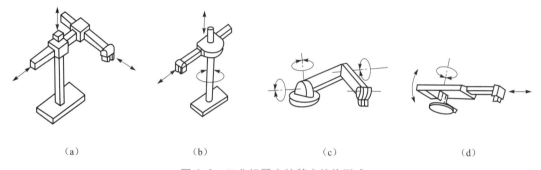

(a)　　　　　　(b)　　　　　　(c)　　　　　　(d)

图4-2　工业机器人的基本结构形式

(a) 直角坐标机器人；(b) 圆柱坐标机器人；(c) 关节机器人；(d) 球坐标机器人

4）关节机器人：关节机器人的运动类似人的手臂、由大小两臂和立柱等机构组成。大小臂之间用铰链连接形成肘关节，大臂和立柱连接形成肩关节，可实现三个方向旋转运动，如图4-2（c）所示。它能抓取靠近机座的物件，也能绕过机体和目标间的障碍物去抓取物件，具有较高的运动速度和极好的灵活性，成为最通用的机器人。

工业机器人的性能特征影响着机器人的工作效率和可靠性，在机器人设计和选用时应考虑如下几个性能指标。

① 自由度是衡量机器人技术水平的主要指标。所谓自由度是指运动件相对于固定坐标系所具有的独立运动。每个自由度需要一个伺服轴进行驱动，因而自由度数越高，机器人可以完成的动作越复杂，通用性越强，应用范围也越广，但相应地带来的技术难度也越大。一般情况下，通用工业机器人有3~6个自由度。

② 工作空间是指机器人应用手爪进行工作的空间范围。机器人的工作空间取决于机器人的结构形式和每个关节的运动范围。如图4-3（a）、（b）、（c）分别为圆柱坐标机器人、球坐标机器人、关节机器人的工作空间，而直角坐标机器人的工作空间则是一个矩形空间。

③ 提取重力。机器人提取的重力反映其负载能力的一个参数，根据提取重力的不同，可将机器人大致分为：微型机器人，提取重力在10 N以下；小型机器人，提取重力为10~50 N；中型机器人，提取重力50~300 N；大型机器人，提取重力为300~500 N；重型机器人，提取重力为在500 N以上。目前，实际应用机器人一般为中小型机器人。

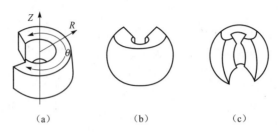

图 4-3 机器人的工作空间

（a）圆柱坐标机器人工作空间；（b）球坐标机器人工作空间；（c）关节机器人工作空间

④ 运动速度。运动速度影响机器人的工作效率，它与机器人所提取的重力和位置精度均有密切的关系。运动速度高，机器人所承受的动载荷增大，必将承受着加减速时较大的惯性力，影响机器人的工作平稳性和位置精度。就目前的技术水平而言，通用机器人的最大直线运动速度大多在 1 000 mm/s 以下，最大回转速度一般不超过 120°/s。

⑤ 位置精度。它是衡量机器人工作质量的又一项技术指标。位置精度的高低取决于位置控制方式以及机器人运动部件本身的精度和刚度，此外还与提取重力和运动速度等因素有密切的关系。典型的工业机器人定位精度一般在 ±0.02～±5 mm 范围。

4.2.3 工业机器人的控制技术

控制系统是机器人的重要组成部分，使机器人按照指令要求去完成所希望的作业任务。如图 4-4 所示，机器人控制系统通常包括控制计算机、示教盒、操作面板、存储器、检测传感器、输入输出接口、通信接口等部分。

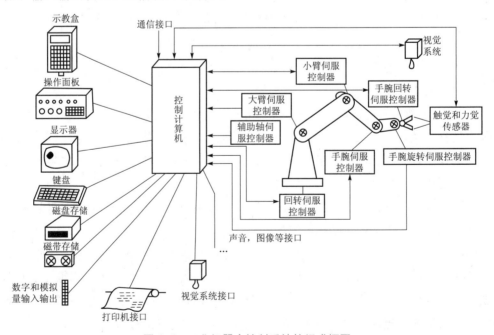

图 4-4 工业机器人控制系统的组成框图

1. 工业机器人控制系统的分类

由于机器人的类型较多，其控制系统的形式也是多种多样。

1）按照控制回路的不同分，可将机器人控制系统分为开环系统和闭环系统。闭环系统比开环系统多了一个检测反馈装置。对于闭环系统而言，由系统发出一个位置控制指令，它与来自位置传感器的反馈信号进行比较，得到一个位置差值，将其差值加以放大驱动伺服电动机，控制机器人完成相应的运动和动作。

2）按照控制系统的硬件分，有机械控制、液压控制、射流控制、顺序控制和计算机控制等。自20世纪80年代以来，机器人的控制一般采用了计算机控制形式。

3）按自动化控制程度分，机器人控制系统又分为顺序控制系统、程序控制系统、自适应控制系统、人工智能系统。

4）按编程方式分，有物理设置编程控制系统、示教编程控制系统、高线编程控制系统。所谓物理设置编程控制是由操作者设置固定的限位开关，实现启动、停车的程序操作，用于简单的抓取和放置作业；示教编程控制是通过人的示教来完成操作信息的记忆，然后再现示教阶段的动作过程；离线编程控制是通过机器人语言进行编程控制。

5）按机器人末端运动控制轨迹分，有点位控制和连续轮廓控制之分。在点位控制中，机器人每个运动轴单独驱动，不对机器人末端操作的速度和运动轨迹作出要求，仅要求实现各个坐标的精确控制。机器人的轮廓控制与CNC系统有所不同，在机器人控制系统中没有插补器，在示教编程时要求将机器人轮廓轨迹运动中的各个离散坐标点以及运动速度同时存储于控制系统存储器，再现时按照存储的坐标点和速度控制机器人完成规定的动作。

2. 工业机器人的位置伺服控制

图4-5给出了机器人位置伺服控制系统的构成示意图。对于机器人运动，常关注的是手臂末端的运动，而末端运动往往又是以各关节的合成来实现的，因而必须关注手臂末端的位置和姿态与各关节位移的关系。在控制装置中，手臂末端运动的指令值与手臂的反馈信息作为伺服系统的输入，不论机器人采用什么样的结构形式，其控制装置都是以各关节当前位置 q 和速度 q' 作为检测反馈信号，直接或间接地决定伺服电动机的电压或电流向量，通过各种驱动机构达到位置矢量 r 控制的目的。

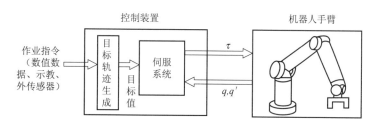

图4-5 刚性臂控制系统的构成

机器人的位置伺服控制，大体上可分为关节伺服和坐标伺服两种类型。

（1）关节伺服控制

关节伺服控制是以大多数非直角坐标机器人为控制对象。图4-6给出了关节伺服控制的构成，它把每一个关节作为单独的单输入单输出系统来处理。令各关节位移指令目标值为$q_d = [q_{d1}, q_{d2}, \cdots, q_{dn}]^T$，且独立构成一个个伺服系统。每个指令目标值$q_d$与实际末端位置值$r_d$都存在对应关系：$q_d = R(r_d)$。对于每一个末端位置$r_d$，均能求取一个指令值$q_d$与之对应。这种关节伺服系统结构十分简单，目前大部分关节机器人都由这种关节伺服系统来控制。以往这类伺服系统通常用模拟电路构成，而随着微电子和信号处理技术的发展，已普遍采用了数字电路形式。

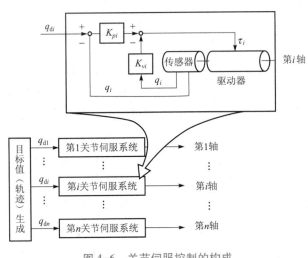

图4-6　关节伺服控制的构成

（2）坐标伺服控制

尽管关节伺服控制结构简单，被较多的机器人所采用，但在三维空间对手臂进行控制时，很多场合都要求直接给定手臂末端运动的位置和姿态，例如将手臂从某一点沿直线运动到另一点就是这种情况。此外，关节伺服控制系统中的各个关节是独立进行控制的，难以预测由各关节实际控制结果所得到的末端位置状态的响应，且难以调节各关节伺服系统的增益。因而，将末端位置矢量r_d作为指令目标值所构成的伺服控制系统，称为作业坐标伺服系统。这种伺服控制系统是将机器人手臂末端位置姿态矢量r_d固定于空间内某一个作业坐标系来描述的。

3. 工业机器人的自适应控制

自适应控制是由Dubowsky等于1979年用于机器人的。至20世纪80年代中期，在机器人控制领域基本形成了模型参考自适应控制和自校正适应控制两种流派。

（1）模型参考自适应控制

这种方法控制器的作用是使得系统的输出响应趋近于某指定的参考模型，因而必须设计相应的参数调节机构，如图4-7所示。Dubowsky等在这个参考系统中采用二维弱衰减模型，然后采用最陡下降法调整局部比例和微分伺服可变增益，使实际系统的输出和参考模型的输出之差为最小。然而，该方法从本质上忽略了实际机器人系统的非线性项和耦合项，是对单自由度的单输入单输出系统进行设计的。此外，该方法也不能保证用于实际系统时调整律的稳定性。

（2）自校正适应控制

在自适应控制方法中，除模型参考自适应之外，还有自校正方法。如图 4-8 所示，这种方法由表现机器人动力学离散时间模型各参数的估计机构与用其结果来决定控制器增益或控制输入的部分组成，采用输入输出数与机器人自由度相同的模型，把自校正适应控制法用于机器人。

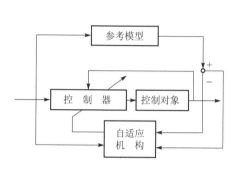

图 4-7　模型参考自适应控制系统

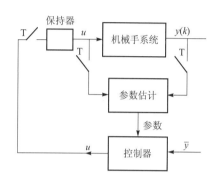

图 4-8　自校正适应控制系统

4.2.4　工业机器人半个世纪发展的回顾与展望

1. 工业机器人发展回顾

工业机器人这支"铁领"工人队伍进入人类历史舞台从事各类生产活动已近半个世纪。在这半个世纪内，经历了示教再现型第一代机器人、具有感觉功能的第二代机器人和智能型第三代机器人的发展过程，已从机械制造应用领域扩展到电子、电器、冶金、化工、轻工、建筑、电力，邮电、军事、海洋、医疗、家庭及服务等行业。

（1）20 世纪 50 年代——萌芽期

1954 年美国 G. C. Devol 发表了《通用重复性机器人》专利论文，第一次提出了"工业机器人"和"示教再现"的概念；1959 年由美国 Unimation 公司推出了世界第一台工业机器人商品，由此美国自称是机器人的故乡。

（2）20 世纪 60 年代——黎明期

1962 年美国机床铸造公司 AMF 生产出圆柱坐标机器人，用于点焊、喷涂、搬运作业；稍后 Unimation 公司推出球坐标结构的机器人，电液伺服驱动，可完成近 200 种示教动作。1967 年日本引进上述两类美国的机器人技术，率先应用于机械制造业。

（3）20 世纪 70 年代——实用化期（中国：萌芽期）

随着计算机和人工智能技术的发展，机器人进入实用化时代，到 20 世纪 70 年代末全世界拥有万台以上的机器人，日本已成为机器人拥有量最多的"机器人王国"。

1971 年日立公司推出具有触觉、压力传感器，7 轴交流电动机驱动的机器人；1974 年美国 Milacron 公司推出世界第一台小型计算机控制的机器人，由电液伺服驱动，可跟踪移动物体，用于装配和多功能作业；1979 年日本山梨大学发明 SCARA 平面关节型机器人，最适合于装配作业；与此同时，美国 Unimation 公司推出 PUMA 系列机器人，为多关节、多 CPU 二级计算机控制，全电动，有专用 VAL 语言和视觉、力觉传感器。

1972 年中国第一台机器人在上海诞生，随后有 10 多家研究单位和高校分别开发了固定程序的液压伺服通用机器人。

（4）20 世纪 80 年代——普及期（中国：开发期）

随着制造业 FMS 和 CIMS 的发展，使工业机器人在发达国家走向普及，并向高速、高精度、轻量化、成套系统化和智能化发展，以满足多品种、少批量的需要。至 20 世纪 80 年代末世界机器人总数已达 45 万台。

1985 年日本 FANUC 公司推出 p-150 机器人，交流伺服驱动，采用多处理器，具有 MAP（制造自动化通信协议）接口，采用高级语言；1986 年美国 Adept 公司推出 Adept 系列机器人，采用直接驱动 DD（Direct Driving），可离线编程，输出力矩大，可靠性高，是高速高精度的智能装配机器人；1989 年日本 Bridge-Stone 公司推出 Soft Boy 喷涂机器人，该机器人 5 个关节均由人造肌肉"橡胶驱动器"驱动，适宜于窄小作业空间的喷涂。

我国于 1986 年开始实施工业机器人攻关计划和"863"高技术计划机器人主题。

（5）20 世纪 90 年代至 21 世纪初——扩展渗透期（中国：实用化期）

随着计算机技术、智能技术的进步和发展，第二代具有一定感觉功能的机器人已经实用化并开始推广，具有视觉，触觉、高灵巧手指、能行走的第三代智能机器人相继出现并开始走向应用。进入 20 世纪 90 年代后，机器人产品发展速度加快，年增长率平均在 10% 左右。2004 年增长率达到创纪录的 20%。其中，亚洲机器人增长幅度最为突出，高达 43%，工业机器人应用领域从制造业向非制造业发展，其应用地域也从发达国家向发展中国家扩展渗透。

1992 年德国 KUKA 公司推出 IR761 工业机器人，负载达 1 500 N，交流伺服驱动，用于大负载焊接、搬运和装配；1996 年日本的并联机器人 DELTA 商品化，可实现每分钟 120～150 周的超高速搬运动作；法国、加拿大和日本三国共同开发推出了带视觉传感器和激光三角测量系统的焊接跟踪弧焊机器人，使编程时间由几小时缩短为 5～10 min，用于船体及容器的焊接。

2. 工业机器人发展展望

今后，机器人技术将朝着自学习、自适应、智能性控制方向发展，将开发出具有灵活的可操作性和移动性，丰富的传感器及其处理系统，全面的智能行为和友好协调的人机交互能力的高级机器人。

（1）执行机构

在机器人执行机构研究方面，其重点将集中在各种具有柔性感、灵巧性手爪和手臂上，包括：研究新型轻质、高强度和高刚性的结构材料；快速准确、结构紧凑的机器人手腕、手臂及其连接机构；多自由度、灵活柔顺的执行机构等。

（2）动力和驱动机构

机器人的动力和驱动机构要求质量轻、体积小、出力大。为使机器人的作业能力与人相当，要求其指、肘、腕各关节有 $3\sim300$ N·m 的输出力矩和 $30\sim60$ r/min 的输出转速。减轻驱动机构质量的措施有：采用交流电动机、优化电气机构参数；采用电动机-编码器-调速器一体化设计；进行多自由度集成等。此外，开发形状记忆合金、人工肌肉、压电元件、挠性轴等新型驱动器，如日本水下机器人的手腕和手爪驱动采用了 $5\sim8$ g 的人工肌肉，以 2 MPa 压力为工作介质，收缩力高达 500 N，这是采用新型驱动器的一个成功应用的实例。

（3）移动技术

目前运行的机器人绝大多数都是固定式的，它们只能固定在某一位置进行操作，其功能和应用范围均受到限制。而移动机器人可用于清洗、服务、巡逻、防化、侦察等作业，在工业和国防上具有广泛的应用前景。移动机器人有步行机器人和爬行机器人，由 1 足、4 足、6 足、8 足或更多足组成。移动机器人能够按照预先给定的任务指令，根据已知的地图信息作出规划，并在行进过程中不断感知周围局部环境信息，自主作出决策，引导自身绕开障碍物，安全行驶到达指定目标，并执行要求的操作。其移动技术包括移动机构、行走传感技术、路径动态规划等。

（4）微型机器人

微型机械和微型机器人是 21 世纪尖端技术之一，可望生产出毫米级大小的微型移动机器人和直径为几百微米甚至更小的纳米级医疗机器人，可让它们直接进入人体器官进行各种疾病诊断和治疗，而不伤害人的健康。微型机器人研究的关键技术包括：微型执行元件的加工装配、微小位置姿态的控制、微型电池、微小生物运动机构、生物执行器、生物能源机构等。

（5）多传感器集成与融合技术

单一传感器信号难以保证输入信息的准确性和可靠性，不能满足智能机器人系统获取环境信息及系统决策能力。采用多传感器集成和融合技术，利用各种传感信息，获得对环境的正确理解，使机器人系统具有容错性，保证系统信息处理快速性和正确性。将不断研制各种新型传感器，如超声波触觉传感器、静电电容式距离传感器、基于光纤陀螺惯性测量的三维运动传感器，以及具有工件检测识别和定位功能的视觉系统等。此外，在多传感集成和融合技术研究方面，人工神经网络和模糊控制的应用将成为新的研究热点。

（6）新型智能技术

智能机器人有许多诱人的研究新课题，对新型智能技术的概念和应用研究正酝酿着一种新的突破。形状记忆合金（SMA）的电阻随温度的变化而变化，导致合金变形，可用来执行驱动动作，完成传感和驱动功能。基于模糊逻辑和人工神经网络的识别、检测、控制，在规划方法的开发和应用中将占有重要的地位。基于专家系统的机器人规划获得新的发展，将广泛用于任务规划、装配规划、搬运规划、路径规划和自动抓取规划。遗传算法和进化编程用于移动机器人的自主导航与控制。

（7）仿生机构

由于生物体构造、移动模式、运动机理、能量分配、信息处理与综合，以及感知和认识等方面已开展仿生机构的研究，目前，人工肌肉、以躯干为构件的蛇形移动机构、仿象鼻柔性臂、人造关节、多肢体动物的运动协调等将得到关注。

4.2.5 工业机器人在我国工业生产中的应用

工业机器人在工业生产中能代替人做某些单调、频繁和重复的长时间作业，或是危险、恶劣环境下的作业，例如在冲压、压力铸造、热处理、焊接、涂装、塑料制品成形、机械加工和简单装配等工序上，以及在原子能工业等部门中，完成对人体有害物料的搬运或工艺操作。

图 4-9　工业机械手

我国的工业机器人经"863"计划的研究和攻关，取得了长足的进展，如图 4-9 所示，使我国机器人研究进入实用化阶段。由北京自动化研究所开发生产的 PJ 系列喷涂机器人已广泛用于我国汽车及电机、电器、陶瓷等行业；由大连组合机床研究所开发的 R 系列弧焊、搬运机器人，用于机械、轻工等行业；由北京机床研究所开发的 GJR 系列搬运、点焊、弧焊机器人，用于汽车、摩托车、自行车等行业。此外，上海交通大学开发的精密 1 号装配机器人，采用先进的 DD 直接驱动、二维视觉、六维力觉传感器和多任务操作系统，可进行离线编程；中科院沈阳自动化所开发了水下特种机器人；北京航空航天大学开发的仿人灵巧手，7 根驱动轴，可进行复杂装配作业，已有出口；上海大学开发的壁面行走机器人，能跨越障碍，垂直于壁面行走；哈尔滨工业大学开发了管道作业机器人等。从而，我国已能够独立自主开发各类工业机器人，并开始了自己的机器人工业。

由于工业机器人具有一定的通用性和适应性，能适应多品种中、小批量的生产，20 世纪70 年代起，常与数字控制机床结合在一起，成为柔性制造单元或柔性制造系统的组成部分。

※　4.3　柔性制造系统（FMS）　※

4.3.1　柔性制造系统概述

柔性制造技术是集数控技术、计算机技术、机器人技术以及现代管理技术为一体的现代制造技术。自 20 世纪 60 年代以来，为满足产品不断更新，适应多品种、小批量生产自动化需要，柔性制造技术得到了迅速的发展，出现了柔性制造系统、柔性制造单元（FMC）、柔性制造自动线（FML）等一系列现代制造设备和系统，它们对制造业的进步和发展发挥了重大的推动和促进作用。本节以柔性制造系统为例，主要介绍柔性制造技术概念、特征及组成。

柔性制造系统概念是由英国莫林（MOLIN）公司最早提出的，并在 1965 年取得了发明专利，1967 年推出了名为 "Molin's System-24"（意为可 24 小时无人值守自动运行）的柔性制造系统。此后，世界各工业发达国家争相发展和完善这项新技术，以此提高制造的柔性和生产效率。

到目前为止，FMS 尚无统一的定义。广义地说：柔性制造系统是由若干台数控加工设备、物料运储装置和计算机控制系统组成，并能根据制造任务或生产品种的变化迅速进行调整，以适应多品种、中小批量生产的自动化制造系统。

国外有关专家对 FMS 进行了更为直观的定义："柔性制造系统至少由两台机床、一套具有高度自动化的物料运储系统和一套计算机控制系统所组成的制造系统，通过简单改变软件程序便能制造出多种零件中任何一种零件。"

FMS 的设计不同于一台机床的设计，也不同于一般自动线的设计。它更具有总体设计的性质。它要求设计师首先从宏观上对其经济上的可行性、总体结构形式及可加工零件族进行分析，然后再作进一步的具体设计。而对于具体设计而言，由于零件是多品种的，由于市场的需求是多变的，也不能采用一般的设计方法。通常要选出典型的零件族，选出典型的生产组合。利用仿真的方法来选取一个可行的、优化的方案。

1. FMS 总体方案的分析

（1）FMS 可行性的初步分析

根据用户提出的要求，对要开发的 FMS 进行初步的经济和技术可行性分析。分析内容包括：用户的经济实力；被加工零件的产量、批量、产值和利润是否与 FMS 相匹配；零件从工艺上分析是否有不宜在 FMS 上加工的内容。由于 FMS 是一项投资很大的项目，设计工作量也较大，这项分析可以避免不必要的返工，减少人力和财力的损失。

（2）FMS 结构类型的分析

FMS 的结构类型主要取决于用户对产量、批量和柔性的要求，但与制造厂本身产品的特点也有很大的关系。用户的要求是必须满足的，各制造厂总是结合自身产品的特点来满足用户的要求。这样可以减少产品的种类，从而降低 FMS 的造价。例如通用加工中心的生产厂家通常选用通用加工中心（或局部改造的加工中心）来组成 FMS。而一些从组合机床厂发展起来的厂家往往准备了多种通用的数控模块（自动更换主轴箱模块，转塔模块，数控车端面头，数控铣头等）。输送系统选用有轨小车还是无轨小车，也是在这阶段需要考虑的问题。

（3）用户零件的分析和选择

用户零件首先是用户根据需要提出来的，但可以在和用户的讨论中作部分修改。讨论的问题包括：有些高精度的或特殊的工艺是否放在 FMS 中加工，零件品种是否太多（一般

6~12种为宜），如果太多，可建议分批上线。零件种类是否太少，如果太少，可把一些杂类零件组合上线，以提高 FMS 的利用率。通过这项分析可为 FMS 选择一些比较合适的加工对象，从而开始正式的设计工作。

2. FMS 的方案设计

（1）夹具草图的绘制

对于被选定的零件，每种零件要画一张夹具草图。在草图设计中要确定夹紧点、定位点、安装次数。一般箱体零件都需要两次安装，有的还需要三次安装。对于一些小杂件在一个夹具上可安装 8~16 个零件。零件在上机床前最好有预加工的定位基准，使工作更可靠些。对于一些毛坯上线的小杂件，可用样板来粗定位。

（2）零件的工艺分析

对于每一种零件，都需要确定其工艺路线，选择合适的刀具、合适的切削用量并计算出加工时间，这样将为下一步任务的分配提供依据。在进行上述工作时保证零件的加工精度是第一位的。提倡采用高效的、复合的刀具。但对于 FMS 来说，刀具费用支出很大，对产品成本的影响较大。在选择切削用量和计算加工循环时间时可借助计算机来进行。

（3）FMS 布局的初步设计

利用工艺分析的结果，可初步确定机床的类型和数量。并要考虑刀具的分配和刀具的负荷平衡，要确定 FMS "互补"和"互替"的程度。因为从工艺分析的结果看，每种零件所需的刀具都有一部分是相同的，一部分是不同的。如果"互替"的程度很高，刀具的数量就会很大，从而使成本上升。如果像传统的组合机床自动线那样按"互补"的方式安排，刀具数量较少，但一旦出现故障，会全线停机，这在 FMS 的设计中是不允许的。经初步分析可画出 FMS 初步轮廓。

（4）FMS 的仿真和优化

将上述 FMS 的初步方案输入计算机进行仿真和优化。在仿真过程中可输入不同的订单进行比较。由于 FMS 可能遇到的情况是千变万化的，很难找到一个最优的方案，一般要求机床的利用率在 90% 以上。经过模拟仿真之后，可正式确定 FMS 的机床台数、托板数、储存站数和装卸站数等（原确定的机床台数如不合适可进行修改）。

（5）完成 FMS 设计

根据仿真和优化的结果，增加相应的辅助设备（清洗、排屑、检查等），正式设计出 FMS 的总图，并完成专用部件及控制系统的设计。FMS 的软件现在已具备比较完善的标准功能。对于一些有特殊要求的 FMS，就需要在 FMS 设计中补充开发。

4.3.2 柔性制造系统的组成与类型

1. FMS 的组成

FMS 是一种由计算机集中管理和控制的灵活多变的高度自动化的加工系统，如图4-10、图 4-11 所示。从定义可以看出，FMS 主要有以下几个组成部分。

柔性生产仿真

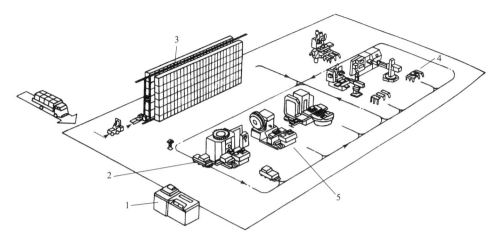

图 4-10　FMS 的组成

1—中央计算机；2—无轨运输车；3—立体仓库；4、5—FMC

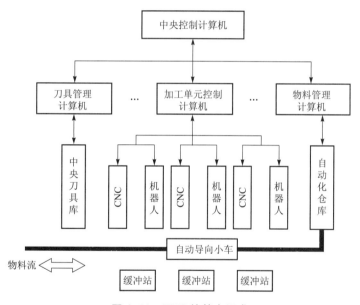

图 4-11　FMS 的基本组成

1）加工系统包括由两台以上的 CNC 机床、加工中心或柔性制造单元（FMC）以及其他的加工设备所组成，例如测量机、清洗机、动平衡机和各种特种加工设备等。

2）工件运储系统由工件装卸站、自动化仓库、自动化运输小车、机器人、托盘缓冲站、托盘交换装置等组成，能对工件和原材料进行自动装卸、运输和存储。

3）刀具运储系统包括中央刀库、机床刀库、刀具预调站、刀具装卸站、刀具输送小车或机器人、换刀机械手等。

4）一套计算机控制系统能够实现对 FMS 进行计划调度、运行控制、物料管理、系统监控和网络通信等。

除了上述 4 个基本组成部分之外，FMS 还包含集中冷却润滑系统、切屑运输系统、自动清洗装置、自动去毛刺设备等附属系统。

2. FMS 的特点

从 FMS 的定义及其组成可以看出，FMS 有如下的特点：① 柔性高，适应多品种中小批量生产；② 系统内的机床在工艺能力上是相互补充或相互替代的；③ 可混流加工不同的零件；④ 系统局部调整或维修不中断整个系统的运作；⑤ 递阶结构的计算机控制，可以与上层计算机联网通信；⑥ 可进行三班无人值守生产。

关于 FMS 的柔性，有关专家认为，一个理想的 FMS 应具有如下几种柔性。

1）设备柔性：指系统中的加工设备具有适应加工对象变化的能力，衡量指标是当加工对象变化时系统软硬件变更与调整所需的时间。

2）工艺柔性：指系统能以多种方法加工某一族零件的能力，又称混流柔性，衡量指标是系统能够同时加工的零件品种数。

3）产品柔性：指系统能够经济而迅速地转换到生产一族新产品的能力，衡量指标是系统从一族零件转向另一族零件所需的时间。

4）工序柔性：指系统改变每种零件加工工序先后顺序的能力，衡量指标是系统以实时方式进行工艺决策和现场调度的水平。

5）运行柔性：指系统处理局部故障并维持生产原定工件的能力，衡量指标是系统发生故障时生产量下降程度或处理故障所需的时间。

6）批量柔性：指系统在成本核算上能适应不同批量的能力，衡量指标是系统保持经济效益的最小运行批量。

7）扩展柔性：指系统能根据生产需要能方便地进行模块化组建和扩展的能力，衡量指标是系统可扩展的规模和扩展难易程度。

3. FMS 适用范围

若按系统规模和投资强度，可将柔性自动化制造设备分为如下 5 个不同的层次。

1）柔性制造模块（FMM，Flexible Manufacturing Module）是指一台扩展了自动化功能的数控机床，如刀具库、自动换刀装置、托盘交换器等，FMM 相当于功能齐全的加工中心。

2）柔性制造单元（FMC，Flexible Manufacturing Cell）由 1~2 台数控机床组成，除了能够自动更换刀具之外，还配有存储工件的托盘站和自动上下料的工件交换台，如图 4-12 所示。FMC 自成体系，占地面积小、成本低、功能完善、有廉价小型 FMS 之称。

3）柔性制造系统（FMS）包括 2 台以上的 CNC、FMM 或 FNC 组成，其控制与管理功能比 FMC 强，规模比 FMC 大，对数据管理与通信网络要求高。

4）柔性制造生产线（FML，Flexible Manufacturing Line）其加工设备在采用通用数控机床的同时，更多地采用数控组合机床，如数控专用机床、可换主轴箱机床、模块化多动力头数控机床等，工件输送线多为单线、固定，柔性较低、专用性强、生产率高，相当于数控化的自动生产线，一般用于少品种、中大批量生产。可以说，FML 相当于专用 FMS。

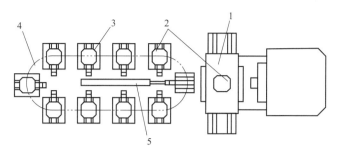

图 4-12　柔性制造单元

1—加工中心机床；2—托盘；3—托盘站；4—环形工作台；5—工件交换台

5）柔性制造工厂（FMF，Flexible Manufacturing Factory）是将柔性制造自动化由 FMS 扩展到全企业范围，通过计算机网络系统的有机联系，实现在全企业范围内的生产经营管理过程、设计开发过程、加工制造过程和物料运储过程的全盘自动化，实现自动化工厂（FA，Factory Automation）的目标。

FMS 是在兼顾数控机床的灵活性和刚性自动生产线高效率两者优点基础上逐步发展起来的，因而它与单机数控机床和刚性自动生产线有着不同的适用范围。

如图 4-13 所示，如果用 FMS 进行单件生产，则其柔性比不上数控机床单机加工，且设备资源得不到充分利用；如果用 FMS 大批量加工单一品种，则其效率比不上刚性自动生产线。而 FMS 的优越性，则是以多品种、中小批量生产和快速市场响应能力为前提的。

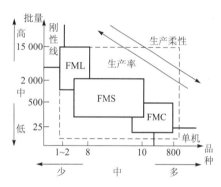

图 4-13　FMS 的适用范围

FMS 是一项耗资巨大的工程，是否选用 FMS，选用何种规模的 FMS，应根据各企业的生产品种种类、经营状况、技术水平、发展目标和市场前景等具体条件，切合实际地加以认真分析，确认其必要性和合理性，切不可盲目实施。

4. FMS 的类型

由于 FMS 应用范围很广，种类很多，不同类型的 FMS，其构成的差别也是很大的。现只选择最主要的 FMS 来讨论其构成和设计。

（1）按被加工零件类型分（见表 4-2）

表 4-2　按被加工的零件分类

被加工零件类型	特点	应用情况	应用前景
箱体类零件及杂类零件	1. 零件复杂、精度高、工艺长、加工难度大 2. 零件重要，是工厂的关键零件，对 FMS 的可靠性要求高 3. 便于用托板输送，便于连线	占目前应用 FMS 的 70% 以上，效益好	在我国机械加工工厂有良好的应用前景

被加工零件类型	特点	应用情况	应用前景
回转体类零件	回转体类零件一般用车削加工中心加工，自动上下料困难，连线困难	目前应用较少，和车削加工中心相比效益不显著	在我国会有少量应用
冲压类零件	钣金件加工多用各种数控冲床，和金属切削机床有所区别	目前有一定数量的应用	有一定的应用前景

1) 箱体类零件的 FMS：这类 FMS 多用于加工箱体类零件，有时也用于加工杂类零件（将 8~16 个小零件合装在一个夹具上），是最重要也是效益最好的一种 FMS，占 FMS 总数的 70% 以上。这类 FMS 的组成单元可以是加工中心，也可以是各种数控模块。由于箱体类零件往往是各机械加工中工序最多、最重要、最关键的零件。在我国的工厂中首先需要的 FMS 也是这类 FMS。

2) 回转体类零件的 FMS：用于加工回转体类零件，多由数控车床、车削加工中心组成。这类 FMS 数量较少，效益不十分明显，在我国的应用前景不乐观。

3) 冲压类 FMS：用于加工各种冲压件，由各类数控冲压设备组成。

（2）按柔性程度分

箱体类零件 FMS 是主要分析讨论的对象，其按柔性程度的不同还可分为如下几类。

1) 标准型 FMS：这是由通用加工中心组成的 FMS。这类 FMS 的通用性好，柔性程度高。但在生产率方面受一定限制。一般适合产量不太大（例如年产 5 万件以下），品种比较多（例如 6~15 种）的箱体类零件加工。由于是单轴加工，生产率受影响，但随着加工中心性能的提高，生产率也随之提高。其加工品种根据需要也可增加，但需要分批上线。

2) 混合型 FMS：这是指由通用的加工中心、通用的数控模块及专用的数控机床混合组成的 FMS。这种 FMS 的柔性比标准型低一些，但在其余方面却弥补了前者的不足。例如自动更换主轴箱模块，采用多轴加工提高了孔加工的生产率；铣削模块采用大刀盘铣，提高了铣削生产率；一些数控专用机床则用于加工一些特殊工序。这种 FMS 适用于产量较大（例如年产量 2~10 万件），品种不太多（例如 3~5 种）的箱体零件加工。

3) 柔性自动线：用廉价的数控立式加工中心或高速三坐标单元组成，一般采用顺序加工的方式，用驱动滚道来输送工件。适用于较大批量的生产（例如年产 5~30 万件），零件品种不多（例如 2~4 种）。从设计角度看，这种类型比较简单。

4.3.3 柔性制造系统的优势与关键技术

1. 柔性制造系统的优势

柔性制造系统发展至今已经有三十多年历史。在 20 世纪 70 年代 FMS 作为一个高新的研究开发项目，在许多工业发达国家受到重视。一批初期水平的 FMS 开始在工厂中试运行，许多技术难点逐步得到解决，并开始显示出新的生命力。在 20 世纪 80 年代 FMS 已从探索阶段走向实用化和商品化，并得到了更为迅速的发展。市场的需求，良好的经济效益是 FMS 技术得以推广应用的基础和动力。随着科学技术的迅速发展，新产品不断涌现，产品趋向于多样化，产品的市场寿命日益缩短，更新换代加速。这一切都迫使人们去寻求新的制造原理和方式，大幅度提高制造柔性、生产率，缩短生产周期。而在这些方面 FMS 具有明显的优越性：它可以根据市场需求，对生产订单作出最迅速的反应，以最短的周期加工出市场需要的产品。当然，对于柔性的要求，各种产品的差别也是很大的。技术的发展通常都具有其自身的规律和发展过程。我们可以认为 FMS 是从两个不同的方面发展而来的。其一是在数控通用机床（包括加工中心）的基础上发展起来的。目的是为了提高生产效率，提高多品种加工时机床的利用率（提高更换品种的速度），提高对市场的响应能力。把通用的加工中心连线，并用计算机来管理，就是最初出现的 FMS。其二是在专用机床（组合机床）自动线的基础上发展起来的。目的是为了提高柔性，适应多品种生产。我们通常称为柔性自动线，也可视为 FMS 中产量较大，柔性较小的一种。

FMS 在机械产品的生产中，占据着一个相当广泛的空间。根据国外资料介绍，FMS 适用的范围为：零件品种 3～40 种，生产量 3～40 件/h（相当于年产零件数 9 000～120 000 个）。但由于实际情况差别很大（例如对小的简单零件，数量可以生产得更多；对形状、工艺相近的零件，品种也可以增加），很难用一个具体的数字来框定。结合我国的情况，一般我们认为年产量 5 000～100 000 件，品种 3～15 种，都是比较适合 FMS 加工的对象。目前国内有些年产 20～30 万辆（甚至更高）的制造企业，也采用立式加工中心组成柔性自动线，在这里它主要的优点表现在上马快，产品更新换代方便。

FMS 有如下几个突出的优点。

1）FMS 很容易和上层管理计算机联网，接受市场信息和生产指令，有效地调度各台数控机床，使其得到最合理的使用。用订单来驱动生产，使生产和市场更紧密的结合，改变了传统的生产观念。

2）由于 FMS 具有工件自动输送系统（小车或滚道）和刀具管理系统，在计算机的统一调度下，能使各台机床都具有较高的负荷率。

3）通常能在不停机的情况下改变加工任务，在个别机床出现故障时，可以暂时将其隔开，修复后再连入，不会引起全线停机，保证了生产的连续性。这是现代化生产的一项重要要求，传统的自动线则做不到这点。

4）有较完善的监控和管理系统，可靠性高，用人较少，在需要的时候可以开三班（三班可以无人管理）。

FMS 在国外能得到广泛的应用，除上述优势外，也得益于计算机技术及数控技术的迅速发展，使其在可靠性大大提高的同时，成本迅速下降。在 FMS 发展的初期，由于成本高，有时只能作为大公司炫耀经济技术实力的展品，一些中小工厂则不敢问津。而发展到今天，经济效益已成为其主要的发展动力。在我们规划和设计 FMS 时必须牢牢记住这点，取得高的经济效益才是 FMS 设计的主要目标。

2. 关键技术

（1）计算机辅助设计

未来 CAD 技术发展将会引入专家系统，使之具有智能化，可处理各种复杂的问题。先进的计算机辅助设计技术有助于加快开发新产品和研制新结构的速度。

（2）模糊控制技术

模糊数学的实际应用是模糊控制器。最近开发出的高性能模糊控制器具有自学习功能，可在控制过程中不断获取新的信息并自动地对控制量作调整，使系统性能大为改善，其中尤其以基于人工神经网络的自学方法更引起人们极大的关注。

（3）人工智能、专家系统及智能传感器技术

FMS 中所采用的人工智能大多指基于规则的专家系统。专家系统利用专家知识和推理规则进行推理，求解各类问题（如解释、预测、诊断、查找故障、设计、计划、监视、修复、命令及控制等）。由于专家系统能方便地将各种事实及经验证过的理论与通过经验获得的知识相结合，因而专家系统为 FMS 的各方面工作增强了柔性。目前用于 FMS 中的各种技术，预计最有发展前途的仍是人工智能。智能制造技术（IMT）能将人工智能融入制造过程的各个环节，借助模拟专家的智能活动，取代或延伸制造环境中人的部分脑力劳动。在制造过程中，系统能自动监测其运行状态，在受到外界或内部激励时能自动调节其参数，以达到最佳工作状态，具备自组织能力。对未来智能化 FMS 具有重要意义的一个正在急速发展的领域是智能传感器技术。该项技术是伴随计算机应用技术和人工智能而产生的，它使传感器具有内在的"决策"功能。

（4）人工神经网络技术

人工神经网络是模拟智能生物的神经网络对信息进行并行处理的一种方法。故人工神经网络也就是一种人工智能工具。在自动控制领域，神经网络不久将并列于专家系统和模糊控制系统，成为现代自动化系统中的一个组成部分。

4.3.4 柔性制造系统的发展趋势

（1）FMS 仍将迅速发展

FMS 在 20 世纪 80 年代末就已进入了实用阶段，技术已比较成熟。由于它在解决多品种、中小批量生产上比传统的加工技术有明显的经济效益，因此随着国际竞争的加剧，无论发达国家还是发展中国家都越来越重视柔性制造技术。

FMS 初期只是用于非回转体类零件的箱体类零件机械加工，通常用来完成钻、镗、铣及攻丝等工序。后来随着 FMS 技术的发展，FMS 不仅能完成其他非回转体类零件的加工，还可完成回转体零件的车削、磨削、齿轮加工，甚至于拉削等工序。

从机械制造行业来看，现在 FMS 不仅能完成机械加工，而且还能完成钣金加工、锻造、

焊接、装配、铸造和激光、电火花等特种加工以及喷漆、热处理、注塑和橡胶模制等工作。从整个制造业所生产的产品看，现在 FMS 已不再局限于汽车、车床、飞机、坦克、火炮、舰船，还可用于计算机、半导体、木制产品、服装、食品以及医药品和化工等产品生产。从生产批量来看，FMS 已从中小批量应用向单件和大批量生产方向发展。有关研究表明，凡是可采用数控和计算机控制的工序均可由 FMS 完成。

随着计算机集成制造技术和系统（CIMS）日渐成为制造业的热点，很多专家学者纷纷预言 CIMS 是制造业发展的必然趋势。柔性制造系统作为 CIMS 的重要组成部分，必然会随着 CIMS 的发展而发展。

（2）FMS 系统配置朝 FMC 的方向发展

柔性制造单元 FMC 和 FMS 一样，都能够满足多品种、小批量的柔性制造需要，但 FMC 具有自己的优点。首先，FMC 的规模小，投资少，技术综合性和复杂性低，规划、设计、论证和运行相对简单，易于实现，风险小，而且易于扩展，是向高级大型 FMS 发展的重要阶梯。因此，采用由 FMC 到 FMS 的规划，既可以减少一次投入的资金，使企业易于承受，又可以减小风险，易于成功，一旦成功就可以获得效益，为下一步扩展提供资金，同时也能培养人才、积累经验，便于掌握 FMS 的复杂技术，使 FMS 的实施更加稳妥。其次，现在的 FMC 已不再是简单或初级 FMS 的代名词，FMC 不仅可以具有 FMS 所具有的加工、制造、运储、控制、协调功能，还可以具有监控、通信、仿真、生产调度管理以至于人工智能等功能，在某一具体类型的加工中可以获得更大的柔性，提高生产率，增加产量，改进产品质量。

（3）FMS 系统性能不断提高

构成 FMS 的各项技术，如加工技术、运储技术、刀具管理技术、控制技术以及网络通信技术的迅速发展，毫无疑问会大大提高 FMS 系统的性能。在加工中采用喷水切削加工技术和激光加工技术，并将许多加工能力很强的加工设备如立式、卧式镗铣加工中心，高效万能车削中心等用于 FMS 系统，大大提高了 FMS 的加工能力和柔性，提高了 FMS 的系统性能。AVG 小车以及自动存储、提取系统的发展和应用，为 FMS 提供了更加可靠的物流运储方法，同时也能缩短生产周期，提高生产率。刀具管理技术的迅速发展，为及时而准确地为机床提供适用刀具提供了保证。同时可以提高系统柔性、生产率、设备利用率，降低刀具费用，消除人为错误，提高产品质量，延长无人操作时间。

（4）从 CIMS 的高度考虑 FMS 规划设计

尽管 FMS 本身是把加工、运储、控制、检测等硬件集成在一起，构成一个完整的系统。但从一个工厂的角度来讲，它还只是一部分，不能设计出新的产品或设计速度慢，再强的加工能力也无用武之地。总之，只有站在工厂全面现代化的高度、站在 CIMS 的高度分析，考虑 FMS 的各种问题并根据 CIMS 的总体考虑进行 FMS 的规划设计，才能充分发挥 FMS 的作用，使整个工厂获得最大效益，提高它在市场中的竞争能力。

思考题

1. 简述制造自动化的内涵。

2. 叙述制造自动化技术发展与趋势。

3. 什么是工业机器人？如何分类？

4. 描述工业机器人的结构组成。

5. 分析直角坐标机器人、圆柱坐标机器人、球坐标机器人和关节机器人坐标轴的构成和工作空间。

6. 工业机器人控制系统包括哪些部分？

7. 分析工业机器人位置伺服控制方法。

8. 简述 FMS 的概念及突出优点。

9. 分析 FMS 的组成、特点和适用范围。

10. 柔性制造系统的关键技术有哪些？

11. 分别从工件和刀具两个方面分析 FMS 物流运储系统的组成和流动方式。

12. 叙述 FMS 控制系统的体系结构。

第 5 章　现代制造系统

现代制造过程及其相应的制造理论、制造技术愈来愈呈现两个显著特点：一是系统科学性，即以系统工程的理论和方法来组建制造企业，处理制造过程；二是学科的综合或技术的集成性，即现代制造过程和制造技术依赖多门学科知识的有机结合。在现代制造系统中涉及机械工程、电气工程、计算机技术，自动化技术、工业工程、信息管理、网络技术及管理工程等多门学科知识。

本章主要讲述虚拟制造技术（VM）、计算机集成制造系统（CIMS）、并行工程（CE）、精益生产（LP）、敏捷制造（AM）以及绿色制造（GM）的内涵和体系结构。

本章要点

- 虚拟制造技术（VM）
- 计算机集成制造系统（CIMS）
- 并行工程（CE）
- 精益生产（LP）
- 敏捷制造（AM）
- 绿色制造（GM）

课程思政案例五

本章难点

- 虚拟制造技术
- 计算机集成制造系统

※　5.1　虚拟制造技术（VM）　※

随着全球知识经济的兴起和快速变化，竞争日益激烈的市场对制造业提出了更为苛刻的要求。虚拟制造（VM，Virtual Manufacturing）技术是在 20 世纪 90 年代以后，虚拟现实（VR，Virtual Reality）技术发展成熟以后出现的一种全新的先进制造技术。

5.1.1 虚拟现实的概念

这里的"虚拟"不是虚幻或者虚无，而是指物质世界的数字化，也就是对真实世界的动态模拟和再现，即虚拟现实。它是通过综合利用计算机图形系统和各种显示和控制等接口设备，在计算机上生成可交互的三维环境，同时，向操作者提供"沉浸"感觉。操作者感觉他自己的视点或身体的某一部分处于计算机生成的虚拟空间之中。这种由计算机生成的、可跟使用者交互的三维环境称为虚拟环境；而由图形系统及各种接口设备组成的，用来产生虚拟环境并提供沉浸感觉以及交互性操作的计算机系统称为虚拟现实系统。虚拟现实系统大大提高了人与计算机间的和谐程度，利用虚拟现实系统，可以对真实世界进行动态模拟，计算机能够跟踪用户的输入，及时按修改模拟指令获得虚拟环境，使用户和模拟环境之间建立起一种实时交互性关系，从而使用户产生身临其境的沉浸感觉，成为一种有力的仿真工具。

一个完整的虚拟现实系统包含操作者、计算机及人机接口三个基本要素。操作者在系统中处于主导地位，在虚拟环境中漫游，同时，根据需要发出观察和操作需要的指令，操纵计算机实现环境的虚拟；计算机是虚拟环境的核心，接收操作者指令，通过运算，生成用户能与之交互的虚拟环境；人机接口则是大量传感与控制装置，将虚拟环境与操作者连接起来。

5.1.2 虚拟制造的分类与特点

虚拟制造是实际制造过程在计算机上的一种虚拟，即虚拟现实技术在制造中的应用或者实现。这一全新的制造模式最早由美国于 1993 年首先提出，目前还没有统一的定义，通俗地说，虚拟制造技术是采用计算机仿真与虚拟现实技术，在高性能计算机及高速网络的支持下，在计算机上创造一个虚拟的制造环境，操作者身处其中，可以虚拟实现产品的设计、工艺规则、加工制造、性能分析、质量检验，包括企业各级过程的管理与控制等产品制造。通过这个过程，可以增强人们对制造过程各级的决策与控制能力。

虚拟制造包括与产品开发制造有关的工程活动的虚拟，同时也涉及与企业组织经营有关的管理活动的虚拟。因此，虚拟设计、生产和控制机制是虚拟制造的有机组成部分，按照这种思想可以将虚拟制造分成三类，即以设计为中心的虚拟制造、以生产为中心的虚拟制造和以控制为中心的虚拟制造。

由于虚拟制造基本不消耗资源和能量，也不生产实际产品，而是产品的设计、开发与制造过程在计算机上的本质实现，因此，虚拟制造引起了人们的广泛关注，成为现代制造技术发展中最重要的模式之一，而且，已经出现了许多成功的应用实例。

以设计为中心的虚拟制造又称"面向设计的虚拟制造"，它把制造信息引入到设计的全过程，利用仿真技术来优化产品设计，从而在设计阶段就可以对所设计的零件甚至整机进行可制造性分析，包括加工过程的工艺分析、铸造过程的热力学分析、运动部件的运动学分析和动力学分析等，甚至包括加工时间、加工费用、加工精度分析等。它主要解决的问题是"设计出来的产品是怎样的"，能在三维环境下进行设计产品、模拟装配及产品虚拟开发等。

以生产为中心的虚拟制造又称"面向生产的虚拟制造"，是在生产过程模型中融入仿真技术，以此来评价和优化生产过程，以便低费用、快速地评价不同的工艺方案、资源需求规划、生产计划等。其主要目标是对产品的"可生产性"进行评价，解决"这样组织生产是否合理"的问题，能对制造资源和环境进行优化组合，提供精确的生产成本信息，便于进行合理化决策。

以控制为中心的虚拟制造又称"面向控制的虚拟制造"，是将仿真加到控制模型和实际处理中，达到优化制造过程的目的。其支持技术主要基于仿真的最优控制，其具体的实现工具是虚拟仪器，它利用计算机软硬件的强大功能，将传统的各种控制仪表和检测仪表的功能数字化，并可灵活地进行各种功能的组合。它主要是解决"应如何去控制""这样控制是否合理和最优"的问题。与实际制造相比较，虚拟制造的主要特点如下。

1）产品与制造环境是虚拟模型，在计算机上对虚拟模型进行产品设计、制造、测试，甚至设计人员或用户可进入虚拟的制造环境检验其设计、加工、装配和操作，而不依赖于传统的原型样机的反复修改；还可将已开发的产品（部件）存放在计算机里，不但大大节省仓储费用，更能根据用户需求或市场变化快速改变设计，快速投入批量生产，从而能大幅度压缩新产品的开发时间，提高质量、降低成本。

2）可使分布在不同地点、不同部门的不同专业人员在同一个产品模型上同时工作，相互交流，信息共享，减少大量的文档生成及其传递的时间和误差，从而使产品开发以快捷、优质、低耗响应市场变化。

5.1.3 虚拟制造体系结构

为了实现"在计算机里进行制造"的目的，虚拟制造技术必须提供从产品设计到生产计划和制造过程优化的建模和模拟环境。由于虚拟制造系统的复杂性，人们从不同角度构建了许多不同的虚拟制造系统体系结构。图 5-1 所示为清华大学国家 CIMS 工程技术中心提出的虚拟制造体系结构，它是一个基于 PDM 集成的虚拟加工、虚拟生产和虚拟企业的系统框架结构，归纳出虚拟制造的目标是对产品的"可制造性""可生产性"和"可合作性"的决策支持。

虚拟制造事实上研究的是产品的可制造性，所谓"可制造性"是指所设计的产品（包括零件、部件和整机）的可加工性（铸造、冲压、焊接、切削等）和可装配性；而"可生产性"是指企业在已有资源（如设备、人力、原材料等）的约束条件下，如何优化生产计划和调度，以满足市场或顾客的要求；考虑到制造技术的发展，虚拟制造还应对被喻为 21 世纪的制造模式"敏捷制造"提供支持，即为企业动态联盟的"可合作性"提供支持。而且上述三个方面对一个企业来说是相互关联的，应该形成一个集成的环境。因此，应从三个层次（即虚拟开发、虚拟生产和虚拟企业）开展产品全过程的虚拟制造技术及其集成的虚拟制造环境的研究，包括产品全信息模型、支持各层次虚拟制造的技术并开发相应的支撑平台，以及支持三个平台及其集成的产品数据管理技术。

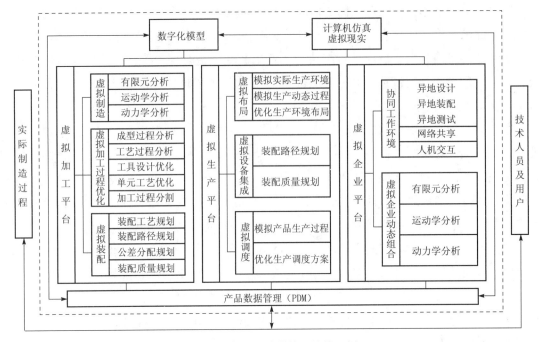

图 5-1　虚拟制造的体系结构示例

虚拟加工平台支持产品的并行设计、工艺规划、加工、装配及维修过程，进行可加工性分析（包括性能分析、费用估计、工时估计等）。它是以全信息模型为基础的众多仿真分析软件的集成，包括力学、热力学、运动学、动力学等可制造性分析。虚拟加工平台的内容包括：① 基于产品技术复合化的产品设计与分析，除了几何造型与特征造型等环境外，还有运动学、动力学、热力学模型分析环境等；② 基于仿真的零部件制造设计与分析，包括工艺生成优化、工具设计优化、刀位轨迹优化、控制代码优化等；③ 基于仿真的制造过程碰撞干涉检验及运动轨迹检验——虚拟加工、虚拟机器人等；④ 材料加工成形仿真，包括产品设计、加工成形温度场、应力场、流动场的分析，加上加工工艺优化等；⑤ 产品虚拟装配，根据产品设计的形状特征、精度特征、三维真实地模拟产品的装配过程，并允许用户以交互方式控制产品的三维真实模拟装配过程，以检验产品的可装配性。

5.1.4　虚拟制造的关键技术

虚拟制造的实现主要依赖于 CAD/CAE/CAM 和虚拟现实等技术，可以看做是 CAD/CAE/CAM 发展的更高阶段。虚拟制造不仅要考虑产品，还要考虑生产过程；不仅要建立产品模型，还要建立产品生产环境模型；不仅要对产品性能进行仿真，还要对产品加工、装配和生产过程进行仿真。因此，虚拟制造涉及的技术领域极其广泛，但一般可以归结为两个方面，一方面是侧重于计算机以及虚拟现实的技术，另一方面则是侧重于制造应用的技术。

1. 虚拟现实技术

虚拟现实系统是一种可以创建和体验虚拟世界的计算机系统，包括操作者、机器和人机接口三个基本要素。和一般的计算机绘图系统或模拟仿真系统不同的是虚拟现实系统不仅能让用户真实地看到一个环境，而且能让用户真正感到这个环境的存在，并能和这个环境进行自然交互，使人产生一种身临其境的感觉。虚拟现实系统的特征如下。

1）自主性：在虚拟环境中，对象的行为是自主的，是由程序自动完成的，要让操作者感到虚拟环境中的各种生物是"有生命的"和"自主的"，而各种非生物是"可操作的"，其行为符合各种物理规律。

2）交互性：在虚拟环境中，操作者能够对虚拟环境中的生物及非生物进行操作，并且操作的结果能够反过来被操作者准确地、真实地感觉到。

3）沉浸感：在虚拟环境中，操作者应该能很好地感觉各种不同的刺激，存在感的强弱与虚拟表达的详细度、精确度和真实度有密不可分的关系。强的存在感能使人们深深地"沉浸"于虚拟环境之中。

2. 制造系统建模

制造系统是制造工程及所涉及的硬件和相关软件组成的具有特定功能的一个有机整体，其中硬件包括人员、生产设备、材料、能源和各种辅助装置，软件包括制造理论、制造技术（制造工艺和制造方法等）和制造信息等。

虚拟制造要求建立制造系统的全信息模型，也就是运用适当的方法将制造系统的组织结构和运行过程进行抽象表达，并在计算机中以虚拟环境的形式真实地反映出来，同时构成虚拟制造系统的各抽象模型应与真实实体一一对应，并且具有与真实实体相同的性能、行为和功能。

制造系统模型主要包括设备模型、产品模型、工艺模型等。虚拟设备模型主要针对制造系统中各种加工和检测设备，建立其几何模型、运动学模型和功能模型等。制造系统中的产品模型需要建立一个针对产品相关信息进行组织和描述的集成产品模型，它主要强调制造过程中产品和周围环境之间，以及产品的各个加工阶段之间的内在联系。工艺模型是在分析产品加工和装配的复杂过程以及众多影响因素的基础上，建立产品加工和装配过程规划信息模型，是联系设备模型和产品模型的桥梁，并反映两者之间的交互作用。工艺模型主要包括加工工艺模型和装配工艺模型。

3. 虚拟产品开发

虚拟产品开发又称产品的虚拟设计或数字化设计，主要包括实体建模和仿真两个方面，它是利用计算机来完成整个产品的开发过程，以数字化形式虚拟地、可视地、并行地开发产品，并在制造实物之前对产品结构和性能进行分析和仿真，实现制造过程的早期反馈，及早地发现和解决问题，减少产品开发的时间和费用。

产品的虚拟开发要求将 CAD 设计、运动学、动力学分析、有限元分析、仿真控制等系统模块封装在 PDM 中，实现各个系统的信息共享，并完成产品的动态优化和性能分析，完成虚拟环境下产品全生命周期仿真、磨损分析和故障诊断等，实现产品的并行设计和分析。

虚拟产品开发的主要支持技术是 CAD/CAE/CAM/PDM 技术，其核心是如何实现 PDM

的集成管理。

4. 制造过程仿真

制造过程仿真可分为制造系统仿真和具体的生产过程仿真。具体的生产过程仿真又包括加工过程仿真、装配过程仿真和检测过程仿真等。

加工过程仿真（虚拟加工）主要包括产品设计的合理性和可加工性、加工方法、机床和切削工艺参数的选择以及刀具和工件之间的相对运动仿真和分析。

装配过程仿真（虚拟装配）是根据产品的形状特征和精度特征，在虚拟环境下对零件装配情况进行干涉检查，发现设计上的错误，并对装配过程的可行性和装配设备的选择进行评价。

5. 可制造性评价

可制造性评价主要包括对技术可行性、加工成本、产品质量和生产效率等方面的评估。虚拟制造的根本目的就是要精确地进行产品的可制造性评价，以便对产品开发和制造过程进行改进和优化。由于产品开发涉及的影响因素非常多，影响过程又复杂，所以建立适用于全制造过程的、精确可靠的产品评价体系是虚拟制造一个较为困难的问题。

5.1.5 虚拟制造技术在制造业中的应用

虚拟制造技术在工业发达国家开展得较早，并首先在飞机、汽车、军事等领域获得了成功的应用。虚拟制造在计算机上全面仿真产品从设计到制造和装配的全过程，采用虚拟制造技术可以给企业带来下列效益。

1）提供关键的设计信息和管理策略对生产成本、周期以及生产能力的影响信息，以便正确处理产品性能与制造成本、生产进度和风险之间的平衡，作出正确的设计和管理决策。

2）提高生产过程开发的效率，可以按照产品的特点优化生产系统的设计。

3）通过生产计划的仿真，优化资源的利用，缩短生产周期，实现柔性制造和敏捷制造，降低生产成本。

4）可以根据用户的要求修改产品设计，及时作出报价和保证交货期。

波音公司在研制波音 777 客机时，全面实现了虚拟制造技术。它采用 CATIA 软件进行产品的数字化建模，并利用 CAE 软件对飞机的零部件进行结构性能分析，其产品设计制造工程师在虚拟现实环境中操纵模拟样机，检验产品的各项性能指标。其整机设计、部件测试、整机装配以及各种环境下的试飞均是在计算机上完成的，其整机实现 100% 数字化设计，成为世界上首架以三维无纸化方式设计出来的一次研制试飞成功的飞机，而且其开发周期也从过去的 8 年缩短到了 5 年，成本降低了 25%。

克莱斯勒汽车公司已经实施了产品的虚拟开发，通过使用 Pro/E、PGDS 和 DMAPS 等软件，其汽车发动机的设计已经全部实现了数字化，产品开发周期缩短了 12 个月。

日本、德国、比利时、新加坡等国家也都有相应的科研机构和企业从事虚拟制造技术的研究与应用。

我国成都飞机工业公司研制的超七飞机，全面采用数字化设计，建立了全机结构数字化样机，并实现了并行设计制造和研制流程的数字化管理。利用CATIA、UG等软件对超七飞机230余项零部件进行结构设计、工艺模型设计、数控程序设计、虚拟加工仿真和数控加工。超七飞机从冻结设计状态进入详细设计发图，一直到部件开铆总共约1年时间，这一阶段的研制周期比我国以往研制周期缩短了1/3~1/2。

目前，虚拟制造技术应用效果比较明显的领域有产品外形设计、产品布局设计、产品运动学和动力学仿真、热加工工艺模拟、加工过程仿真、产品装配仿真、虚拟样机与产品工作性能评测、产品广告与漫游、企业生产过程仿真与优化、虚拟企业的可合作性仿真与优化等。

※ 5.2 计算机集成制造系统（CIMS）※

5.2.1 CIMS产生的背景

20世纪50年代，随着控制论、电子技术、计算机技术的发展，工厂中开始出现各种自动化设备和计算机辅助系统。在50年代初期出现了数控机床（NC），从60—70年代开始，随着计算机技术快速发展，工作站、小型计算机等被大量应用到工程设计中，计算机辅助设计（CAD）和计算机辅助制造（CAM）逐步得到推广。计算机涉及文字信息处理领域，并进入了上层管理领域，于是开始出现了管理信息系统（MIS）、物料需求计划（MRP）、制造资源计划（MRP II）等概念和管理系统，计算机的处理能力不断提高，处理的信息量也大大增加，各种应用系统变得越来越复杂，规模也越来越大。但是，各个自动化分系统各自为政，难以互通信息，限制了系统的进一步发展和推广。

近年来，制造业间的竞争日趋激烈，制造业市场已从传统的"相对稳定"逐步演变成"动态多变"的局面，"经济竞争"已成为当今世界各国竞争的主要内容，其中，占各国生产总值50%以上的制造业的竞争尤为激烈，其竞争核心是以知识为基础的新产品的上市时间（T）、质量（Q）、成本（C）、服务（S）及环境（E），以满足各类顾客对产品日益增长的需求和社会可持续发展的新要求。作为国家国民经济的主要支柱的制造业已进入到一个巨大的变革时期，主要有以下几个特点：① 生产能力在世界范围内的提高和扩散形成了全球性的竞争格局；② 先进生产技术的出现正急剧地改变着现代制造业的产品结构和生产过程；③ 传统的管理、劳动方式、组织结构和决策方法受到社会和市场的挑战。

CIM理念产生于20世纪70年代，但基于CIM理念的CIMS在80年代中期才开始受到重视并大规模实施，其原因是70年代的美国产业政策中过分夸大了第三产业的作用，而将制造业，特别是传统制造业，贬低为"夕阳工业"，这导致美国制造业优势的急剧衰退，并在80年代初开始的世界性的石油危机中暴露无遗，此时，美国才开始重视并决心用其信息技术的优势夺回制造业的霸主地位，于是美国及其他各国纷纷制订并执行发展计划。自此，CIMS的理念、技术也随之有了很大的发展。

5.2.2　CIM 与 CIMS 的基本概念

计算机集成制造 CIM（Computer Integrated Manufacturing）的概念，是 1973 年首先由美国约瑟夫·哈林顿（Joseph Harrington）博士提出的。CIM 是一种组织、管理与运行企业的理念，它的内涵是借助计算机，将企业中各种与制造有关的技术系统集成起来，进而提高企业适应市场竞争的能力。哈林顿提出的 CIM 概念中有两个基本理念。

1）企业生产的各个环节，即从市场分析、产品设计、加工制造、经营管理到售后服务的全部生产活动是一个不可分割的整体，要紧密连接，统一考虑。

2）整个生产过程实质上是一个数据采集、传递和加工处理的过程。最终形成的产品可以看做是数据的物质表现。

这两个基本理念至今仍是 CIMS 的核心内容。

根据企业具体情况的不同，CIM 的理念有各种实现方法，这些实现方法就是 CIMS（计算机集成制造系统，Computer Integrated Manufacturing System）。CIMS 是生产自动化领域的前沿学科，是一种基于 CIM 理念构成的计算机化、信息化、智能化、集成优化的制造系统。CIMS 综合并发展了企业生产各环节有关的技术，包括总体技术、支撑技术、设计自动化技术、制造自动化技术、集成化管理与决策信息系统技术及流程工业中的 CIMS 技术。CIMS 特别强调两个观点。

（1）系统的观点

企业各个生产环节是不可分割的，需要统一安排与组织。从功能上，CIMS 包含了企业的全部生产经营活动，即从市场预测、产品设计、加工制造、质量管理到售后服务的全部活动。

（2）信息化的观点

产品制造过程实质上是信息采集、传递、加工处理的过程，CIMS 涉及的自动化不是企业各个环节的自动化（即"自动化孤岛"）的简单相加，而是有机的集成，主要是以信息集成为本质的技术集成，当然也包括人的集成。

5.2.3　CIMS 的构成

虽然各种企业类型不同，规模大小不一，生产经营方式不同，CIMS 的具体实现不同，但 CIMS 的基本构造是相同的。这里引用美国制造工程师协会（SME）1993 年提出的 CIMS 轮图来说明 CIMS 的基本结构，如图 5-2 所示。

第一层是驱动轮子的轴心——顾客。潜在的顾客就是市场。企业任何活动的最终目的应该是为顾客服务，迅速而圆满地满足顾客的愿望和要求。市场是企业获得利润和求得发展的基点，也是从计划经济体制转向市场经济体制的核心。

第二层是企业组织中的人员和群体工作方法。传统的管理概念认为仅有供销人员是面向用户和市场的，但是，在多变而激烈的市场竞争中，企业中的每个人都必须具有市场意识，

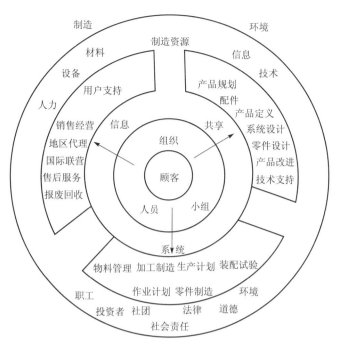

图 5-2 CIMS 的基本结构轮图

每个职工都要了解市场的变化以及企业在市场中的地位、本职工作和市场竞争能力的关系。企业的成败关键不是技术,而是人和组织。

第三层是信息(知识)共享系统。信息是企业的主要资源,现代企业的生产活动是依靠信息和知识来组织的。在传统的生产方式中,各个部门都有自己的信息处理方式,所采用的知识各不相关,因此,信息冗余量大,传递速度慢,共享程度很低。现代制造企业一定要建立一个信息和知识共享系统,它是以计算机网络为基础的,并且有参与的、使用操作方便和可靠的系统,使信息流动起来,形成一个连续的、不间断的信息流,才有可能大大提高企业的生产和工作效率。

第四层是企业的活动层,可划分为三大部门和 15 个功能区。这 15 种功能都是企业在市场竞争中必不可少的。

第五层是企业管理层,它的功能是合理配置资源,承担企业经营的责任。这一层应该是很薄的但卓有成效的一层,是企业内部活动和企业所在环境的接口。企业管理层是把原料、半成品、资金、设备技术信息和人力资源作为投入,去组织和管理生产,并将产品推出到市场销售。企业管理层还需要承担一系列责任,如员工的利益和安全,投资者的合理回报,社团公共关系,政府法规和行业道德以及环境保护等。

第六层是企业的外部环境,企业是社会中的经济实体,受到用户、竞争者、合作者和其他市场因素的影响。例如老用户和新用户的各种需求,原料和外购件的供应渠道,推销和代理商的组织,能源、交通和通信基础设施的好坏,劳动力和金融市场的变动,大专院校和研究所的支持,政府的经济法规和政治形势的变化等。企业管理人员不能孤立地只看到企业内

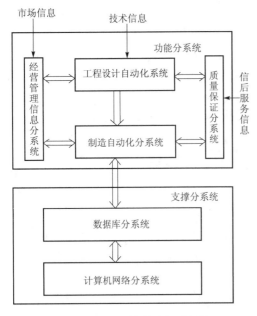

图 5-3 CIMS 的基本组成结构

部，必须置身于市场环境中去运筹帷幄，高瞻远瞩地作出企业发展的决策。

CIMS 是现代化的生产系统，从系统的功能角度考虑，一般认为 CIMS 是在两个支撑分系统（网络系统和数据库系统）基础上，由 4 个分系统组成：经营管理信息系统、工程设计自动化系统、制造自动化系统和质量保证信息系统，如图 5-3 所示。

经营管理信息分系统是将企业生产经营过程中产、供、销、人、财、物等进行统一管理计算机应用系统，是 CIMS 的神经中枢，具有预测、经营决策、生产计划、生产技术准备、销售、供应、财务、成本、设备、工具和人力资源等管理信息功能，通过信息集成，达到缩短产品生产周期，降低流动资金占用，提高企业应变能力的目的。

设计自动化分系统是利用计算机辅助进行产品设计、工艺设计、制造准备及产品性能测试等工作，即 CAD/CAPP/CAM 系统，目的是使产品开发活动更高效、更优质地进行。CAPP 是根据产品设计所给出的信息进行产品的加工方法和制造过程的技术设计，包括毛坯设计、加工方法选择、工序设计、工艺路线制订及工时定额计算等。由于 CAD、CAPP、CAM 技术长期处于独立发展状态，相互间缺乏通信和联系，使其推广与应用受到限制。CIM 理念的提出和发展使 CAD/CAPP/CAM 集成技术得到快速的发展，并成为 CIMS 的重要性能指标。这 3C 技术的集成，意味着产品数据向规范化和标准化方向发展，便于产品数据在各个系统中交换和共享。

制造自动化分系统位于企业制造环境的底层，是直接完成制造活动的基本环节，是 CIMS 中信息流和物流的结合点。对于离散型制造业，可以由数控机床、加工中心、清洗机、测量机、运输小车、立体仓库、多级分布式控制（管理）计算机等设备及相应的支持软件组成；对于连续型生产过程，可以由 DCS 控制下的制造装备组成，通过管理与控制，达到提高生产率、优化生产过程、降低成本和能耗的目的。制造自动化系统是在计算机的控制与调度下，按照 NC 代码将一个个毛坯加工成合格的零件并装配成部件以至产品，完成设计和管理部门下达的任务，并将制造现场的各种信息实时地或经过初步处理后反馈到相应部门，以便及时地进行调度或控制。制造自动化系统是生产发展的必然趋势，又是耗资最大的部分，若不从实际的条件和需求出发，片面地追求自动化，有时不仅不能达到目的，甚至会适得其反，导致企业的困境。而 CIMS 底层的制造自动化不等于全盘自动化，其关键在于信息的集成。

质量保证分系统包括质量决策、质量检测与数据采集、质量评价、控制与跟踪等功能。该系统保证从产品设计、制造、检测到后勤服务的整个过程的质量，以实现产品高质量、低成本，提高企业竞争力的目的。

计算机网络分系统是 CIMS 的重要支撑技术，是 CIMS 信息集成的重要工具。它采用国际标准和工业规定的网络协议，实现异种机互联、异构局域网络及多种网络互联。它以分布为手段，满足各应用分系统对网络支持的不同需求，具有硬件、软件和数据共享的功能。依照企业覆盖范围的大小，有两种计算机网络可供 CIMS 采用：一种是局域网；另一种是广域网。目前，CIMS 一般以互联的局域网为主。

数据库分系统是 CIMS 信息集成的关键技术之一，是逻辑上统一、物理上分布的全局数据管理系统，通过该系统可以处理位于不同结点的计算机中各种不同类型的数据，从而实现企业数据共享和信息集成。

需要指出，上述 CIMS 构成是最一般的最基本的构成。实际应用中应注意以下几点。

1）不同的行业，由于其产品、工艺过程、生产方式、管理模式的不同，其各个分系统的作用、具体内容也是各不相同，所用的软件也有一定的区别。由于企业规模不同，分散程度不同，也会影响 CIMS 的构成结构和内容。

2）对于每个具体的企业，CIMS 的组成不必求全。应该按照企业的经营、发展目标及企业在经营、生产中的瓶颈选择相应的功能分系统。对多数企业而言，CIMS 应用是一个逐步实施的过程。

3）随着市场竞争的加剧和信息技术的飞速发展，企业的 CIMS 已从内部的 CIMS 发展到更开放、范围更大的企业间的集成。产品的加工、制造可实现基于因特网的异地制造。这样，企业内、外部资源更充分的利用，有利于以更大的竞争优势响应市场。

5.2.4 我国 CIMS 发展情况

当今世界各国的高新技术发展水平已成为衡量一个国家综合国力及其国际地位的主要标志。为跟踪国际高新技术的发展，参与国际竞争，我国制订了国家高技术研究发展计划（即"863"计划）。"十五"国家 863/CIMS 主题目标为：从国民经济和国家安全的需求出发，有重点地选择能够促进我国制造业发展和升级的战略性、前沿性和前瞻性关键技术进行突破、开发。为了实现上述战略目标，我国已建立了开展 CIMS 研究与技术推广的体系结构，如图 5-4 所示。

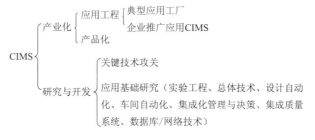

图 5-4 我国 CIMS 研究与技术推广的体系结构

随着 CIMS 技术的发展，CIMS 的概念和内涵也在发生着变化。"十五"国家 863/CIMS 主题已用现代集成制造系统替代了原来的计算机集成制造系统，其研究对象和作用范围均有较大的变化。在"效益驱动、总体规划、重点突破、分步实施、推广应用"的方针指导下，结合国情，经过十多年的艰苦努力，CIMS 技术在我国的研究和应用取得了显著的进展，走出了一条具有中国特色的 CIMS 发展之路，主要反映在以下几个方面：我国的 863/CIMS 研究已经形成了一个健全的组织和一支科研队伍；在全国 200 多个制造型企业不同程度地实施了国家级 CIMS 示范工程，这些企业包括飞机、机床、纺织机械、汽车、家电、服装以及钢铁、化工等行业；开发了若干具有自主版权且已初步形成商品的软件产品；建立了 CIMS 工程技术研究中心及一批实验网点和培训中心；在技术研究方面，也取得了一些可喜的成果。实践证明，通过 CIMS 技术的实施，增强了企业的竞争能力，对我国制造业现代化的发展进程起到了积极的推动和促进作用。

※ 5.3 并行工程（CE） ※

5.3.1 并行工程的产生和概念

1. 并行工程的产生

全球性的竞争要求生产者对市场变化作出迅速准确的反应。在这种新的竞争形势下，在现代制造技术发展到一定程度后，以信息技术为基础的并行工程技术应运而生。并行工程作为一个系统化的思想是由美国国防高级研究计划局（DARPA）最先提出的。DARPA 于 1987 年 12 月举行了并行工程专题研讨会，提出了发展并行工程的 DICE 计划（DARPA's Initiative in CE，1988—1992）。与此同时，美国国防部指示美国防御分析研究所 IDA（Institute of Defense Analyses）对并行工程及其用于武器系统的可行性进行调查研究。IDA 通过研究与调查，1988 年发表了其研究结果，公布了著名的 R-388 研究报告，明确提出了并行工程的思想。1988 年 DARPA 发出了并行工程倡议，为此，美国的西弗吉尼亚大学设立了并行工程研究中心（CERC），美国许多大的软件公司、计算机公司开始对支持并行工程的工具软件及集成框架进行开发。并行工程在国际上引起各国的高度重视，并行工程的思想被越来越多的企业及产品开发人员接受和采纳，各国政府都在加大力度支持并行工程技术的开发，把它作为抢占国际市场的重要技术手段。经过十多年的发展，并行工程已在一大批国际上著名的企业中获得了成功的应用，如波音、洛克希德、雷诺、通用电气等大公司均采用并行工程技术来开发自己的产品，并取得了显著的经济效益。并行工程及其相关技术成了自 20 世纪 90 年代以来的热门课题。

2. 并行工程的定义

长期以来，人们一直采用串行工程的方法从事产品的研制和开发。所谓串行工程，如图 5-5 所示，即在前一工作环节完成之后才开始后一工作环节的工作，各个工作环节的作业在时序上没有重叠和反馈，即使有反馈，也是事后的反馈。在这种作业方法下，只有市场人员参与产品的概念设计工作，其他的工作人员只是被动接受前一阶段的工作结果。这样，不能在产品设计阶段就能及早地考虑后续的工艺设计、制造装配、质量保证、维修服务等问题，致使各个生产环节前后脱节，设计改动量大，产品的开发周期长、成本高。

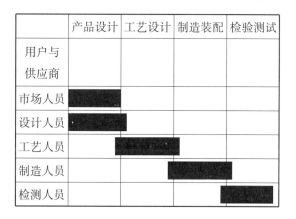

图 5-5　串行工程工作方式

许多研究者从不同的角度对并行工程的内涵进行了论述。最有代表性且被广泛采用的是美国防御分析研究所于 1988 年在 R-388 报告中给出的定义：　"并行工程（Concurrent Engineering）是对产品及其相关过程（包括制造过程和支持过程）进行并行、一体化设计的一种系统化的工作模式。这种工作模式力图使开发人员从一开始就考虑到产品全寿命周期中的各种因素，包括质量、成本、进度及用户需求。"

这种生产方式是将时间上先后的知识处理和作业实施过程转变为同时考虑和尽可能同时处理的一种作业方式，如图 5-6 所示。

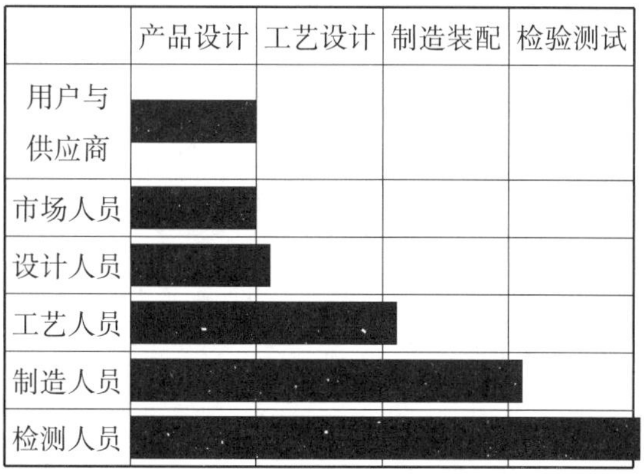

图 5-6　并行工程工作方式

从上述定义可以看出并行工程的两个关键思想：① 并行工程是一种工作模式，而不是具体的工作方法；② 并行工程着重于从产品设计一开始就对产品的关键因素进行全面考虑，以保证产品设计一次成功。

并行工程的主要目标是缩短产品开发周期，提高产品质量，降低产品成本，从而增强企业的竞争力。它是对传统产品开发模式的一次变革，它对现有生产模式的冲击是多方面的。

（1）技术方面

并行工程不仅包含、继承了许多传统的 CIMS 技术，而且还提出了一些新的技术，如各种并行工程使能技术（如 DFX 工具）和各种集成技术。

（2）组织方面

并行工程必须打破传统的、按部门划分的组织模式，组成以产品开发为对象的跨部门集成产品开发团队 IDT（Integrating Development Team），这不仅要克服习惯及狭隘的局部利益等方面的阻力，而且还要使 IDT 之间便于合作，并在此组织结构下获得优化的过程模型，使产品开发过程具有合理的信息传递关系及最短的产品开发周期。

（3）管理方面

管理的对象、内容及方法发生了变化，如影响开发人员工作的因素和设计阶段的冲突的数量明显增加，决策及冲突消解的复杂程度和方式发生变化等。

3. 并行工程的特性

（1）并行特性

把时间上有先后的作业活动转变为同时考虑和尽可能同时处理及并行处理的活动。

（2）整体特性

将制造系统看成是一个有机整体，各个功能单元都存在着不可分割的内在联系，特别是有丰富的双向信息联系，强调全局性地考虑问题，把产品开发的各种活动作为一个集成的过程进行管理和控制，以达到整体最优的目的。

（3）协同特性

特别强调人们的群体协同作用。包括与产品全生命周期（设计、工艺、制造、质量、销售、服务等）的有关部门人员组成的小组或小组群协同工作，充分利用各种技术和方法的集成。这种途径生产出来的产品不仅有良好的性能，而且产品研制的周期也将显著缩短。

（4）约束特性

在设计变量（如几何参数、性能指标、产品中各零部件）上，考虑产品设计的几何、工艺及工程实施上的各种相互关系的约束和联系。

5.3.2 并行工程的体系结构和运行特性

1. 并行工程的体系结构

并行工程包括4个分系统，介绍如下。

管理与质量分系统。分析某产品现有产品开发流程，提出改进的产品开发过程，运用计算机手段对综合产品开发队伍和产品开发过程进行管理和控制，通过质量功能配置的方法保证用户需求在产品开发阶段得到满足。

工程设计分系统。完成从产品设计到工艺过程设计的全部工作。

支持环境分系统。构造客户机/服务器结构的计算机系统和广域的网络平台，使异地分布的产品开发队伍能够协同工作。

制造分系统。并行工程的研究开发内容分阶段在实际企业得到应用或验证，加工并装配出合格的机械结构件。

下面是并行工程体系结构中的各分系统的详细描述。

（1）工程设计分系统

工程分系统以 CIMS 信息集成和 CAD/CAE/CAPP/CAM 为基础，扩展面向装配的设计（DFA）和面向制造的设计（DFM）功能，实现基于产品数据管理系统（PDM）的并行设计和产品全生命周期的数字化定义。它不仅要完成从产品设计到工艺过程设计的串行信息集成，而且要完成更高层次的功能集成，需要利用大量的工程文档、设计工具、测试、分析工具、仿真工具，产生大量的中间数据、图形和文档资料，还需要多学科、多功能小组地协同工作。因此，工程分系统采用产品数据管理系统作为并行设计框架，将工程设计领域中的 CAX/DFX 工具集成起来，并由网络和数据库提供有力的支持，如图 5-7 所示。工程分系统的主要特点如下。

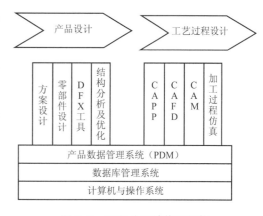

图 5-7　工程分系统体系结构

1）采用统一的数据标准，建立完整统一的产品数据模型，并将其存放在共享数据文件或数据库中，通过并行框架，任一阶段的设计修改信息都能够直接反映到其他工作中，并保证数据的唯一性和可跟踪性。

2）在零部件详细设计阶段，利用 DFX、CAE 等工具充分考虑产品的可装配性、可制造性及结构设计的优化。避免在产品开发后期阶段对设计进行大调整所造成的人力、物力的浪费。

3）后续设计过程可充分利用已有的产品信息进行设计，并将设计结果反馈给上游进行设计评价和修改，大大缩短了等待时间，缩短了产品开发周期。

（2）制造分系统

制造分系统的各类活动在管理调度系统的协调控制下进行，同时接受并行开发过程管理的控制，如图 5-8 所示。制造系统的主要活动是：快速工装准备、加工制造及快速原型的制造。制造设备、工具系

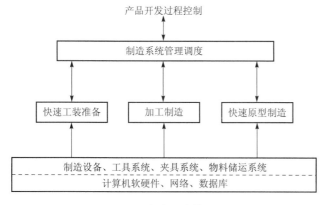

图 5-8　制造分系统体系结构

统、夹具系统、物料储运系统及各种计算机软硬件构成对上述活动的支持。

（3）支撑环境分系统

并行工程的研究开发环境基于计算机网络结构，其特点如下。

1）Client/Server 结构的计算机环境支持并行产品开发。

2）异构的广域网络支持群组协同工作。

3）并行工程的研发基于开放的计算机软件系统和开发工具，如产品数据管理系统 Metaphase，群组协同工作软件 Notes，多媒体会议系统 Showme，CAD 开发工具 Pro/Develop，面向对象的数据库 ObjectStore，信息集成开发工具 STEP-DT，关系数据库 Oracle。

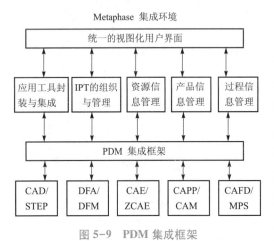

图 5-9　PDM 集成框架

（4）产品数据管理系统

PDM 系统可以作为支持并行工程的集成框架，在 PDM 环境中建立多功能开发团队的组织模式及协作环境，实现过程的管理与监控，如图 5-9 所示。并行工程强调多功能开发小组在产品开发过程中协调工作，由于多功能开发小组的成员来自多学科，其信息交换频繁、种类繁多、分布广泛，通信信息种类繁杂，涉及的信息种类有文本数据、图形、图像、语音、表格、文字等，而且信息量大，对网络传输实时性要求高，因此，并行工程对网络的通信能力有很高的要求，需要高带宽、低延迟、误码率小的网络系统。数据库要处理的信息不仅包括产品信息，还包括产品开发过程的描述信息、管理控制信息及各类反馈信息等。

2. 并行工程的运行特性

并行工程不同于计算机集成制造，却能为计算机集成制造系统提供良好的运行环境。并行工程是一种哲理、指导思想、方法论和工作模式，其本质是：强调设计的制造过程可行性，包括可制造性、可装配性和可检测性等；注重根据企业的设备和人力资源条件，考虑产品的可生产性；考虑产品的可使用性、可维修性和报废时易于处理等特性。其主要特点如下。

1）突出人的作用，强调人的协同工作。

2）一体化、并行地进行产品及其相关过程的设计，其中，尤其注重早期概念设计阶段的并行协调，重视产品方案设计和成本预测。

3）重视满足客户的要求，注重产品质量。

4）持续地改善产品有关过程。注重持续尽早地交换、协调、完善关于产品有关过程。

5）制造/支持等过程的约定和定义，重视过程质量和效率。

6）注重信息与知识财富的开发、利用与管理。

7）注重目标的不变性。

8）并行工程不能省去串行工作中的任一环节。

从并行工程的特点及本质可看出，并行工程在管理和技术两个方面对企业提出了要求。在组织管理上，建立以多功能、多学科小组为代表的产品开发团队及相应的平面化组织管理机制和企业文化；在设计、制造过程中，采用 DFX 技术、CAX 技术、统一的产品数据交换标准、设计标准化和产品全生命周期数据库技术。DFX 技术主要集中在 DFM 和 DFA 上，DFM 在产品设计阶段尽早地考虑与制造有关的约束，全面评价产品设计和工艺设计，并提出改进的反馈信息，及时改进设计；面向装配的设计（DFA）与 DFM 类似，它是将可装配性在设计时加以考虑，使设计与装配在计算机的支持下统一于一个通用的产品模型，来达到易于装配，节省装配时间、降低装配成本的目的。CAX 技术主要是指一系列的计算机辅助技术，包括 CAD（计算机辅助设计）、CAM（计算机辅助制造）、CAPP（计算机辅助工艺规划编程）、CAE（计算机辅助工程）等，随着计算机的出现，在很多专业领域（如机械、电子等）都开发出相应的软件，形成了一批 CAX 的软硬件系统，它们是并行工程实施中非常重要的工具。

5.3.3 并行工程的关键技术

并行工程是一种以空间换取时间来处理系统复杂性的系统化方法，它以信息论、控制论和系统论为基础，在数据共享、人机交互等工具支持下，按多学科、多层次协同一致的组织方式工作。并行工程的实施有如下的关键技术。

（1）产品开发过程的重构

并行工程的产品开发过程，是跨学科群组在计算机软硬件工具和网络通信环境的支持下，通过规划合理的信息流动关系及协调组织资源和逻辑制约关系，实现动态可变的开发任务流程。为了使产品开发过程实现并行、协调，并能面向全面质量管理作出决策分析，就必须对产品开发过程进行重构，即从产品特征、开发活动的安排、开发队伍的组织结构、开发资源的配置、开发计划，以及全面的调度策略等各个侧面进行不断改进和提高。

（2）集成的产品信息模型

并行工程强调产品设计过程上下游的协调与控制，以及多专家系统协调工作，因此，一个集成的产品信息模型就成为关键问题。集成产品信息模型应能够全面表达产品信息、工艺信息、制造信息以及产品寿命周期内各个环节的信息，能够表达产品各个版本的演变历史，能够表示产品的制造性、维护性和安全性，能够使设计小组成员共享模型中的信息。这样的模型应基于 STEP 标准，对产品所有信息进行定义和描述，包括用户要求、产品功能、设计、制造、材料、装配、费用和评价等各类特征信息；采用 Express 语言和面向对象的技术，对产品信息模型进行描述和表达；并把 Express 语言中各个实体映射到 C++语言中的类，生成 STEP 中性文件，为产品设计（CAD）、工艺设计（CAPP）、制造性评价，以及制造过程进行集成与并行提供充分的信息。因此，集成的产品信息模型，是实现产品设计、工艺设计、产品制造、产品装配和检验等开发活动信息共享和并行进行的基础和关键。

（3）并行设计过程的协调与控制

并行设计的本质是许多大循环过程中包含小循环，是一个反复迭代优化的过程。产品设计过程的管理、协调与控制是实现并行设计的关键。产品数据管理系统（PDM）能对并行设计起到技术支撑的作用。它集成和管理产品相关数据及其相关过程。在并行设计中产品数据是在不断交互中产生的，PDM能在数据的创建、更改及审核的同时跟踪监视数据的存取，确保产品数据的完整性、一致性及正确性，保证每一个参与设计的人员都能即时地得到正确的数据，从而使设计的返工率达到最低。

5.3.4 并行工程的支持工具

并行工程是一种群体设计团队的工作模式，需要有协同的工作环境和工具的支持，所需的支撑技术工具包括以下几种。

（1）全数字化定义的计算机辅助设计（CAX）工具

包括计算机辅助设计（CAD）、计算机辅助工程分析（CAE）、计算机辅助工艺规划（CAPP）、计算机辅助制造（CAM）、计算机辅助质量检测（CAT）等。

（2）面向X的设计技术（DFX）

包括面向制造的设计（DFM，Design for Manufacturing）、面向装配的设计（DFA，Design For Assembly）、面向检测的设计（DFT，Design For Testing）、面向拆卸的设计（DFU，Design For Un-assembly）等。DFM主要是在设计过程中解决设计特征的加工问题，确保产品的制造性；DFA主要是在设计过程中解决装配及装配加工问题，确保产品的装配性，避免后期出现装配问题。

（3）产品数据管理（PDM）

PDM是多功能设计小组并行设计产品及其相关问题的基础，其目标是对CE中的共享数据进行统一、规范管理，保证全局共享数据的一致性，提供统一的数据库操纵界面，使多功能设计小组在一个统一的界面下工作，而不关心应用程序运行平台及物理数据的数据模型及存储位置。

（4）协同的网络通信手段

为了便于分布式的产品开发，计算机支持协同工作（CSCW）的网络通信手段和工具是非常有用的，包括多媒体邮件、电子公告板、视频会议系统等。

1）多媒体邮件。通过计算机网络交换电子邮件是计算机辅助协同设计的一种形式，电子邮件系统使用的简单性、价格合理和高效的实用性已使其应用大为扩展。为了支持分布的开发者解决产品开发技术性问题，出现了更进一步的多媒体电子邮件交换系统，它具有显著的效率和效益。多媒体邮件对数据传送率的要求较低，也不能保证接收到的电子邮件能立即读出，因此不适用于合作解决期限紧迫的设计问题。

2）电子公告板。电子公告板是处于网络中心，可提供观察、扩展和修改公共信息的白板技术。在分布式设计小组内，可将设计问题用文字和图像送到电子公告板，使所有设计者一目了然，变更或是解决方法的建议，即可从其他员工得到补充。电子公告板可与 Internet 互联，但同样不能保证在规定时间内得到同事的反应。

3）基于网络的视频会议系统（MONET，Meeting on Network）。MONET 是一种基于计算机网络的实际多媒体会议系统，用于计算机网络中各类人员、计算机及信息资源间的合作与共享。在 MONET 中，设计小组成员不需要离开其工作台就可以交换意见，就共同关心的问题进行协商，从而减少了通常来往所消耗的时间、精力和能量。开会者可以借助数据库和各类分析软件，对所讨论的问题作出迅速而明智的反映，不会因资料没有带全而将问题留到下次会议再研究。

❈ 5.4 精益生产（LP） ❈

5.4.1 精益生产的提出及发展背景

20 世纪 50 年代初，制造技术的发展突飞猛进，数控机床、机器人、可编程序控制器、自动物料搬运器、工厂局域网、基于成组技术的柔性制造系统等先进制造技术和系统迅速发展，但它们只是着眼于提高制造的效率，减少生产准备时间，却忽略了可能增加的库存而带来的成本的增加。当时日本丰田汽车公司副总裁大野耐一先生开始注意到制造过程中的浪费是造成生产率低下和增加成本的根结，他从美国的超级市场受到启迪，提出了准时生产制。

丰田汽车在 1953 年通过一个车间的试验，不断加以改进，逐步进行推广，经过 10 年的努力，发展为准时生产制，同时又在该公司早期发明的自动断丝检测装置的启示下研制出自动故障检报系统，从而形成了丰田生产系统。这种方式先在公司范围内实现，然后又推广到其协作厂、供应商、代理商以及汽车以外的各个行业，全面实现丰田生产系统。到了 20 世纪 80 年代初，日本的小汽车、计算机、照相机、电视机以及各种机电产品自然而然地占领了美国和西方发达国家的市场，从而引起了美国为首的西方发达国家的惊恐和思考。

美国麻省理工学院在剖析总结日本丰田汽车公司创造的丰田生产方式后，于 1990 年国际汽车计划（1MVP）研究报告中提出了以改革生产管理为中心的 LP 体系，他们称之为"世界级制造技术的核心"。这个概念被德国人吸收，并在 1992 年宣布要以 LP 来"统一制造技术的发展方向"。德国 Achen 工业大学继续发展了这个概念，描绘了 21 世纪的生产方式和目标，将其归纳为精益生产方式。

5.4.2 精益生产的概念与生产方式

1. 精益生产的基本概念

精益生产（Lean Production），英文原意是"瘦型"生产方式。精益生产简练的含义就是运用多种现代管理方法和手段，以社会需求为依托，以充分发挥人的作用为根本，有效配置和合理使用企业资源为企业谋求经济效益的一种新型企业生产方式。

精益生产方式的资源配置原则，是以彻底消除无效劳动和浪费为目标。精益的"精"就是精干（瘦型），"益"就是效益，合起来就是少投入，多产出，把成果最终落实到经济效益上，追求单位投入产出量。可见，实施精益生产方式要以去除"肥肋"为先导，改进原有的臃肿组织机构、大量非生产人员、宽松的厂房、超量的库存储备等状况。

2. 生产方式

之所以能产生精益生产方式，是由于精益生产发明人有一套完全的与众不同的思维方式作指导。主要的思维方式有下述三点。

（1）逆向思维方式

精益生产的思维方式大多都是逆向思维、风险思维，很多问题都是倒过来看，也是倒过来干的。比如，我们一般认为销售是生产经营的终点，而精益生产却把销售看成是起点，而且把用户看成是生产制造过程的组成部分；传统的生产方式一直是"推动式"的，从上到下发指令，从前工序送到后工序，一道道往后推，而精益生产却是由后道工序拉动前道工序；过去总认为超前生产是好事，而精益生产却认为超前生产是无效劳动，是一种浪费。

（2）逆境中的拼搏精神

精益生产方式是市场竞争的产物，来自逆境中的拼搏精神。丰田公司在开始 13 年的轿车累计产量不及福特公司一天产量的 40%，在相差这样悬殊的条件下，他们却敢于提出赶上美国，走出一条新路子。经过 20 年努力，终于把理想变成现实。

（3）无止境的尽善尽美追求

在思维方法上，精益生产与以往生产经营目标的根本差别在于追求尽善尽美，这是丰田公司的精神动力。大量生产追求的是有限目标，可以容忍一定的废品率和最大限度库存。而精益生产则追求的是完全目标、低成本、无废品、零库存和产品多种多样，而且永无止境地提高，不断奋斗。精益生产认为，允许出错误，错误就会不断发生，所以从开始就不应出错。

5.4.3　精益生产方式的特点

精益生产方式综合了单件生产与大量生产的优点，既避免了前者的高成本，又避免了后者的僵化，在内容和应用上具有如下的特征。

1）以销售部门作为企业生产过程的起点，产品开发与产品生产均以销售为起点，按订货合同组织多品种小批量生产。

2）产品开发采用并行工程方法和主查制，确保高质量、低成本，缩短产品开发周期，满足用户要求。

3）在生产制造过程中实行"拉动式"的准时化生产，把上道工序推动下道工序的生产变为下道工序要求拉动上道工序的生产，杜绝一切超前、超量生产。

4）以"人"为中心，充分调动人的潜能和积极性，普遍推行多机器操作，多工序管理，并把工人组成作业小组，不仅完成生产任务，而且参与企业管理，从事各种革新活动，提高劳动生产率。

5）追求无废品、零库存、零故障等目标，降低产品成本，保证产品多样化。

6）消除一切影响工作的"松弛点"，以最佳工作环境、最佳条件和最佳工作态度从事最佳工作，从而全面追求尽善尽美，适应市场多元化要求，用户需要什么则生产什么，需要多少就生产多少，达到以尽可能少的投入获取尽可能多的产出。

7）把主机厂与协作厂之间存在的单纯买卖关系变成利益共同的"共存共荣"的"血缘关系"，把70%左右零部件的设计、制造委托给协作厂进行，主机厂只完成约30%的设计、制造任务。

5.4.4 精益生产的体系结构

精益生产要求不仅是在技术上实现制造过程和信息流的自动化及其集成。而更重要的是从系统工程的角度对企业的活动及其社会影响进行全面的、整体的优化。精益生产不仅着眼于技术，还充分考虑到组织和人的因素，在企业的受益者——顾客、职工、雇主（所有者）、供应方和社会五方面的推动下建立其精益生产体系。

通过上述分析可以看出，提高企业的竞争力不仅取决于新技术、新的经营管理模式和组织结构，而且还与能否最大限度地调动和发挥人的作用相关，以人这个最具柔性和潜力的因素为中心，是先进制造技术发展的必然结果。精益生产方式把人作为这个体系的中心，从此取代了过去那种"机器中心论""全盘自动化"以及"无人化工厂"的思想。

精益生产实质上是以"尽善尽美"为理想目标，通过精简，促使企业达到更有效的集成，并将企业作为一个有机整体，对其进行持续不断的优化，进而不断提高企业的竞争力。

如果把精益生产体系看作一幢大厦，大厦的基础就是在计算机信息网络支持下的小组工作方式和并行工程，大厦的支柱就是准时生产、成组技术（GT）和全面质量管理。精益生产是屋顶，如图5-10所示。

准时生产指的是在需要的时候按需求量生产和搬运所需产品的生产方式。避免了因需要的变化而造成的大量产品的积压、贬值，以及

图5-10　精益生产体系结构

由于次品在流水线上未被发现所造成的浪费，消除大量库存，避免无效劳动和浪费，从而达到缩短生产周期、加快资金周转和降低生产成本的目的。准时生产要求工人成为"多面手"，强调集体协作，注重"团队"精神的实现。

成组技术已经成为生产现代化不可缺少的组成部分。成组技术是实现多品种、小批量、低成本、高柔性、按顾客订单组织生产的技术基础。通过采用成组技术就能够组织混流生

产、优化车间布置、减少产品品种的多样化，并可以通过产品的模块化、标准化来减少企业复杂度，提高企业的反应能力和竞争能力等。另外，精益管理中的面向过程的团队组织也与成组单元类似。

质量是企业生存之本，全面质量管理（TQM）是保证产品质量、树立企业形象和达到零缺陷的主要措施，是实现精益生产方式的重要保证。全面质量管理认为产品质量不是检验出来的，而是制造出来的。它采用预防型的质量控制，强调精简机构，优化管理，赋予基层单位以高度自治权力，全员参与和关心质量工作。质量保证不再作为一个专业岗位，而是职工本职工作的一部分。预防型的质量控制要求尽早排除产品和生产过程中的潜在缺陷源，全面质量管理体现在质量发展、质量维护和质量改进等方面，从而使企业生产出低成本、用户满意的产品。

精益生产在组织结构上打破了传统模式，采用工作小组方式，面向任务或项目组建工作小组，即在产品开发和生产过程中将设计、生产、检验等各方面人员集中在一起，形成集成的面向过程的团队组织，从而简化了产品开发与生产的整个过程，简化了组织机构。

并行工程是精益生产方式的基础。它要求产品开发人员从设计开始就考虑产品寿命周期的全过程，不仅要考虑产品的各项性能，如质量、成本和用户要求，还应考虑与产品有关的各工艺过程的质量及服务的质量。它通过提高设计质量来缩短设计周期，通过优化生产过程来提高生产效率，通过降低产品整个寿命周期的消耗，如产品生产过程中原材料消耗、工时消耗等，以降低生产成本。

通过改善团队组织单元间的相互通信、信息交流与共享关系，有助于改善团队中人员之间以及团队之间的合作与协同，消除生产活动中的不协调情况，全面提高整个系统的柔性和生产效率。

5.4.5 精益生产的主要内容

精益生产方式的应用涉及企业的产品开发、制造和经营管理的各个方面，主要是改进企业生产劳动组织和现场管理，彻底消除生产制造过程中的无效劳动和浪费，科学、合理地组织与配置生产要素，增强企业适应市场的应变能力，取得更高经济效益。

1. 主查制的开发组织，并行式的开发程序

精益生产的产品开发组织是比较紧密的矩阵工作组，由主查负责领导。所谓主查就是项目负责人。工作组成员是由各部门抽调来的，根据与开发任务的关系分为核心成员和非核心成员，核心成员自始至终不变动，非核心成员在各自部门里，只有紧急情况下才聚在一起，业务上受主查和所在部门双重领导。精益生产的主查比大量生产的项目经理具有更大的实权，对产品开发所需的一切资源，包括对人力、物力、财力拥有支配权；对产品设计方向和开发计划有决定权和指挥权；对小组成员有评价权、推荐权，并影响其职务及工资的晋升。主查虽不具有行政权力，但绝对应该是权威，由其权威性来左右。主查通过联席会议来协调问题、通报信息。

无论什么样生产方式，产品开发都要经过概念设计、产品规划、零部件图样设计、样品试制、工艺设计、工装和设备设计与制造、批量试生产、正式大批量生产等阶段。问题是如何组织好这些必要的阶段。传统大批量生产采用的是串行式程序，一阶段工作完成之后才进行下一阶段，他们各自独立工作互不协调，整个工作被拖得很长。精益生产采用并行式工作程序，产品开发从一开始设计，相关工艺、质量、成本、销售人员就联手参加有关工作，尽早进行阶段衔接，尽可能地同时工作，从而改变了以往接力棒式的推动做法，而是从后面向前面提出各种各样的要求。在产品设计过程就要确定制造工艺，用工艺保证达到质量标准、生产效率、目标成本和各项指标。

2. 拉动式的生产管理

精益生产组织生产制造过程的基本做法是用拉动式管理代替传统的推动式管理，即每一道工序的生产都是由其下道工序的需要拉动的，生产什么，生产多少，什么时候生产都是以正好满足下道工序的需要为前提。拉动式方法的特点：一是坚持一切以后道工序要求出发，宁可中断生产也不搞超前生产，用拉动式保证生产的准时化，即在需要的时候生产需要的产品和数量；二是生产指令不仅是生产作业计划，而且还用"看板"进行微调，即以计划为指导，以"看板"为现场指令。"看板"成为拉动式生产的重要指挥手段。

拉动式方式在生产制造过程中的具体应用，主要表现有以下几个方面：① 以市场需求拉动企业生产，即市场需要什么就生产什么，需要多少就生产多少，超前超量生产都是不允许的；② 在企业内部，以后道工序拉动前道工序，以总装配拉动总成装配，以总成拉动零件加工，以零件拉动毛坯生产；③ 以前方生产拉动后方，准时服务于生产现场；④ 以主机厂拉动协作配套厂生产，把协作配套厂的生产看成是主机厂生产制造体系的一个组成部分，尽可能地采用直达送货方式。

3. 以人本管理为根本的劳动组织体制

精益生产方式把雇员看成比机器更为重要的固定资产，在企业中的所有工作人员都是企业的终身雇员，不能随意淘汰。生产工人是企业的主人，在生产中享有充分的自主权，在生产线上的每一个工人在生产中出现故障时都有权拉铃让工区的生产停下来，并立即与小组人员一起查找故障原因，作出决策，解决问题，消除故障。

在精益生产方式中，企业不仅将任务和责任最大限度地托付在生产线上创造实际价值的工人，给他们施加工作压力，而且还通过培训等方式为工人们创造条件，扩大他们的知识面，提高他们的技能，使他们学会作业组的所有工作，不仅是产品加工、设备保养、简单修理，甚至还包括材料的订购。职工在这种既受到工厂重视又能掌握多种生产技能，而且又不是在枯燥无味地重复一个同样动作的情况下，必然会以主人公的态度积极地、创造性地对待自己的工作。

4. 简化产品检验环节，强调一体化的现场质量管理

精益生产方式对产品质量观点是：质量是制造出来的，而不是检查出来的，认为一切生

产线外的检查把关及返修都不能创造附加价值，而把保证产品质量的职能和责任转移到直接生产操作人员，要求每一个作业人员尽职尽责，精心完成工序内的每一项作业。由每一个操作工自己保证和检验产品质量，取消了昂贵的检验场所和修补加工区，这不仅简化了产品的检验，保证了产品的高质量，而且节省了生产费用。

5. 总装厂与协作厂之间的相互依存

精益生产方式主张在总装厂与协作厂之间建立起一种相互依存的信任关系，以代替单纯订货式的买卖关系。总装厂与协作厂之间的全部关系除了规定在基本合同文件之外，还组织协作厂协会，协会定期开会，交换意见、沟通信息，帮助协作厂培训干部，提高质量，降低成本，改善经营管理。此外，总装厂还常常派高级经理人员去协作厂任职，对主要的协作厂还采取参股、控股办法，建立起资金联合纽带的血缘关系。

协作厂参与总装厂的产品开发，使总装厂与协作厂、协作厂与协作厂之间的技术交流得以实现，有利于保证整机和各个总成的性能，并大大缩短了产品开发时间。

精益生产方式建立了总装厂与协作厂共同分析成本、确定目标价格、合理分享利润的体系，放弃了以势压人、讨价还价的做法。首先由总装厂通过市场预测确定产品的目标价格，然后，与协作厂家一起反过来研究如何在这个条件下制造出这种产品，使总装厂与协作厂都能获得利润。

精益生产方式几乎普遍采用直达供应和直送工位的体制。协作厂定时、定量直接将配套件送到总装厂，取消了缓冲环节。这样的供货方式实行起来有很大风险，在日本协作厂一般就近就地选择，距总装厂很近，大体在 50 km 半径范围内，实行直达供应比较容易。

6. 以顾客为中心的销售策略

精益生产改变了由经销人员在经销点坐等用户上门购买的被动销售方式，而是由经销人员登门拜访，挨家挨户推销的主动销售。如丰田公司，每个经销点由多个小组组成，除一个小组留守负责问询工作外，其他小组大部分时间都去挨家挨户推销汽车，了解经销点地区每家基本情况，把信息反馈给产品开发小组；向用户提出最贴切的购车建议，满足用户特定的要求；当用户拿不定主意时，还要带来样车进行演示。总之，用真诚感动用户。

为了适应这种登门服务，经销点越来越多地雇用女推销员。此外，通过完善的售后服务培养产品的忠诚用户，建立和培养用户毕生的忠诚，新车卖给用户后，车主便成了经销网络的一个成员，会经常得到经销人员问询服务，保证汽车正常运行。为了保持联系，还给车主寄生日卡，帮助办红白喜事，这样一种忠诚关系，使其他厂家很难打进去。

精益生产极为重视经销人员素质的提高，认为这是精益生产销售方式的原动力。精益生产销售人员的素质包括两个方面：一是思想素质，经销人员要对企业绝对忠诚，端正对工作的态度，树立正确的价值观；培养自我管理的能力和实践能力；妥善安排时间，不间断地学习，具有遇困难不退缩，坚韧不拔的毅力。二是业务素质，不但要掌握销售知识与技巧，还要非常了解产品、懂技术、会修理。如何培养选用经销人员？精益生产销售部门对每年招来的大学毕业新职工，首先在安排工作之前要对其进行六个月基本训练，包括在进行销售业务一般教育后送到工厂去，接受两周的实习教育；接下来是接受老维修人员的维修实习，然后再进入销售实习，就是到直接销售点进行为期三个月的推销工作。此外，在每次职务晋升之前，还要进行与各自岗位相应的进修。销售部门设立了设施精良、现代化的进修中心。

❖ 5.5 敏捷制造（AM） ❖

5.5.1 敏捷制造提出的背景

敏捷制造，又称灵捷制造（AM，Agile Manufacturing），是由里海（Lehigh）大学亚柯卡（Iaccoca）研究所与美国通用汽车公司等企业进行联合研究，于 1991 年正式提出来的一种新型生产模式。该生产模式公开后，立即受到世界各国的关注和重视。敏捷制造是在如下的历史背景下提出的。

（1）全球商品市场的形成

随着全球市场的形成，商品竞争更趋激烈，市场瞬息多变，为了能及时捕捉市场出现的机遇，必须有一个灵活反应的企业生产机制。

在 20 世纪 60 年代以前，美国企业生产策略是通过扩大生产规模赢得市场。到了 70 年代，日本和西欧发达国家依靠本国廉价的人力和物力生产廉价的产品打入美国市场，致使美国制造商将策略重点由规模生产转向节约成本。20 世纪 80 年代，原西德和日本生产高质量的工业品和高档的消费品与美国的产品竞争，并源源不断地推向美国市场，又一次迫使美国将制造策略的重心转向产品质量。到 90 年代，美国人认识到只降低成本、提高质量还不能保证赢得市场竞争，还必须缩短产品的开发周期，加速产品的更新换代，因此速度问题成为美国制造商们关注的重心。敏捷制造就是要用灵活的应变去应付快速变化的市场需求。

（2）对制造业进行重新认识

自第二次世界大战以后，西欧各国和日本经济遭受战争破坏，工业基础几乎被彻底摧毁，只有美国作为世界上唯一的工业国，经济一枝独秀。加之美国和苏联两国争霸的需要，美国的策略重心转向尖端技术，大力发展军事工业，热衷于军备竞赛，将制造业列为"夕阳产业"而不再予以重视，美国的产业部门一个接一个地"放弃产业制造"，由此产生了一系列的消极影响，致使美国经济严重衰退，例如：美国的汽车工业在 1955 年占世界市场的份额为 3/4，而到 1989 年急降到世界市场份额的 1/4；相反，日本则抢占了 30% 的国际市场。

随着美国制造业在世界市场急剧败退，许多商品所占市场份额急剧下降，美国人已清楚地认识到："不能保持世界水平的制造能力，必将危及国家在国内外市场的竞争能力"，"制造业是一个国家国民经济的支柱"，"美国在世界事务中的威望不仅取决于强大的国防态势，而且取决于强大的制造能力，为了保持美国的领导地位，美国应实施各种策略，重振其制造竞争力。"

为了保持美国在国际市场的领导地位，重新夺回美国在制造业的优势，在美国国防部的资助下，由里海大学牵头，组织了包括美国通用汽车公司在内的百余家公司，联合进行了调查研究。在广泛调查中发现了一个重要而又普遍的现象，即企业营运环境的变化超过了自身的调整速度。面对突然出现的市场机遇，虽然有些企业是因认识迟钝而失利，但有些企业已看到了新机遇的曙光，只是由于不能完成相应调整而痛失良机。为了向企业界描述这种市场竞争的新特征，指明一种制造策略的本质，研究者们在讨论达成共识的基础上提出了"Agility"（敏捷）术语。敏捷制造策略的重点在于促使美国制造业的发展，努力使美国能重新恢复其在制造业中的领导地位。

5.5.2　敏捷制造的基本原理和特点

敏捷制造是改变传统的大批量生产，利用先进制造技术和信息技术对市场的变化作出快速响应的一种生产方式；通过可重用、可重组的制造手段与动态的组织结构和高素质的工作人员的组成，获得企业的长期经济效益。

敏捷制造的基本原理为：采用标准化和专业化的计算机网络和信息集成基础结构，以分布式结构连接各类企业，构成虚拟制造环境；以竞争合作为原则在虚拟制造环境内动态选择成员，组成面向任务的虚拟公司进行快速生产；系统运行目标是最大限度满足客户的需求。

根据上述的基本原理，敏捷制造的特点有以下几点。

1）敏捷制造企业不仅能迅速设计、试制全新的产品，而且还易于吸收实际经验和工艺改革建议，不断改进老产品。

敏捷制造企业的这一特点在于敏捷制造对市场、对用户的快速响应能力，通过并行工作方式、快速原型制造、虚拟产品制造、动态联盟、创新的技术水平等措施来完成这一目标。

2）敏捷制造企业能在整个生命周期中满足用户要求。因为敏捷制造企业能够做到：快速响应用户的需求，及时生产出所需产品；产品出售前逐件检查保证无缺陷；不断改进老产品，让用户使用产品所需的总费用最低；通过信息技术迅速、不断地为用户提供有关产品的各种信息和服务，使用户在整个产品生命周期内对所购买的产品有信心。

3）敏捷制造企业的生产成本与生产批量无关。产品的多样化和个性化要求越来越高，而敏捷制造的一个突出表现就是可以灵活地满足产品多样化的需求。这一点可通过具有高度柔性、可重组、可扩充的设备和动态多变的组织方式来保证。所以它可以使生产成本与批量无关，做到完全按订单生产。

4）敏捷制造企业采用多变的动态组织结构。敏捷制造的这一特点主要是今后衡量竞争优势的准则对市场反映的速度和满足用户的能力。要提高这种速度和能力，采用固定的组织结构是万万不行的，必须以最快的速度把企业内部的优势和企业外部不同公司的优势集合在一起，集成为一个单一的经营实体即虚拟公司。这种虚拟公司组织灵活，市场反应敏捷，自主独立完成项目任务，当所承接的产品或项目一旦完成，公司即行解体。这里所说的虚拟公司实质上就是高度灵活的动态组织结构。

5）敏捷制造企业通过所建立的基础结构，以实现企业经营目标。敏捷制造企业要赢得竞争就必须充分利用分布在各地的各种资源，把生产技术、管理和起决定作用的人全面地集成到一个相互依赖、相互协调的系统中。要做到全面集成，就必须建立新的基础结构，包括各种物理基础结构、信息基础结构和社会基础结构等。这就像汽车和公路网的道理一样，要想让汽车能很快地跑到各地，就必须重视高速公路的基础结构。通过充分利用所建立的基础结构，充分利用先进的柔性可重组制造技术，实现企业的综合目标。

6）敏捷制造企业把最大限度地调动、发挥人的作用作为强大的竞争武器。有关研究表明，影响敏捷制造企业竞争力的最重要因素是工作人员的技能和创造能力，而不是设备。所以敏捷制造企业极为注意充分发挥人的主动性与创造性，积极鼓励工作人员自己定向、自己组织和管理；并且还通过不断进行职工培训和教育来提高工作人员的素质和创新能力，从而赢得竞争的胜利。

综上所述，敏捷制造企业主要在市场/用户、企业能力和合作伙伴这三方面反映自身的敏捷性，如图5-11所示。敏捷制造企业就是由敏捷的员工用敏捷的工具，通过敏捷的生产过程制造敏捷的产品。

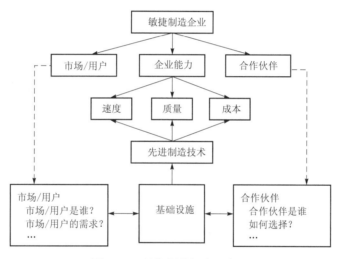

图5-11　敏捷制造概念示意图

5.5.3　敏捷制造的关键因素

1. 企业的信息系统

随着全球通信技术的飞速发展，信息已日益成为企业成功最重要的因素之一。企业信息系统的建立和管理，交流各种与企业有关的信息，是敏捷制造的支持环境。建立了通畅的企业信息系统，企业能够迅速明确自己的竞争环境，快速地响应市场/用户需求；通过网络能够进行异地设计，并行地进行产品开发；利用信息技术可持续不断地为用户提供有关产品的各种信息服务，使用户在整个产品寿命周期内对所购买的产品满意；可将各企业有关的经营特点、资源、设备能力等信息上网，在不同企业间进行信息的交换和共享，在"竞争-合作-协同"的前提下异地选择合作伙伴，赢得竞争优势。因此，企业信息系统是企业实施敏捷制造的基础结构。企业信息系统主要由企业内管理信息系统（MIS）和企业外信息互联网两部分组成。在实施敏捷制造过程中，企业内的 MIS 是影响企业信息系统最重要的因素。

2. 虚拟公司

虚拟公司又称动态联盟（Virtual Organization），是面向产品经营过程的一种动态组织结构和企业群体集成方式。虚拟公司是指企业群体为了赢得某一个机遇性市场竞争，把某复杂产品迅速开发生产出来并推向市场，由一个企业内部有优势的不同部分和有优势的不同企业，按照资源、技术和人员的最优配置，快速组成一个功能单一的临时性的经营实体，从而迅速抓住市场机遇。这种以最快的速度把企业内部的优势和企业外部不同公司的优势集合起来所形成的竞争力，是以固定专业部门为基础的静态不变的组织结构对市场的竞争力无法比拟的。

虚拟公司是一个对市场机遇作出反应而形成的聚集体，其生命周期取决于产品市场机遇，一旦所承接的产品和项目完成，机遇消失，虚拟公司就自行解体，各类人员立即转入其他项目，如图 5-12 所示。

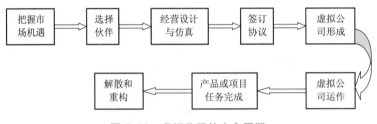

图 5-12　虚拟公司的生命周期

虚拟公司的目的是使企业长期获取经济利益，敏捷制造企业采用这种既有竞争、又有合作的多变的动态组织结构，其出发点是建立在共同取胜获益的思想基础上的。虚拟公司的企业之间，是在竞争基础上相互信任、获取共同利益的合作关系，它打破了各种界限，通过整个聚合扩大资源要素配置范围，形成超出自身的竞争优势。为了共同的利益，虚拟公司的各成员只做自己特长的工作，把各成员的专长、知识和信息优势集中起来，有效地投入到以最短的反应时间和最小的投资为目标，满足用户需求的共同努力中去。虚拟公司成员间是平等合作的伙伴关系，实行知识、技能和信息共享及资源有偿共享。

虚拟公司改变了传统的静态不变的组织结构，是敏捷制造的核心，具有以下几个明显的优点。

1）中小企业可以通过分享其他合作者的资源完成过去只有大企业才能完成的工作，而大企业在不需要大量投资的情况下通过转包生产的方式迅速扩大它的生产能力和市场占有率，从另一角度也降低了失败的风险。

2）由于合作者有着各自的专长和优势，虚拟公司可以在经济和技术实力上很方便地超过它的所有竞争对手。

3）跨地区、跨国界的国际合作，使每一个合作者都有机会进入更广泛的市场，各自的资源可以得到充分的利用，取得局部最优基础上的全局最优。

4）可兼容企业间的竞争和合作，保存竞争的活力，又避免过度的竞争。

3. 敏捷制造的基础结构

敏捷制造生产模式需要有基础结构的支持，敏捷制造需要的基础结构，包括物理的、法律的、社会的和信息的基础结构。

（1）物理基础结构

物理基础结构是指虚拟公司运行所必需的厂房、设备、实施、运输、资源等必要的物理条件，是指一个企业乃至全球范围内的物理设施。有了这样的物理基础结构，当有一个机遇出现时，为了抓住机会，尽快占领市场，只需要添置少量必要的设备，集中优势，开发关键部分，而多数的物理设施可以通过选择合适的合作伙伴得到。

（2）法律基础结构

它是指国家关于虚拟公司的法律和政策条文。具体来说，它应规定出如何组织一个法律上承认的虚拟公司，这涉及如何交易，利益如何分享，资本如何流动，如何纳税，虚拟公司破产后又如何还债，虚拟公司解散后如何善后，人员又如何流动等问题。

（3）社会基础结构

虚拟公司要能够生存和发展，还必须有社会环境的支持。虚拟公司的解散和重组、人员的流动等是非常自然的事，这些都需要社会来提供职业培训、职业中介等服务环境。

（4）信息基础结构

这是指敏捷制造所需的信息支持环境，包括企业信息网络、各种服务网点、中介机构等一切为虚拟公司服务的信息手段。

4. 敏捷型的员工

敏捷制造的一个显著特征，就是以其对机会的迅速反应能力来参与激烈的市场竞争，这不仅是计算机所不能胜任的工作，而且也不是思想僵化、被动接收指令的职工或一般模式中偏重于技术的工程师们所能应付得了的。敏捷制造需要具有"创造性思维"的全面发展的敏捷型员工才能胜任。敏捷型员工的特征见表 5-1。

表 5-1　敏捷型员工的特征

	一般员工	敏捷员工
基本技能	阅读；书写；算数	阅读和写作能力；计算；综合信息；沟通技巧；掌握技术
核心能力	准确复制信息；听从命令；操作机器	寻找方式，学习新技能；系统考虑；作决策；实验
个人内在技能	服从；守时；忍耐；遵守纪律	合作；自定位；有效地相互依赖；从整体出发行动
精神境界	自主；不愿意共享；趋于不信任	建设性的反崇拜；好奇/创造性强；崇尚多样化

拥有敏捷型员工的企业具有明显的优势，这是因为：① 敏捷型员工能够充分发挥主动性和创造性，积极有效地掌握信息和新技术；② 敏捷型员工反应迅速灵活，能快速地从一个项目转换到另一个项目；③ 敏捷型员工得到授权后，能自己组织和管理项目，在各个层次上作出适当的决策；④ 敏捷型员工具有协作精神，在虚拟公司中能与各种人员保持良好的合作关系。

敏捷制造企业把不断对每个员工进行培训和再教育作为自己保持和提高竞争能力的重要手段。同时，企业的组织结构应该是扁平的，能形成多功能小组和清晰的垂直管理关系，为敏捷型员工提供有效的支持结构和管理方法，以及教育、培训环境。员工的培训只是作为敏捷型员工的第一步，要成为真正的敏捷型员工，还必须以敏捷型企业文化作为相应的外部条件，通过适当的途径和有效的组织，使敏捷型员工的才能得以充分发挥。

5. 虚拟制造

虚拟制造是在计算机环境下将现实制造系统映射为虚拟制造系统，借助三维可视交互环境，对产品从设计、制造到装配的全过程进行全面仿真的技术。虚拟制造不仅可以仿真现有企业的全部生产活动，而且可以仿真未来企业的物流系统，因而可以对新产品设计、制造乃至生产设备引进以及车间布局等各个方面进行模拟和仿真。

敏捷制造的主要思想是面对市场机遇，组建一个个小规模的模块化的虚拟公司，用最优的组合、最快的速度、最新的技术去赢得市场的竞争。然而，在虚拟公司正式运行之前，必须分析这种组织是否最优，这样的组合能否正常地协调运行，并且还需对这种组合投产后的效益及风险进行有效的评估。为了实现这种分析和评估，就必须把虚拟公司映射为一种虚拟制造系统，通过运行该虚拟制造系统，进行系统的仿真和实验，模拟产品设计、制造和装配的全过程。由此可以看出，虚拟制造是敏捷制造的一项关键技术，是实现敏捷制造的一个重要手段。

虚拟制造提供了交互的产品开发、生产、计划、调度、产品制造和后勤保障等过程的可视化工具，从范围来说覆盖了从设备、车间到整个企业的各个方面。

由于虚拟制造系统不消耗资源和能量，也不生产现实世界的产品，而只是模拟产品设计、开发及其实现过程，因而它具有以下的一些特征。

1）功能一致性。虚拟制造系统的功能应该与相应的现实制造系统的功能是一致的，它能忠实地反映制造过程本身的动态特性。

2）结构相似性。虚拟制造系统与相应的现实制造系统在结构上是相似的。

3）组织的灵活性。虚拟制造系统是面向未来、面向市场、面向用户需求的制造系统，因此，其组织与实现应具有非常高的灵活性。

4）集成化。虚拟制造系统涉及的技术与工具很多，应综合运用系统工程、知识工程、并行工程、人机工程等多学科先进技术，实现信息集成、智能集成、串并行工作机制集成和人机集成等多种形式的集成。

5.5.4 敏捷制造对制造业的影响

敏捷制造不是凭空产生的，是制造型企业为适应经济全球化和先进制造技术及其相关技术发展的必然产物，它的基本思想和方法可以应用于绝大多数类型的行业和企业。制造型企业采用敏捷制造策略后，将在以下几个方面会引起明显的变革。

（1）联合竞争

不同行业和规模的企业将会联合起来构造敏捷制造环境。在这个环境下，每一个企业可以扬长避短，可以利用企业外部资源和技术发展自己，可以与工业发达国家企业之间进行合作。在这种形势下，一个企业将无法单独与组成敏捷制造环境的企业集团进行竞争，而导致某些敏捷制造集团将会主导若干行业的技术和产品的发展主流。

（2）技术和能力交叉

敏捷制造策略将促进制造技术和管理模式的交流和发展，促进各类行业中生产技术的双重转换和多种利用。企业内部的柔性制造单元将不受企业产品类型的限制，可以加工更多的零件，充分发挥各个制造单元的生产能力。

（3）环境意识加强

企业将采用绿色设计和绿色制造技术，自觉地保护生态环境。

（4）信息成为商品

在构成敏捷制造支撑环境的计算机网络上会出现各种信息中介服务机构，它们将向企业和顾客提供各种咨询服务。某些中介机构还可以向企业提供标准零件库，进一步可能出现独立的设计服务机构，在获得认可后加入敏捷制造环境，向企业提供各种设计服务。

❈ 5.6 智能制造 ❈

随着现代制造技术、信息技术的飞速发展，以及新型感知技术和自动化技术的应用，制造技术正在向信息化、自动化和智能化的方向发展，智能制造已经成为下一代制造业发展的重要内容。

5.6.1 智能制造的背景

过去人们对制造技术的注意力集中在制造过程的自动化上，从而导致在制造过程中自动化水平不断提高的同时，产品设计及生产管理效率提高缓慢。生产过程中人们体力劳动虽然得到极大的解放，但脑力劳动的自动化程度（即决策自动化程度）却很低，各种问题求解的最终决策在很大程度上仍依赖于人的智慧。并且，随着竞争的加剧和制造信息量的增加，这种依赖程度将越来越大。同时，从 20 世纪 70 年代开始，发达国家为了追求廉价的劳动力，逐渐将制造业转移到了发展中国家，从而引起本国技术力量向其他行业的转移，但发展中国家专业人才又严重短缺，其结果制约了制造业的发展。因此，制造产业希望减少对人类智慧的依赖，以解决人才供求的矛盾。智能制造技术（intelligent manufacturing technology，IMT）和智能制造系统（intelligent manufacturing system，IMS）正是适应上述情况而得以发展。

1992 年，美国执行新技术政策，大力支持关键重大技术（crital technology），包括信息技术和新的制造工艺等，智能制造技术列在其中，美国政府希望借助此举改造传统工业并启动新产业。

加拿大制订的 1994—1998 年战略发展规划认为，未来知识密集型产业是驱动全球经济和加拿大经济发展的基础，发展和应用智能系统至关重要，并将具体研究项目选择为智能计算机、人机界面、机械传感器、机器人控制、新装置及动态环境下系统集成等方面。

日本 1989 年提出智能制造系统，且于 1994 年启动了先进制造国际合作研究项目，包括了公司集成和全球制造、制造知识体系、分布智能系统控制、快速产品实现的分布智能系统技术等。

欧洲联盟的信息技术相关研究有 ESPRIT 项目，该项目大力资助有市场潜力的信息术。1994 年又启动了新的 R&D 项目，选择了 39 项核心技术，其中 3 项（信息技术、分子物学和先进制造技术）中均突出了智能制造的位置。

我国 20 世纪 80 年代末也将"智能模拟"列入国家科技发展规划的主要课题，已在专家系统、模式识别、机器人、汉语机器理解方面取得了一批成果。科技部正式提出了"工业能工程"，作为技术创新计划中创新能力建设的重要组成部分，智能制造将是该项工程中重要内容。《中国制造 2025》明确了我国制造业发展的十大重点领域，其中智能制造是主攻方向或是最重要的突破口。

由此可见，智能制造正在世界范围内兴起，它是制造技术发展，特别是制造信息技术发展的必然，是自动化和集成技术向纵深发展的结果。

5.6.2 智能制造的含义

智能制造源于人工智能的研究。人工智能就是用人工方法在计算机上实现的智能。1956年，在美国逻辑学家布尔（G. Bole）创立的基本布尔代数和用符号语言描述的思维活动的基本推理法则，以及麦克库洛（W. Meculloth）和匹茨（W. Pitts）的神经网络模型的基础上，提出了人工智能的概念。20 世纪 80 年代以来，人工智能开始用于制造系统中。

智能制造（IM）是一种由智能机器和人类专家共同组成的人机一体化智能系统，它在制造过程中能进行智能活动，诸如分析、推理、判断、构思和决策等。通过人与智能机器的合作共事，去扩大、延伸和部分地取代人类专家在制造过程中的脑力劳动。

智能制造面向产品全生命周期，实现感知条件下的信息化制造，是在现代传感技术、网络技术、自动化技术、拟人化智能技术等先进技术的基础上，通过智能化的感知、人机交互、决策和执行技术，实现设计过程智能化、制造过程智能化和制造装备智能化等。

应当指出的是智能制造具有鲜明的时代特征，内涵也不断完善和丰富。智能制造应当包含智能制造技术和智能制造系统两部分。

1. 智能制造技术

智能制造技术包括人类对制造过程的行为认识，以及对解决制造问题各种方法的认识等，是指在制造工业的各个环节，以一种高度柔性与高度集成的方式，通过计算机模拟人类专家的智能活动，进行分析、判断推理、构思和决策，旨在取代或延伸制造环境中人的部分脑力劳动，并对人类专家的制造智能进行收集、储存、完善、共享、继承与发展的技术。

2. 智能制造系统

智能制造系统是一种由智能机器和人类专家共同组成的人机一体化系统，这种系统可以在确定性受到限制，或在没有经验知识和不能预测的环境下，根据不完全的、不精确的信息来完成拟人的制造任务。

由于这种制造模式，突出了知识在制造活动中的价值地位，而知识经济又是继工业经济后的主体经济形式，所以智能制造就成为影响未来经济发展过程的制造业的重要生产模式。

5.6.3 智能制造的特征

和传统的制造相比，智能制造系统具有以下特征：

（1）自律能力　具有收集与理解环境信息和自身信息，并进行分析判断和规划自身行为的能力。强有力的知识库和基于知识的模型是自律能力的基础。

（2）人机一体化　IMS 不单纯是"人工智能"系统，而是人机一体化智能系统，是一种混合智能。想以人工智能全面取代制造过程中人类专家的智能，独立承担起分析、判断、决策等任务是不现实的，因为具有人工智能的智能机器只能进行机械式的推理预测、判断，只有逻辑思维（专家系统），最多做到形象思维（神经网络），完全做不到灵感（顿悟）思维，只有人类专家才真正同时具备以上三种思维能力。人机一体化一方面突出人在制造系统中的核心地位，另一方面，在智能机器的配合下，使人机之间表现出一种平等共事、相互"理解"相互协作的关系，使二者在不同的层次上各显其能，相辅相成。

（3）自组织与超柔性　智能制造系统中的各组成单元能够依据工作任务的需要，自行组成一种最佳结构。

（4）学习能力与自我维护能力　智能制造系统能够在实践中不断地充实知识库，具有自学习功能。同时，在运行过程中自行故障诊断，并具备对故障自行排除、自行维护的能力。这种特征使智能制造系统能够自我优化并适应各种复杂的环境。

（5）虚拟现实技术　可以按照人们意愿任意变化，这种人机结合的新一代智能界面制造的另一个显著特征。

5.6.4 智能制造研究的内容

智能制造的支撑技术是人工智能技术、并行工程、虚拟现实技术和信息网络技术。其中

IMT 的目标是用计算机模拟制造业人类专家的智能活动，取代或延伸人的部分脑力劳动，而这些正是人工智能技术研究的内容。

1. 智能制造理论和系统设计技术

智能制造概念的正式提出至今时间不长，其理论基础和技术体系仍在形成过程中，它的精确内涵和关键设计技术仍需进一步研究。其内容包括：智能制造的概念体系，智能制造系统的开发环境与设计方法以及制造过程中的各种评价技术等。

2. 智能制造单元技术的集成

人们在过去的工作中，以研究人工智能在制造领域中的应用为出发点，开发了众多的面向制造过程中特定环境、特定问题的智能单元，形成了一个个"智能化孤岛"。它们是智能制造研究的基础。为使这些"智能化孤岛"面向智能制造，使其成为智能制造的单元技术，必须研究它们在 IMS 中的集成，并进一步完善和发展这些智能单元。它们包括：

（1）智能设计 应用并行工程和虚拟制造技术，实现产品的并行智能设计。

（2）生产过程的智能规划 研究和开发创成式 CAPP 系统，使之面向 IMS。创成式 CAPP 系统不以标准工艺规程为基础，而是从零开始由软件系统根据零件信息直接生成个新的工艺规程。

（3）生产过程的智能调度。

（4）生产过程的智能控制。

（5）智能检测、诊断和补偿。

（6）智能质量控制。

（7）生产与经营的智能决策。

（8）智能机器的设计。智能机器是 IMS 中模拟人类专家智能活动的工具之一，因此对智能机器的研究在 IMS 研究中占有重要的地位。IMS 常用的智能机器包括智能机器人、智能加工中心、智能数控机床和自引导小车等。

5.6.5 智能技术与智能设备

1. 智能技术

智能制造正日益受到社会的广泛关注，已诞生出很多新的智能技术，目前，智能技术主要包括以下几个方面技术：

（1）新型传感技术 包括高传感灵敏度、精度、可靠性和环境适应性的传感技术、采用新原理、新材料、新工艺的传感技术（如量子测量、纳米聚合物传感、光纤传感等），微弱传感信号提取与处理技术。

（2）模块化、嵌入式控制系统设计技术包括不同结构的模块化硬件设计技术，微内核操作系统和开放式系统软件技术、组态语言和人机界面技术，以及实现统一数据格式、统一编程环境的工程软件平台技术。

（3）先进控制与优化技术　包括工业过程多层次性能评估技术，基于海量数据的建模技术，大规模、高性能多目标优化技术，大型复杂装备系统仿真技术，高阶导数连续运动规划、电子传动等精密运动控制技术。

（4）系统协同技术　包括大型制造工程项目复杂自动化系统整体方案设计技术以及安装调试技术，统一操作界面和工程工具的设计技术，统一事件序列和报警处理技术，一体化资产管理技术。

（5）故障诊断与健康维护技术　包括在线或远程状态监测与故障诊断、自愈合调控与损伤智能识别以及健康维护技术．重大装备的寿命测试和剩余寿命预测技术，可靠性与寿命评估技术。

（6）高可靠实时通信网络技术　包括嵌入式互联网技术，高可靠无线通信网络构建技术，工业通信网络信息安全技术和异构通信网络间信息无缝交换技术。

（7）功能安全技术　包括智能装备硬件、软件的功能安全分析、设计、验证技术及方法，建立功能安全验证的测试平台，研究自动化控制系统整体功能安全评估技术。

（8）特种工艺与精密制造技术　包括多维精密加工工艺，精密成形工艺，焊接、粘接、烧结等特殊连接工艺，微机电系统（MEMS）技术，精确可控热处理技术，精密锻造技术等。

（9）识别技术　包括低成本、低功耗 RFID 芯片设计制造技术，超高频和微波天线设计技术，低温热压封装技术，超高频 RFID 核心模块设计制造技术，基于深度三位图像识别技术，物体缺陷识别技术。

2. 智能设备

设备智能化已经是产品更新换代的发展方向，智能设备已经在影响着我们的日常生活。

（1）穿戴式智能设备　穿戴式智能设备是应用穿戴式技术对日常穿戴进行智能化设计，从而开发出可以穿戴的设备的总称。如智能手表、智能手环、谷歌眼镜等，如图 5-13 所示。

（a）

（b）

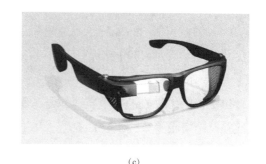
（c）

图 5-13　智能穿戴设备

（a）智能手表；（b）智能手环；（c）谷歌眼镜

（2）智能电视　目前，智能电视功能扩展，应用程序日益丰富。人机界面、交互方式也越来越多样化，除了传统的电视遥控器之外，语音控制、手势操作、人脸识别、触摸控制等交互方式都在智能电视上得到了不同程度的应用，各项技术正在不断发展，日益成熟。例

图5-14　智能电视手势操作图

如，未来通过人脸识别技术可以对使用者的身份识别，为其主动推送符合个人兴趣的节目，以期提高用户使用感受，同时帮助运营商和服务商实现商业广告精准投放，使电视真正成为家庭娱乐、沟通和自主学习的中心。智能电视手势操作如图5-14所示。

（3）智能汽车　智能汽车是一种无人驾驶汽，也可以称之为轮式移动机器人，主要依靠车内的以计算机系统为主的智能驾驶仪来实现无人驾驶。它集中运用了计算机现代传感、信息融合、通信、人工智能及自动控制等技术，可以自动起动、加速、刹车，可以自动绕过地面障碍物。在复杂多变的情况下，它能随机应变，自动选择最佳方案，指挥汽车正常、顺利地行驶。智能汽车的组成装置如图5-15所示。

2014年5月28日，在Code Conference科技大会上，谷歌推出新产品——无人驾驶汽车，并进行了路况测试。Google无人驾驶汽车如图5-16所示。

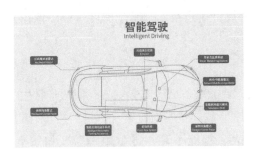

图5-15　智能汽车的组成装置

图5-16　Google无人驾驶汽车

（4）智能家居　智能建筑指通过将建筑物的结构系统服务和管理根据用户的需求进行最优化组合，从而为用户提供一个高效、舒适、便利的人性化建筑环境。智能家居如图5-17所示。

建筑智能化工程包括计算机管理系统工程，楼宇设备自控系统工程，通信系统工程，保安监控及防盗报警系统工程，卫星及共用电视系统工程，车库管理系统工程，综合布线系统工程，计算机网络系统工程，广播系统工程，会议系统工程，视频点播系统工程，智能化小区物业管理系统工程，可视会议系统工程，大屏幕显示系统工程，智能灯光、音响控制系统工程，火灾报警系统工程，计算机机房工程，一卡通系统工程等。建筑智能化工程如图5-18所示。

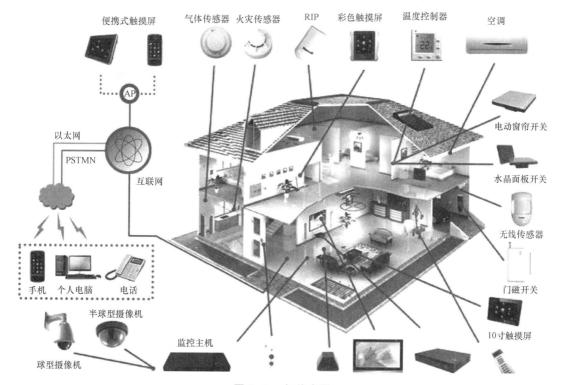

便携式触摸屏　气体传感器　火灾传感器　RIP　彩色触摸屏　温度控制器　空调

AP

以太网

PSTMN

互联网

手机　个人电脑　电话

半球型摄像机

球型摄像机

监控主机

电动窗帘开关

水晶面板开关

无线传感器

门磁开关

10寸触摸屏

图 5-17　智能家居

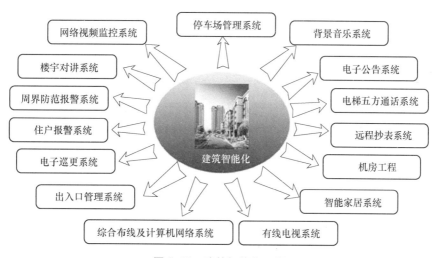

网络视频监控系统

停车场管理系统

背景音乐系统

楼宇对讲系统

电子公告系统

周界防范报警系统

电梯五方通话系统

住户报警系统

远程抄表系统

电子巡更系统

机房工程

出入口管理系统

智能家居系统

综合布线及计算机网络系统

有线电视系统

建筑智能化

图 5-18　建筑智能化工程

（5）智能电网　所谓智能电网，就是电网的智能化，它是建立在集成的、高速双向通信网络的基础上，通过先进的传感和测量技术、设备技术、控制方法以及先进的决策支持系统技术的应用，实现电网的可靠、安全、经济、高效、环境友好和使用安全的目标。智能电网的核心内涵是实现电网的信息化、数字化、自动化和互动化。智能电网如图 5-19 所示。

图 5-19　智能电网

5.7.1　绿色的概念

　　制造业是创造人类财富的支柱产业，但同时又大量消耗掉人类社会的有限资源，并且是造成当前环境污染问题的主要根源，为此，制造业实施可持续发展战略已势在必行。绿色制造是一个综合考虑环境影响和资源消耗的现代制造模式，其目标是使得产品从设计、制造、包装、运输、使用到报废处理的整个生命周期中，对环境负面影响极小，资源利用率极高，并使企业经济效益和社会效益协调优化。绿色制造实质上是人类社会可持续发展战略在现代制造业中的体现。

　　目前"绿色"这个概念应用很广，如绿色制造、绿色产品、绿色设计等。"绿色"被认为是一个显而易见的概念，至今没有一个明确的定义。美国制造工程师学会 SME 的 Green Manufacturing 蓝皮书中对"绿色"进行了讨论，认为对"绿色"作出明确的定义是绿色制造发展中的一个难点和障碍。综合国内外的研究，我们认为"绿色"是一个与环境影响紧密相关的概念，具有绝对和相对两种含义。在实际应用中用得更多的是"绿色"的相对概念。如当前对绿色产品的评价，通常是以相关的环境标准和法规为基准，当产品的环境影响符合要求时，即认为是绿色的。又如产品甲的负面环境影响比产品乙小，则可认为产品甲的绿色性比产品乙更好。

　　为了对"绿色"与环境影响程度进行量化和评价，产生了"绿色度"的概念。绿色度是绿色的程度或对环境的友好程度。负面环境影响越大则绿色度越小，反之则越大。相应地，绿色度也具有绝对和相对两层含义。在绝对绿色度中，负面环境影响对应的绿色度为负值，正面环境影响对应的绿色度为正值。在实际情况中，由于环境影响往往是负面的，绝对绿色度往往也是负的。在相对绿色度中，可以取相应标准的最低要求作为零值。需要指出的是，这里的环境影响是一个广义的环境影响，包括资源消耗和一般意义上的环境影响（对人体健康和生态环境的影响）。当前绿色度研究的重点和难点是其量化问题。

当前，环境问题的主要根源是资源消耗后的废弃物。因此，资源问题不仅涉及人类世界有限的资源如何可持续利用问题，而且它又是产生环境问题的主要根源。制造业在将制造资源转变为产品的制造过程中和产品的使用与处理过程中，同时产生废弃物（也称废弃资源），废弃物是制造业对环境污染的主要根源。由于制造业量大面广，因而对环境的总体影响很大。因此，绿色制造的根本途径是优化制造资源的流动过程，使得资源利用率尽可能高，废弃资源尽可能少。

5.7.2 绿色制造的概念与研究现状

绿色制造（Green Manufacturing）有关内容的研究可追溯到 20 世纪 80 年代，但比较系统地提出绿色制造的概念、内涵和主要内容的文献是美国制造工程师学会（SME）于 1996 年发表的关于绿色制造的专门蓝皮书《Green Manufacturing》。1998 年 SME 又在国际互联网上发表了绿色制造的发展趋势的网上主题报告，对绿色制造研究的重要性和有关问题又作了进一步的介绍。SME 学会 1996 年的蓝皮书对绿色制造的概念和内涵主要从两方面来加以说明。一是从定义方面，他们认为绿色制造，也称为清洁制造，其目标就是使产品从设计、生产、发运到报废后处理的全过程对环境的负影响达到最小。二是从领域范围方面，绿色制造是制造过程（包括产品设计和制造加工活动）与环境问题的交汇部分，如图 5-20 所示。但随着时代的发展，该定义仅仅从清洁制造和环境影响的角度描述绿色制造是不够的。因为在绿色制造系统中，影响环境问题的根本原因是资源消耗，同时人类有限的资源如何最有效地利用也是绿色制造应该考虑的问题，因此绿色制造的概念应体现资源消耗问题。对绿色制造可给出如下定义：绿色制造又称环境意识制造、面向环境的制造等。它是综合考虑环境影响和资源消耗的现代制造模式，其目标是实现产品从设计、制造、包装、运输、使用到报废处理的整个生命周期中，对生态环境的负面影响最小，资源利用率最高，并使企业经济效益和社会效益协调优化。绿色制造的领域交叉状况如图 5-21 所示。

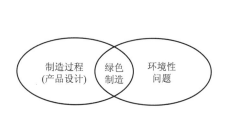

图 5-20　绿色制造的领域交叉情况（一）

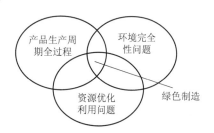

图 5-21　绿色制造的领域交叉情况（二）

从绿色制造的概念可知，当前国际上提出的清洁生产应是绿色制造的组成部分。因为前者仅仅是指产品生命周期中的具体制造生产或加工过程，而后者指的是商品的整个生命周期。当前联合国从人类长远生存的角度，提出了全球经济发展的可持续性发展战略（Sustainable Development）。实际上，绿色制造就是可持续性发展战略在制造业中的体现，或者说，绿色制造是可持续性发展战略的组成部分。

绿色制造的研究正在国际上迅速开展。特别是近年来，国际标准化组织 ISO 发布了有关环境管理体系的 ISO 14000 系列标准，推动着绿色制造的研究更加活跃和迅速发展。在我国，近年来在绿色制造及相关问题方面也进行了大量的研究，国家自然科学基金和国家863/CIMS 主题均支持了一定数量的绿色制造方面的研究课题，已取得了不少研究成果。国家 863/CIMS 主题还在中国现代集成制造系统网络（CIMS Net）上开辟了绿色制造专题，对国内外绿色制造研究情况进行了综合介绍。国内不少高校和研究院所对绿色制造的理论体系、专题技术等都进行了大量的研究。国家环保总局于 1996 年 1 月批准成立了国家环保总局华夏环境管理体系审核中心，专门负责 ISO 14000 系列标准在我国的实施、培训工作以及同国际有关机构的交流。并建立了专门的网站——中国环境管理体系认证信息网。ISO 14000环境管理体系标准引起了我国众多企业的重视。

5.7.3　绿色制造的研究内容

总结国内外已有的研究工作，绿色制造的研究内容主要包括以下几个方面。

（1）绿色制造的理论体系

包括绿色制造的资源属性、建模理论、运行特性、可持续发展战略，以及绿色制造的系统特性和集成特性等。

（2）绿色制造的体系结构和多生命周期工程

包括绿色制造的目标体系、功能体系、过程体系、信息结构、运行模式等。绿色制造涉及产品整个生命周期中的绿色性问题，其中大量资源如何循环使用或再生，又涉及产品多生命周期工程这一新概念。

（3）绿色制造的系统运行模式

只有从系统集成的角度，才可能真正有效地实施绿色制造。为此需要考虑绿色制造的系统运行模式——绿色制造系统。绿色制造系统将企业各项活动中的人、技术、经营管理、物能资源、生态环境，以及信息流、物料流、能量流和资金流有机集成，并实现企业和生态环境的整体优化，达到产品上市快、质量高、成本低、服务好、有利于环境，并赢得竞争的目的。绿色制造系统的集成运行模式主要涉及绿色设计、产品生命周期及其物流过程、产品生命周期的外延及其相关环境等。

（4）绿色制造的物能资源系统

鉴于资源消耗问题在绿色制造中的特殊地位，且涉及绿色制造全过程，因此应建立绿色制造的物能资源系统，并研究制造系统的物能资源消耗规律、面向环境的产品材料选择、物能资源的优化利用技术、面向产品生命周期和多生命周期的物流和能源的管理与控制等问题。

5.7.4 绿色制造的体系结构及内涵

1. 绿色制造的体系结构

绿色制造的体系结构是绿色制造的内容、目标和过程等多方面的集合，能给人们研究和实施绿色制造提供多方位的视图和模型，绿色制造的体系结构如图5-22所示。

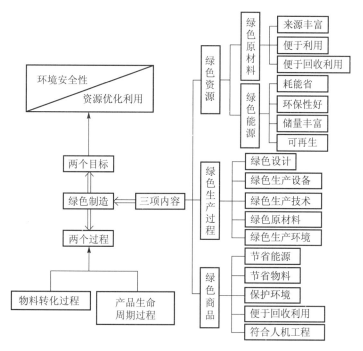

图5-22 绿色制造的体系结构

绿色制造的体系结构中包括两个层次的全过程控制和三项具体内容。两个层次的全过程控制，一是指具体的制造过程即物料转化过程中，充分利用资源，减少环境污染，实现具体绿色制造的过程；另一是指在构思、设计、制造、装配、运输、销售、售后服务及产品报废后回收的整个产品周期中每个环节均充分考虑资源和环境问题，以实现最大限度地优化利用资源和减少环境污染的广义绿色制造过程。三项内容是用制造系统工程的观点，综合分析产品生命周期从产品材料的生产到产品报废回收处理的全过程的各个环节的环境及资源问题。三项内容包括：绿色生产过程、绿色产品和绿色资源。绿色生产过程中，对一般工艺流程和废弃物，可以采用的措施有：开发使用节省资源和良好环境的生产设备；放弃使用有机溶剂，采用机械技术清理金属表面；使用水基材料代替有毒的有机溶剂为基体的材料；减少制造过程中排放的污水等。开发制造工艺时，其组织结构、工艺流程以及设备都必须适应企业向环境安全型转化，以达到大大减少废弃物的目的。绿色产品主要是指资源消耗少，生产和使用中对环境污染小，并且便于回收利用的产品。绿色资源主要指绿色原材料和绿色能源。绿色原材料主要是指来源丰富（不影响可持续发展），便于充分利用，便于废弃物和产品报废后回收利用等。绿色能源，应尽可能使用储存丰富、可再生的能源，并且应尽可能不产生环境污染问题。

2. 绿色制造的内涵

绿色制造中的制造涉及产品整个生命周期，是一个大制造概念，同计算机集成制造、敏捷制造等概念中的制造一样。绿色制造体现了现代制造科学的大制造、大过程、学科交叉的特点。

近年来，围绕制造过程中的环境问题提出了许多与绿色制造相关或相类似的制造概念，将其中的主要概念大致归类，如图5-23所示。从图中可见，绿色制造和环境意识制造等是同一层次的概念，而绿色设计、绿色工艺规划、清洁生产、绿色包装等是绿色制造的组成部分，即绿色制造的内涵宽广得多。

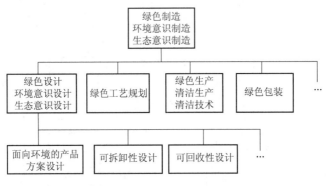

图 5-23 绿色制造及其相关概念的关系

资源、环境、人口是当今人类社会面临的三大主要问题，绿色制造是一种充分考虑前两大问题的一种现代制造模式。

当前人类社会正在实施全球化的可持续发展战略，绿色制造实质上是人类社会可持续发展战略在现代制造业的体现。

5.7.5 绿色制造的专题技术

绿色制造的技术发展主要集中在以下几个方面。

（1）绿色设计技术

绿色设计是指在产品及其生命周期全过程的设计中，充分考虑对资源和环境的影响，在充分考虑产品的功能、质量、开发周期和成本的同时，优化各有关设计因素，使得产品及其制造过程对环境的总体影响和资源消耗减到最小。

（2）绿色材料选择技术

绿色材料选择技术是一个系统性和综合性很强的复杂问题。一是绿色材料尚无明确界限，实际中选用很难处理。二是选用材料，不能仅考虑其绿色性，还必须考虑产品的功能、质量、成本等多方面的要求，这些更增添了面向环境的产品材料选择的复杂性。美国卡奈基梅龙大学 Rosy 提出了基于成本分析的绿色产品材料选择方法，它将环境因素融入材料的选择过程中，要求在满足工程（包括功能、几何、材料特性等方面的要求）和环境等需求的基础上，使零件的成本最低。

（3）绿色工艺规划技术

大量的研究和实践表明，产品制造过程的工艺方案不一样，物料和能源的消耗将不一样，对环境的影响也不一样。绿色工艺规划就是要根据制造系统的实际，尽量研究和采用物料和能源消耗少、废弃物少、对环境污染小的工艺方案和工艺路线。Berkeley 大学的 Sheng. P 等提出了一种环境友好性的零件工艺规划方法，这种工艺规划方法分为两个层次：① 基于单个特征的微规划，包括环境性微规划和制造微规划；② 基于零件的宏规划，包括环境性宏规划和制造宏规划。应用基于 Internet 的平台对从零件设计到生成工艺文件中的规划问题进行集成。在这种工艺规划方法中，对环境规划模块和传统的制造模块进行同等考虑，通过两者之间的平衡协调，得出优化的加工参数。

（4）绿色包装技术

绿色包装技术就是从环境保护的角度，优化产品包装方案，使得资源消耗和废弃物产生最少。目前这方面的研究很广泛，但大致可以分为包装材料、包装结构和包装废弃物回收处理 3 个方面。当今世界主要工业国要求包装应做到 "3RlD"（Reduce 减量化、Reuse 回收重用、Recycle 循环再生和 Degradable 可降解）原则。我国包装行业到 2010 年发展的基本任务和目标中提出包装制品向绿色包装技术方向发展，实施绿色包装工程，并把绿色包装技术作为包装工业发展的重点，发展纸包装制品，开发各种代替塑料薄膜的防潮、保鲜的纸包装制品，适当发展易回收利用的金属包装及高强度薄壁轻量玻璃包装，研究开发塑料的回收再生工艺和产品。

（5）绿色处理技术

产品生命周期终结后，若不回收处理，将造成资源浪费并导致环境污染。目前的研究认为面向环境的产品回收处理是个系统工程，从产品设计开始就要充分考虑这个问题，并作系统分类处理。产品寿命终结后，可以有多种不同的处理方案，如再使用、再利用、废弃等。各种方案的处理成本和回收价值都不一样，需要对各种方案进行分析与评估，确定出最佳的回收处理方案，从而以最少的成本代价，获得最高的回收价值，即进行绿色产品回收处理方案设计。评价产品回收处理方案设计主要考察三方面：效益最大化、重新利用的零部件尽可能多、废弃部分尽可能少。

5.7.6 绿色制造的发展趋势

随着绿色的概念逐渐深入人心，绿色制造的发展呈现出全球化、社会化、集成化、产业化、并行化、智能化等特点。

绿色制造的全球化特征体现在许多方面。首先，制造业对环境的影响往往是超越空间的，人类需要团结起来，保护我们共同拥有的唯一的地球。ISO14000 系列标准的陆续出台为绿色制造的全球化研究和应用奠定了很好的基础，但一些标准尚需进一步完善，许多标准还有待于研究和制订。其次，随着近年来全球化市场的形成，绿色产品的市场竞争将是全球化的。

社会化是指绿色制造的社会支撑系统需要形成。绿色制造的研究和实施需要全社会的共同努力和参与，以建立绿色制造所必需的社会支撑系统。绿色制造涉及的社会支撑系统首先是立法和行政规定问题。当前，这方面的法律和行政规定对绿色制造行为还不能形成有力的支持，对相反行为的惩罚力度不够。立法问题现在已愈来愈受到各个国家的重视。政府也可制订经济政策，用市场经济的机制对绿色制造实施导向。例如，制订有效的资源价格政策，利用经济手段对不可再生资源以及虽可再生但开采后会对环境产生影响的资源（如树木）严加控制，使得企业和人们不得不尽可能减少这类资源的直接使用，转而寻求开发替代资源。

要真正有效地实施绿色制造，必须从系统的角度和集成的角度来考虑和研究绿色制造中的有关问题。当前，绿色制造的集成包括功能目标体系、产品和工艺设计与材料选择系统的集成；用户需求与产品使用的集成；绿色制造的问题领域集成；绿色制造系统中的信息集成；绿色制造的过程集成等。集成技术的研究将成为绿色制造的重要研究内容。绿色制造集成化的另一个方面是绿色制造的实施需要一个集成化的制造系统来进行。绿色集成制造系统的体系框架包括管理信息系统、绿色设计系统、制造过程系统、质量保证系统、物能资源系统、环境影响评估系统6个功能分系统，以及计算机通信网络系统和数据库/知识库系统等两个支持分系统以及与外部的联系。绿色集成制造技术和绿色集成制造系统将可能成为今后绿色制造研究的热点。

绿色并行工程将可能成为绿色产品开发的有效模式。绿色设计今后仍将是绿色制造中的关键技术。绿色设计今后的一个重要趋势就是与并行工程的结合，从而形成一种新的产品设计和开发模式——绿色并行工程。绿色并行工程又称为绿色并行设计，是现代绿色产品设计和开发的新模式。它是一个系统方法，以集成的、并行的方式设计产品及其生命周期全过程，力求使产品开发人员在设计一开始就考虑到产品整个生命周期中从概念形成到产品报废处理的所有因素，包括质量、成本、进度计划、用户要求、环境影响、资源消耗状况等。绿色并行工程涉及一系列关键技术，包括绿色并行工程的协同组织模式、协同支撑平台、绿色设计的数据库和知识库、设计过程的评价技术和方法、绿色并行设计的决策支持系统等。许多技术有待于今后的深入研究。

人工智能和智能制造技术将在绿色制造研究中发挥重要作用。绿色制造的决策目标体系是现有制造系统TQCS（即产品上市时间T、产品质量Q、产品成本C和为用户提供的服务S）目标体系与环境影响E和资源消耗R的集成，即形成了TQCSRE的决策目标体系。要优化这些目标，是一个难于用一般数学方法处理的十分复杂的多目标优化问题，需要用人工智能方法来支持处理。另外，绿色产品评估指标体系及评估专家系统，均需要人工智能和智能制造技术。基于知识系统、模糊系统和神经网络等的人工智能技术将在绿色制造研究开发中起到重要作用，如在制造过程中应用专家系统识别和量化产品设计、材料消耗和废弃物产生之间的关系；运用这些关系来比较产品的设计和制造对环境的影响；使用基于知识的原则来选择实用的材料等。

绿色制造的实施将导致一批新兴产业的形成。除大家已注意到的废弃物回收处理装备制造业和废弃物回收处理的服务产业外，绿色产品制造业和实施绿色制造的软件产业两大类产业值得特别注意。制造业不断研究、设计和开发各种绿色产品，以取代传统的资源消耗较多和对环境负面影响较大的产品，将使这方面的产业持续兴旺发展。

 思考题

现代制造技术思维导图

1. 什么是虚拟制造？虚拟制造可分哪几类？
2. 简述虚拟制造技术可以在制造业中带来哪些效益？
3. 虚拟加工平台的内容包括哪些？
4. 分析 CIM 与 CIMS 的含义与区别。
5. 简述 CIMS 的发展情况。
6. 分析 CIMS 的结构组成和各分系统的功能作用。
7. 分析并行工程的体系结构和运行特性。
8. 什么是精益生产？
9. 精益生产方式的特点是什么？
10. 精益生产的主要内容是什么？
11. 什么是敏捷制造？
12. 分析敏捷制造的基本原理和特点。
13. 敏捷制造对制造业产生哪些方面的影响？
14. 什么是绿色制造。
15. 绿色制造的研究内容有哪些？
16. 简述绿色制造的发展趋势。

第6章 应用实例

一个国家制造工艺技术水平的高低，很大程度上取决于先进制造技术的应用程度。

本章主要讲述电火花加工应用实例、电火花线切割加工应用实例、快速成形应用实例、三维实体造型应用实例、逆向工程技术应用实例、计算机集成制造系统应用实例和柔性制造系统应用实例。

本章要点

- 电火花加工应用实例
- 电火花线切割加工应用实例
- 快速成形应用实例
- 三维实体造型应用实例
- 逆向工程技术应用实例
- 计算机集成制造系统应用实例
- 柔性制造系统应用实例

课程思政案例六

本章难点

- 电火花加工应用实例
- 电火花线切割加工应用实例
- 快速成形应用实例

※ 6.1 电火花加工应用实例 ※

6.1.1 工件毛坯准备

电火花加工前，应先对工件的外形尺寸进行机械加工，使其达到一定的要求。在此基础上，应做好以下准备工作。

1. 加工预孔

电火花加工前，工件的型孔部分要进行预加工，并留出适当的电火花加工余量，以能补偿热处理产生的变形、电火花加工的定位误差及机械加工误差为宜。若余量太大，将会增加工时、降低效率；若余量太小，则不易定位找正，甚至使型孔达不到要求的尺寸精度和表面粗糙度而造成废品。一般情况下每边留 0.3~1.5 mm 的余量，并力求轮廓四周均匀。对于形状复杂的型孔，余量应适当增大。

2. 工件热处理

在工件热处理前，除预孔外，工件上的螺纹孔、定位销孔也要加工出来，故应采取防护措施，然后再进行热处理。工件的淬火硬度一般要求为 HRC 58~62。

3. 磨光、除锈、去磁

为消除因淬火引起的工件变形，在淬火后要磨光工件上、下两平面和定位基准面，经检验无淬火裂纹，除锈去磁后便可进行电火花加工。

6.1.2 工件和电极的装夹与校正定位

电子束加工
和离子束加工

1. 电极的装夹与校正

电极装夹与校正的目的是使电极正确、牢固地装夹在机床主轴的电极夹具上，使电极轴线和机床主轴轴线一致，保证电极与工件的垂直度。对于小电极，可利用电极夹具装夹，如图 6-1 所示。对于较大的电极，可用主轴下端连接法兰上的以 a、b、c 三个基面作基准直接装夹，如图 6-2 所示。对于石墨电极，可与连接板直接固定后再装夹。

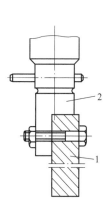

图 6-1　用电极夹具装小电极

1—电极；2—夹具

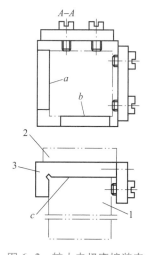

图 6-2　较大电极直接装夹

1—电极；2—主轴法兰；3—连接法兰

电极装夹后，应进行校正，主要是检查其垂直度。对侧面有较长直壁面的电极，可采用精密角尺和百分表校正，如图 6-3 和图 6-4 所示。对于侧面没有直壁面的电极，可按电极（或固定板）的上端面作辅助基准，用百分表检验电极上端面与工作台面的平行度，如图 6-5 所示。

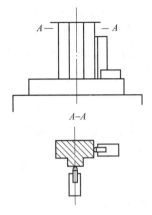

图 6-3　精密角尺校正电极

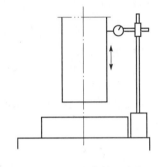

图 6-4　百分表校正电极

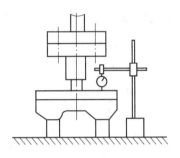

图 6-5　型腔电极校正

2. 工件的装夹与定位

一般情况下，工件可直接装夹在垫块或工作台上。如果采用下冲油时，工件可装夹在油杯上，用压板压紧。工作台有坐标移动时，应使工件中心线和十字拖板移动方向一致，以便电极和工件的校正定位。

在定位时，如果工件毛坯留有较大加工余量，可划线后用目测法大致调整好电极与工件的相互位置，接通脉冲电源弱规准加工出一个浅印。根据浅印进一步调整工件和电极的相互位置，使型腔周边加工余量尽量一致。加工余量少的型腔定位较困难，必须借助量具（块规、百分表等）进行精确定位后，才能进行加工。

6.1.3　电规准的选择、转换与平动量的分配

1. 电规准的选择

电规准选择和转换正确与否，对型腔表面的加工精度、表面粗糙度以及生产效率均有很大的影响。当电流峰值一定时，脉冲宽度愈宽，则单个脉冲能量愈大，生产率愈高，间隙愈大，工件表面愈粗糙，电极损耗愈小。当电流峰值增加时，则生产率增加，电极损耗加大且与脉冲宽度有关。因此，在选择电规准时，要综合考虑以上因素。

2. 电规准的转换与平动量的分配

电规准转换的数，应根据具体的加工对象来确定。对于尺寸小、形状简单、深度浅的型腔，加工时电规准转换的数可少些；对于结构复杂、尺寸大、深度大的型腔，电规准的转换数要多些。在实际生产中，一般粗加工规准选择 1，中、精加工选择 2~4 。

平动量的分配是单电极平动加工的一个很重要的问题，主要决定于被加工表面修光余量的大小、电极损耗、主轴进给运动的精度等因素。对于加工形状复杂、棱（或槽）较小、深度较浅、尺寸较小的型腔平动量应小些，反之则应选大些。因为粗、中、精各电规准加工所产生的放电凹坑的深浅不同，所以电极平动量不能按电规准数平均分配。一般中规准加工

的平动量为总平动量的 75%~80%。中规准加工后留很小余量，用精规准修光。考虑到中规准加工时电极有损耗，主轴进给运动和平动头运动有误差，以及电极本身的制造精度和装夹精度的影响，中规准平动加工到最后一挡结束时，必须测量实际型腔尺寸，并按测量结果调整平动头偏心量的大小，以补偿电极损耗和其他误差的影响，提高型腔的尺寸精度。

每平动量宜采用微量调节、多次调整的办法，以获得最佳工艺效果。每增加一次平动量，必须使电极在型腔内上下往复修整。平动速度不宜太快，使型腔各个型面充分放电。同时，电极与型腔表面不要发生碰撞或短路，待充分蚀除后再继续加大平动量，直至修整到型腔各面均匀，达到所用规准的表面粗糙度后再转入下一规准加工。

平动头工作时作平面圆周运动。加工时，型腔底面上的圆弧凹坑最低处会形成一个以平动量为半径的圆形小平面。因此，侧面修光后，随着加工深度的增加，应逐渐减小平动量，以减小圆弧凹坑底部的平面。

采用晶闸管脉冲电源、石墨电极加工型腔时，电规准转换与平动量分配见表 6-1。

表 6-1 电规准的转换与平动量分配

加工类别	加工规准				平动量 e/mm	进给量 e/mm	备 注
	脉冲宽度 t_i/μs	脉冲间隔 t_o/μs	电源电压 U/V	加工电流 I/A			
粗加工	600	350	80	35	0	0.6	
中加工（Ra：20~ 5 μm）	400	250	60	15	0.2	0.3	加工型腔深度 101 mm，电极双面收缩量为 1.2 mm，工件材料为 CrWMn
	250	200	60	10	0.35	0.2	
	50	50	100	7	0.45	0.12	
精加工（Ra：2.5~ 1.25 μm）	15	35	100	4	0.52	0.06	
	10	23	100	1	0.57	0.02	
	6	19	80	0.5	0.6		

采用晶体管复合脉冲电源、紫铜电极加工型腔时，电规准转换与平动量分配见表 6-2。

表 6-2 电规准的转换与平动量分配

序号	加工规准						加工极性	侧面修量/mm			端面修量/mm		备注
	高压脉冲宽度 /μs	低压脉冲宽度 /μs	低压脉冲间隔 /μs	精加工电容 /μF	高压电流峰值 /A	低压电流峰值 /A		与上规准间隙差（双面）	修光量（双面）	总平动量（双面）	与上规准间隙差	加工深度	
1	60	1 000	100		5.4	48	-						电极双面收缩量 0.9 mm，型腔深度大于 30 mm，电极双面收缩量 0.043
2	60	20	50		5.4	24	-	0.38	0.09	0.47	0.14	0.19	
3	20	50	20		5.4	8	-	0.20	0.05	0.72	0.10	0.32	
4	10	2	20		5.4	4.8	+	0.11	0.02	0.85	0.06	0.39	

序号	加工规准						加工极性	侧面修量/mm			端面修量/mm		备注
	高压脉冲宽度/μs	低压脉冲宽度/μs	低压脉冲间隔/μs	精加工电容/μF	高压电流峰值/A	低压电流峰值/A		与上规准间隙差(双面)	修光量(双面)	总平动量(双面)	与上规准间隙差	加工深度	
5	10			0.05	5.4		+	0.20	0.01	0.88	0.01	0.41	
6	5			0.02	5.4	24	+	0.005	0.005	0.89	0.005	0.42	电极双面收缩量0.9 mm,型腔深度大于30 mm,电极双面收缩量0.043
7	60	200	50		5.4	8	−						
8	20	50	50		5.4	4.8	−	0.2	0.05	0.25	0.1	0.13	
9	10	2	20		5.4		+	0.11	0.02	0.38	0.055	0.2	
10	10			0.05	5.4		+	0.02	0.01	0.41	0.01	0.22	
11	5			0.05	5.4		+	0.005	0.005	0.42	0.005	0.23	

6.1.4 加工实例

1. 型孔加工实例

（1）级进模型孔加工

图 6-6 为继电器接触片的级进模型孔简图。其中，工件材料、组合电极材料均为 Cr12，刃口高度为 7 mm，表面粗糙度 Ra 1.25～0.63 μm，加工时间约为 6 h。

（2）定子复式冲模型孔加工

图 6-7 为电机定子复式冲模型孔简图。其中，工件材料、电极材料均为 Cr12，加工周长为 3 460 mm，刃口高度为 15 mm，双边间隙为 0.055 mm，表面粗糙度 Ra 2.5～1.25 μm，加工时间约为 13 h，采用四回路晶体管复合脉冲电源，电参数如表 6-3 所示。

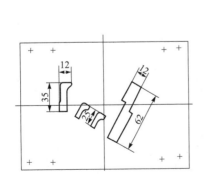

图 6-6 级进模型孔简图

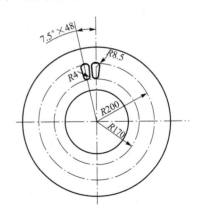

图 6-7 复式冲模型孔简图

表 6-3 加工定子复式冲模型孔电参数

加 工 规 准				平动量 e/mm	电极材料	加工时间/h
脉冲频率 f/Hz	脉冲宽度 t_1/μs	加工电流 I/A	电源电压 U/V			
600~20 000	5~1 000	2~50	50~100	1.2	石墨	27.5
600~30 000	2~1 000	1.5~60	50~100	1.4	石墨	38

2. 型腔加工实例

电视机后盖塑料注射模的型腔，由于其放电面积较大，加工深度较深，电极和工件的质量较大，它属于形状复杂的中型型腔。所以加工时机床的主轴要承担较大质量而且灵敏度要高。要求平动头的刚性要好，脉冲电源能大电流长时间连续工作，而且稳定可靠。加工时，要采取合理的操作工艺。如开始加工时，由于电极和工件只是局部接触，所以加工电流不能太大。否则，会使局部电流密度过大而造成烧伤。当放电面积逐渐增大后，再相应增加电流。如加工 63.5 cm 电视机后盖塑料注射模型腔，电极质量为 60 kg，加工深度 220 mm，放电面积为 180 000 mm^2，预加工后余量为 5~7 mm，工件材料为 CrWMn，采用晶闸管脉冲电源，其加工规准如表 6-4 所示。

表 6-4　63.5 mm 电视机后盖塑料模型腔加工规准

加 工 规 准				平动量 e/mm	电极材料	加工时间/h
脉冲频率 f/Hz	脉冲宽度 t_1/μs	加工电流 I/A	电源电压 U/V			
600~20 000	5~1 000	2~50	50~100	1.2	石墨	27.5
600~30 000	2~1 000	1.5~60	50~100	1.4	石墨	38

❈　6.2　电火花线切割加工应用实例　❈

线切割加工的工艺过程有其独自的特点。一般线切割模具零件的工艺过程是：下料→锻造→退火→机械粗加工→淬火与回火→磨削加工→线切割加工→钳修。这种工艺路线的特点是：整个坯料经过机械粗加工、淬火与回火后，材料内部的残余应力显著增加，材料表层、中间区域和心部会有不同的应力场分布，呈现出相对平衡的状态。当材料切断加工时，随着电极丝的移动，残余应力的能量转变为塑性功，使材料发生变形，从而出现加工后的图形与电极丝移动轨迹不一致的现象，甚至产生断裂。所以，线切割加工对工件毛坯锻造以及热处理工艺要求很高，应采取一切措施减少材料变形对加工精度的影响。

6.2.1 工件毛坯的准备

工件毛坯的准备一般包括下列步骤。

1. 预孔加工

为了减少由残余应力引起的材料变形，不论什么性质的工件（凸模或凹模），都应在毛坯的适当位置进行预孔加工，即穿丝孔的加工。孔的大小与其距离工件边缘的尺寸、距切割轨迹的远近，如图6-8所示。

起始孔应放在毛坯废料多的一边，孔径以及其距边缘的尺寸应视工件厚度而定。从图6-9中可以看出预孔直径与工件厚度的关系。

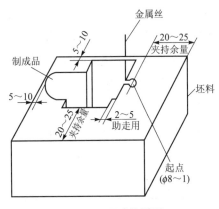

图6-8 预孔位置图

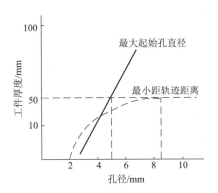

图6-9 孔径等与工件厚度关系

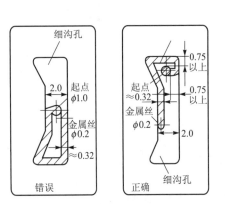

图6-10 加工窄槽时起点的取法

在切割窄槽时，起始孔要放在图形的最宽处，不允许起始孔与切割轨迹存在相交现象如图6-10所示。

2. 热处理

热处理是为了减少在线切割加工过程中的材料变形，力求最大限度地减少锻造、热处理时产生的组织缺陷和残余应力。

为减少材料变形对加工精度的影响，在热处理前，可进行预加工，如图6-11所示。凹模留3~5 mm的余量，凸模可在工件四周切槽。热处理后，应彻底清除穿丝孔内杂物及氧化皮等不导电物质，确保切割的顺利进行。

3. 材料选择

选择淬透性好、热处理变形小的材料。对于冷冲模具，所选用的钢可分为碳素工具钢和合金工具钢两大类。碳素工具钢（T8A，T10A）来源广泛，但最大的缺点是淬透性差，热处理变形大，残余应力显著，回火稳定性差。在线切割加工中，材料易变形，甚至崩裂。

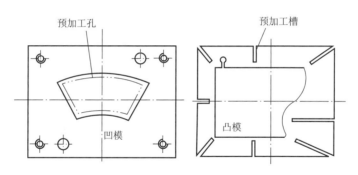

图 6-11 材料预加工图

合金工具钢由于其他元素的加入，使材料的性能大为改善。因此，当采用线切割工艺加工模具时，应尽量选择 Cr12、CrWMn、Cr12MoV、GCr15 等合金钢。

4. 基准面

切割时，工件大都需要有基准面。基准面必须精磨。

当切割图形对位置精度要求较高时，除有基准面外，最好在工件中心设置一个 $\phi2\sim\phi6$ mm、有效深度为 3~5 mm 的基准孔，如图 6-12 所示。

基准孔的直径绝对尺寸精度没有严格的要求，但需考虑其圆度以及定位尺寸精度。因此，必须利用坐标磨床进行精加工。若由于某种原因不能设置中心基准孔时，可以利用精坐标磨床精加工原有其他孔。

在圆形坯料上，加工的形状如果有指定方向，且对其加工形状的位置有精度要求时，应在毛坯的外周围设置 1~2 个直线基准面及定位用的基准孔，如图 6-13 所示。

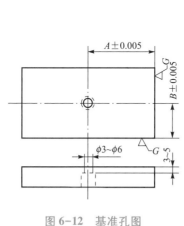

图 6-12 基准孔图

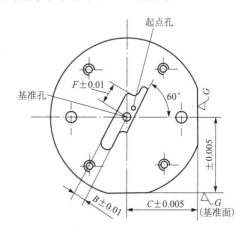

图 6-13 圆形基准面与基准孔图

6.2.2 电极丝的选择

电极丝的直径应根据工件加工的切缝宽度、工件厚度和拐角尺寸的要求来选择。如图 6-14 所示，对凹模内侧拐角 R 的加工，电极丝的直径应小于 1/2 切缝宽。即

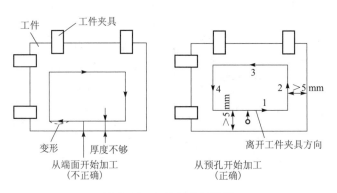

图 6-14　加工路线的选择

$$R \geqslant \phi/2 + \delta$$

式中　　δ——放电间隙；

　　　　ϕ——电极丝直径。

所以，在微细加工时，必须使用直径细的电极丝。目前电极丝的种类很多，有钼丝、钨丝、紫铜丝、黄铜丝和各种专用铜丝，表 6-5 是电火花线切割常用的电极丝。

表 6-5　各种电极丝的特点

材质	丝径/mm	特　　点
紫铜	0.1～0.25	适合切割速度要求不高或精加工的场合。丝不易卷曲，抗拉强度低，容易断丝
黄铜	0.1～0.30	适合于高速加工，加工面的蚀屑附着少。表面粗糙度和加工面的平直度也较好
专用黄铜	0.05～0.35	适合于高速、高精度和粗糙度要求高的加工以及自动穿丝，但价格高
钼	0.05～0.25	由于其抗拉强度高，一般用于快速走丝，在进行微细、窄缝加工时，也可用于慢速走丝
钨	0.03～0.1	由于抗拉强度高，可用于各种窄缝的微细加工，但价格昂贵

为了满足切缝和拐角的要求，需要选用线径细的电极丝，但这样加工工件的厚度受到限制。表 6-6 列出线径与拐角 R 的极限和加工厚度的极限值。

表 6-6　线径与拐角和工件厚度的极限

电极丝径 ϕ/mm	拐角 R 极限/mm	切割工件厚度/mm
钨 0.05	0.04～0.07	0～10
钨 0.07	0.05～0.10	0～20
钨 0.10	0.07～0.12	0～30

电极丝径 ϕ/mm	拐角 R 极限/mm	切割工件厚度/mm
黄铜 0.15	0.10~0.16	0~50
黄铜 0.20	0.12~0.20	0~100
黄铜 0.25	0.15~0.22	0~100

加工槽宽一般随电极丝张力的增加而减小，随电参数的增大而增加，因此，拐角的大小是随加工条件变化的。

通过对加工条件的选择，实际加工工件厚度可大于表中的值，但容易使加工表面产生纹路，以及使拐角部位的塌角形状恶化。

6.2.3 加工路线的选择

在加工中，工件内部应力的释放会引起工件的变形，所以在选择加工路线时，必须注意以下几个问题。

1）避免从工件端面开始加工，应从预孔开始，如图 6-14 所示。

2）加工路线距离端面（侧面）应大于 5 mm。

3）应从离开工件夹具的方向开始加工（即不要刚开始加工就趋近夹具），最后再转向工件夹具的方向。如图 6-14 所示，由 1 段至 2、3、4 段。

4）要在一块毛坯上切出两个以上零件时，不应一次切割出来，而应从不同预孔开始加工，如图 6-15 所示。

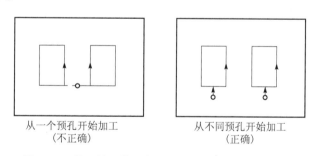

从一个预孔开始加工　　　　　从不同预孔开始加工
（不正确）　　　　　　　　　（正确）

图 6-15　从一块工件上加工两个以上零件的加工路线

6.2.4 工件装夹与穿丝

工件装夹的正确与否，除影响工件的加工精度外，有时还影响加工的顺利进行。

工件必须留有足够的夹持余量，比较大的工件还得有两个支撑面，不能悬臂。装夹工件前，应校正好电极丝与工件装夹台面的垂直度，然后根据图纸及工艺要求，明确切割内容、工位基准和切割顺序。有工艺孔的工件，还要核对孔位是否与工艺要求相同。有磁性的坯料应进行退磁。为避免装夹工件时碰断电极丝，最好将丝筒转到换向的一端。装夹工件时，要根据图纸的加工精度用百分表等量具找正基准面，使工件的基准面与机床的两轴 X 向或 Y 向相平行。

装夹位置要适当，工件的切割范围应在机床的拖板行程的允许范围内，并注意在切割过程中不应使工件与夹具碰到线架的任何部分。工件装夹完毕，应清除工作台上的杂物。

装夹完毕要进行穿丝。穿丝前，应先检查电极丝的直径是否和编程规定的电极丝直径相同。电极丝损耗到一定程度时要换丝。绕丝完毕后，检查电极丝所经过的路线各个位置是否正确，特别要注意电极丝是否在导轮槽内。电极丝不可与穿丝孔壁接触。

6.2.5　定位

定位方法有两种，即以孔为基准的定位法和以工件端面为基准的定位法，通常采用让金属电极丝和被加工物发生电接触的方式。图 6-16 所示是两种定位方法的示意图。

1. 以孔为基准

以孔为基准时，孔要用坐标磨床进行精加工，电极丝接触部位尺寸为 3~5 mm，以 R 为半径进行倒棱，孔内必须清洁无污，定位精度可达到 5~10 μm。

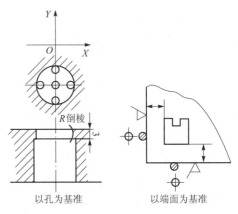

图 6-16　定位方法

2. 以端面为基准

用端面定位，其精度不如以孔为基准的定位精度高。这是由于工件厚度以及基准面的状态不同会引起的误差。用端面为基准定位，因为只是一个方向的定位，与以孔为基准相比容易产生误差，难以达到高精度要求。一般进行定位时，由于条件不同（比如定位面有无氧化层、有无工作液、金属丝的张力大小等），容易产生定位误差。故进行定位时，最好多做几次。

6.2.6　试切与切割

一般来说，在正式切割前，对加工质量要求高的工件最好进行试切。试切的材料应该为拟切割工件的材料。经过试切可以确定加工时的各种参数。有时为了检查程序编制的正确与否，也可采用薄板进行试切。慢速走丝线切割加工的切缝宽度因工艺条件的差异而变化较大，因此在正式切割前必须进行试切。

机床的启动过程应按操作须知进行。切割加工中的注意事项如下。

1）数控切割时，凡是未经严格审核而又比较复杂的程序，以及穿孔后没有校对的纸带均不宜直接用来加工模具零件，而应先进行空机运转或用薄钢板试切。经确认无误后，方可正式加工。

2）进给速度应根据工件厚度、材质等方面的要求在加工前调整好，也可以在切割工艺线上进行调整。从加工正式开始一直到加工结束，均不宜变动进给控制旋钮。

3）切割过程中遇到以下问题应及时处理。

① 如发现工作液循环系统出现堵塞，应及时疏通。特别是要防止工作液浸入机床内部造成短路，导致烧毁电器元件。

② 电蚀产物在导轮上积聚过多，会导致与丝架之间形成一条通路，造成丝架带电。这样既不安全，又影响切割效率。

4）为确保高精度要求的模具零件顺利进行加工，一般在每段程序切割完后，检查纵、横拖板的手轮刻度值是否与指令规定的坐标相符。如发现差错，应及时处理，避免加工零件报废。

5）不要轻易中途停机，以免加工后工件出现中断痕迹。

6）每天工作结束后，应清洁机床，防止锈蚀。

7）做好加工记录，积累经验，不断提高使用和维护水平。

6.2.7 加工过程中特殊情况的处理

1. 短时间临时停机

当某一程序尚未切割完毕需要暂时停机片刻时，应先关闭控制台的高频、变频及进给按钮，然后关闭脉冲电源的高压、工作液泵和走丝电机，其他的可不必关闭（只要不关闭控制台电源，控制机就能保存停机时剩下的程序）。重新开机时，应按下述次序操作：先开走丝电机、工作液泵、高频电源，再合变频开关、高频开关，即可继续加工。

2. 断丝处理

1）应立即关闭脉冲电源的变频，再关闭工作液泵及走丝电机，把变频粗调置于"手动"一边，打开变频开关，让机床工作台继续按原程序走完，最后回到起点位置重新穿丝加工。若工件较薄，可就地穿丝，继续切割。

2）若加工快结束时断丝，可考虑从末尾进行切割，但要重新编制一部分程序。当加工到二次切割的相交处时，出现断丝要及时关闭脉冲电源和机床，以免损坏已加工的表面。

若断丝不能再用，需更换新丝时，应测量断丝的直径，若新丝直径与断丝相差较大，应重新编制程序，以保证加工精度。

3. 控制机出错或突然停电

它们一般出现在待加工模具零件的废料部位且模具零件的精度要求又不太高的情况下，应待排除故障后，将钼丝退出，拖板移到起始位置，重新加工即可。

4. 短路的排除

应立即关掉变频，待其自行消除短路；如此法不能奏效，再关掉高频电流，用酒精、汽油、丙酮等溶剂冲洗短路部分；如仍不能消除短路，应把丝抽出，退回起始点，重新加工。

目前在应用微机进行控制时，断丝、短路都会自行处理，在断电情况下也能保持记忆。

6.2.8 后续处理

线切割加工完成后，由于被加工模具的表面粗糙度不理想，以及加工表面产生与基体成分和性能完全不同的变质层，影响模具质量和寿命，线切割加工后还要进行后续处理（精修和抛光）。

目前，后续处理常采用手工精修和抛光（锉刀、砂纸、油石等），这些方法劳动强度大、效率低，影响模具制造周期。下面介绍几种较先进的后续处理的方法。

1. 机械抛光

机械抛光分电动（或气动）工具和抛光专用机床两种。电（气）动工具又分为回转式、往复式两种，回转式电动工具如原西德的软轴磨头，往复式电动工具实际上就是电动锉刀。为了提高效率，还使用专门为抛光模具而设计制造的抛光专用机床。

2. 挤压珩磨抛光

挤压珩磨抛光又称磨料流动加工。它是利用半流动状态的磨料在一定压力下强迫通过被加工表面，经磨料颗粒的磨削作用而去除工件表面变质层材料。磨料流体介质一般由基体介质、添加剂、磨料三种成分混合而成，而基体介质属于一种黏弹性高分子化合物，起黏结作用。磨料使用氧化铝、碳化硼、碳化硅、金刚石粉等，视工件材料选用。抛光铝框架挤压模可由 $Ra\ 3.2 \sim Ra\ 1.6\ \mu m$ 抛光到 $Ra\ 0.4\ \mu m$。原手工抛光需 4 h，改用挤压珩磨只需 15 min 左右。硬质合金模由 $Ra\ 0.8\ \mu m$ 抛光到 $Ra\ 0.1\ \mu m$，只需 10 min 左右。

3. 超声波抛光

超声波抛光是利用换能器将超声波电能转换为机械动能，使抛光工具发生超声波谐振，在工件与工具之间有适量的研磨液对工件进行剥蚀，实现超声波抛光。抛光可达到 $Ra\ 0.1\ \mu m$。

4. 化学抛光

化学抛光是利用化学腐蚀剂对金属表面进行腐蚀加工，以改善表面粗糙度。这种抛光技术不需要专用设备，节约电能，使用方便。对形状复杂（包括薄壁窄槽模具）的型腔模具也可进行抛光，并能保证几何精度。腐蚀剂以盐酸为主，加入各种添加剂。抛光可达 $Ra\ 0.1\ \mu m$。

6.2.9 加工实例

图 6-17 (a) 所示为型孔零件，工件厚度为 15 mm，加工表面粗糙度为 $Ra\ 3.2\ \mu m$，其双边配合间隙为 0.02 mm，电极丝为 $\phi0.18$ mm 的钼丝，双面放电间隙为

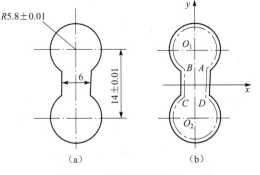

图 6-17 型孔切割程序

（a）型孔零件图；（b）型孔切割程序

0.02 mm。

1. 程序编制

（1）确定补偿距离

补偿距离 $\Delta t = 0.18/2 + 0.02/2 = 0.09 + 0.01 = 0.1$ mm。

电极丝中心轨迹如图6-17（b）所示。

（2）确定加工路线

切割型孔时，在中心 O_1 钻孔，从 O_1 开始切割。电极丝中心的切割顺序是： $O_1A \to$ 弧 $AB \to BC \to$ 弧 $CD \to DA \to AO_1$ 。

（3）编制切割程序单

超声波加工原理

        B2900B4907B4907GYL4

        B2900B4907B17000GXNR4

        B0B4186B4186GYL4

        B2900B4907B17000GXNR2

        B0B4186B4186GYL2

        B2900B4907B4907GYL2

        DD

2. 脉冲电源参数选择

脉冲电源参数选择如表6-7所示。

表6-7　脉冲电源参数选择

脉冲波形	脉冲宽度/μs	脉冲间隙/μs	功放管数
矩形脉冲	20	4	3

❈　6.3　快速成形应用实例　❈

6.3.1　快速成形加工过程

快速成形系统主要可以分为数据处理和成形执行两大部分。数据处理部分主要是三维CAD模型加工轨迹的离散过程，由高性能计算机处理完成。下层成形执行部分主要是加工过程的执行和控制，由数控RPM设备来完成。RPM制作零件的过程是从CAD开始的。利用CAD/CAM等系统进行3D几何造型，产生数据文件，然后将其内外表面用小三角平面片离散化。每个平面片由3个顶点和一个指向体外的法向量描述，得到的数据便是目前所有RPM系统普遍采用的，默认为工业标准的STL格式。在零件离散化前需在CDA系统上对零件模型定位，同时设计支撑结构，接着用CAD软件对离散化的零件模型数学上分层，形成一系列平行的水平截面片，最后对每个截面片利用扫描线算法产生制作的最佳路径，包括截面的轮廓路径和内部扫描路径。切片信息及生成的路径信息存入 STL 文件，STL 文件是控制成形机的命令文件。这些指令控制成形机固化或黏结材料。

6.3.2 快速成形加工实例

本节将以茶壶为例介绍产品的快速成形设计，传统的零件加工过程是先制造毛坯，然后经切削加工，从毛坯上去除多余的材料得到零件的形状和尺寸，若不合格则需重新设计或人工处理。这种方法不仅耗时，且需要操作工人有相当的经验水平，使得制作周期长且成本高。快速成形不是按上述工艺，而是利用激光成形机将茶壶整体成形。利用成形机制作的茶壶原型进行有关试验来评估设计，如不合格，则可重新修改重新制作原型，而不必用实际茶壶来试验。一旦试验合格，则可利用茶壶原型翻制模具或制作模芯用于精铸。其作业流程如下。

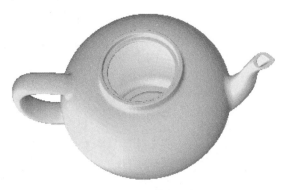

图 6-18　茶壶形状

1）利用三维建模设计软件（如 Pro/E，SolidWorks，AutoCAD 等）设计和构建 3D 模型，然后输出为 STL 格式的文件。茶壶形状如图 6-18 所示。

2）将格式为 STL 的茶壶文件加载到快速成形零件数据准备系统（RPData）中，设置分层厚为 0.2 mm。如图 6-19 所示。

3）然后对它进行分层处理，如图 6-19 所示。

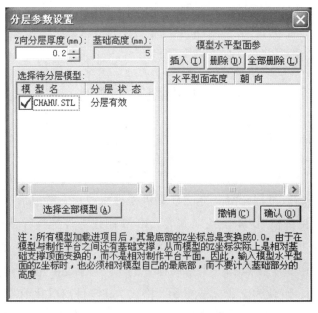

图 6-19　分层参数设置

4）对其轮廓进行检查，看看是否有病态线段。如图 6-20 所示。

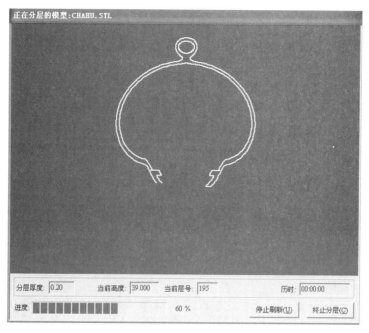

图 6-20　轮廓检查

5）对轮廓进行编辑，将多余的线段删除以及打断的线段封闭。如图 6-21 所示。

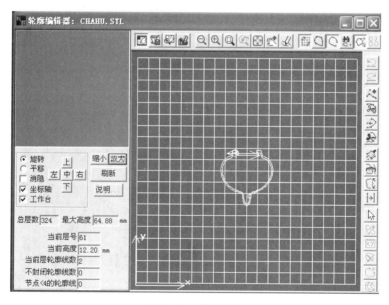

图 6-21　轮廓编辑

6）给茶壶加上支撑，使之能平稳地在工作台上成形，然后保存为 LGS 格式输出。如图 6-22 所示。

7）将已做好支撑的茶壶零件加载到快速成形机的控制系统中，载入 X-Y 扫描参数。如图 6-23 所示。

图 6-22　人工支撑

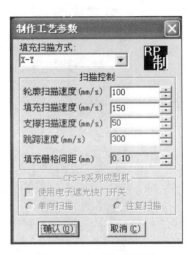

图 6-23　加载扫描参数

8）根据所设置的参数，快速成形机自动地一层一层扫描固化，大约 6~7 h 后即可成形，在移动工作台去除零件。如图 6-24 所示。

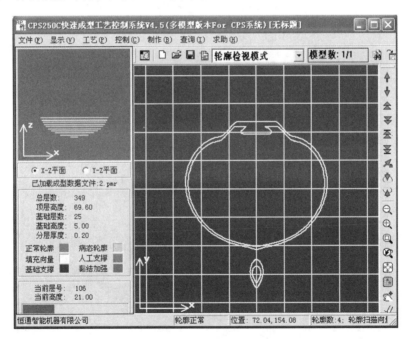

图 6-24　制作茶壶模型

运用 RPM 技术制造茶壶原型仅需 6~7 h 左右，而传统的制造方法可能要几星期或几个月。RPM 技术对于实现快速可视化零件形态，提高产品的设计质量，降低成本，缩短设计周期，为产品尽快地推向市场提供了最佳的方法。

可用于三维实体造型的软件很多，Pro/E 是其中应用最广泛的软件之一。Pro/E 是一套 CAD/CAM/CAE 大型软件包，它功能强大，广泛用于机械、工业设计、汽车、航天等行业，由数十个功能模块组成，每一个模块都有自己独立的功能，用户可以根据需要选用，各个模块创建的文件有不同的文件扩展名。此外，高级用户还可以调用系统的附加模块或者使用软件进行二次开发工作。在此仅对应用 Pro/E 进行基于特征的三维实体造型方法及造型过程进行简要介绍。

6.4.1 Pro/E 的组成模块及其功能简介

1. 草绘模块

草绘模块用于绘制和编辑二维平面草图。在 Pro/E 建模时，一般要先绘二维平面草图，因而，二维草图绘制在三维建模中具有非常重要的作用，是三维建模时的重要步骤。在使用零件模块建立三维特征时，如需要进行二维草图绘制，系统会自动切换至草绘模块。同时，在零件模块中绘制二维平面草图时，也可以直接读取在草绘模块下绘制并存储的文件。

2. 零件模块

零件模块用于创建三维模型。由于创建三维模型是使用 Pro/E 进行产品设计和开发的主要目的，因此零件模块也是参数化实体造型最基本和最核心的模块。

Pro/E 建模方法模仿真实的机械加工过程：首先创建基础特征，这就相当于在机械加工之前生产毛坯；然后在基础特征之上创建放置特征，如创建圆孔、倒角、筋特征等，每添加一个放置特征就相当于一道机械加工工序。但与机械加工不同的是，在零件建模时，既可以去除材料，也可以根据需要增加材料。

使用 Pro/E 进行三维模型创建的过程，实际上就是使用零件模块依次创建各种类型特征的过程。这些特征之间可以彼此独立，也可以互相之间存在一定的参考关系，例如特征之间存在的父子关系。在设计中，特征之间的相互联系不可避免，但应尽量减少特征之间复杂的参考关系，这样可以方便地对某一特征进行独立的编辑修改。

3. 零件装配模块

装配就是将多个零件按实际的生产流程组装成一个部件或完整的产品的过程。在组装过程中，用户可以添加新零件或是对已有的零件进行编辑修改。

使用 Pro/E 的零件装配模块可以轻松完成所有零件的装配工作。在装配过程中，按照装配要求，还可以临时修改零件的尺寸参数，并且，系统能使用爆炸图的方式来显示所有零件相互之间的位置关系，非常直观，如图 6-25 所示为 Pro/E 爆炸图实例。

4. 曲面模块

曲面模块用于创建各种类型的曲面特征。使用曲面模块创建曲面特征的基本方法和步骤

图 6-25　Pro/E 爆炸图实例

与使用零件模块创建三维实体特征非常类似。这里需要特别指出的是，曲面特征不具有厚度、质量、密度以及体积等物理属性。但是，通过对曲面特征进行适当的操作可以使用曲面来围成实体特征的表面，还可以把由曲面围成的模型转化为实体模型。

5. 工程图模块

使用零件模块和曲面模块创建三维模型后，接下来的工作就是在生产第一线将三维模型变为产品。这时，设计者必须将零件二维工程图送到加工现场，用于指导生产加工过程。如图 6-26 所示为工程图实例。

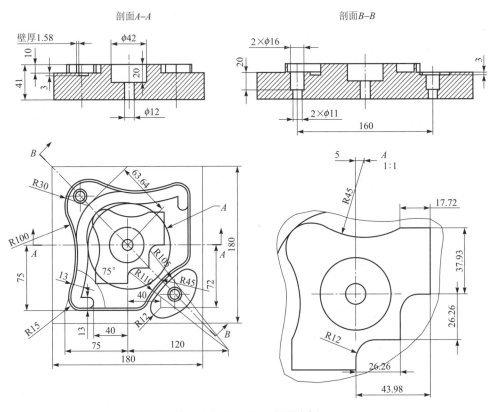

图 6-26　Pro/E 工程图实例

6.4.2　Pro/E 中的特征

如图 6-27 所示为 Pro/E 中特征操作菜单。

1. 实体特征

实体特征是生活中最常见的一类特征，这类特征具有质量、体积等实体属性。同时实体特征具有确定的形状和大小，具有厚度。对实体特征的几何描述比较简单，只需要用有限的尺寸参数就可以准确确定其形状。实体特征是在使用 Pro/E 进行三维造型设计中的主要"产品"，也是造型设计中最主要的操作对象。

由于实体特征的类型众多，特点各异，还可以进一步作如下分类。

（1）基础实体特征

简而言之，基础实体特征就像机械加工的原材料，是进行进一步加工的基础。在进行三维实体造型设计时，第一步工作常常都是从零开始创建基础实体特征，然后使用各种方法在基础实体特征上添加各类其他特征。

基础实体特征主要从几何角度来分类。按照创建方法的不同，基础实体特征可分为以下基本类型：① 拉伸实体特征；② 旋转实体特征；③ 扫描实体特征；④ 混合实体特征；⑤ 其他高级实体特征。

（2）放置实体特征

放置实体特征的得名是因为大部分这类特征都必须在已有基础实体特征之上才能生成，即"放置"在基础实体特征之上的特征。一方面，因为大部分放置实体特征都属于切减材料性质的特征，例如圆孔特征、倒圆角特征、倒角特征以及壳特征等；另一方面，一些加材料性质的放置实体特征也必须依赖于基础实体特征，比如筋特征，离开了基础实体特征的筋特征已经没有实际意义了。不过，仍有部分放置实体特征可以脱离基础实体特征而单独存在，例如管道特征和部分扭曲特征。

图 6-27　特征操作菜单

放置实体特征的分类原则和基础实体特征有较大的区别；放置实体特征不再根据其生成的几何原理来进行分类，而是根据其具体形态来分，各种放置实体特征都具有确定的用途和形式。放置型实体特征分为以下类型：① 圆孔特征；② 圆角特征；③ 扭曲特征；④ 倒角特征；⑤ 管道特征；⑥ 壳特征；⑦ 筋特征。

在创建放置实体特征时，必须在基础实体特征上选取准确的放置位置。

2. 曲面特征

与实体特征相比，曲面特征是一类相对抽象的特征。曲面特征没有质量、体积和厚度等实体属性，对其准确的几何描述相对复杂。

曲面特征可以用作生成实体特征的材料。对特定曲面进行合理的设计和裁剪后，将其作为实体特征的表面，这是曲面特征的一个重要用途。

3. 基准特征

前面曾经说过，从零开始创建实体特征时，应该首先创建基础实体特征。但是实际上，在创建基础实体特征时并不是真正的从零开始，而是在基准特征之上开始创建各类基础实体特征。

所谓基准特征，就是基准点、基准轴、基准曲线、基准曲面以及坐标系等的统称。这种特征虽然也不是实体特征，没有质量、体积和厚度，但是在特征创建过程中却有着重要的用途。这些用途包括以下几个方面。

1）放置参照：用于正确确定实体特征的放置位置。

2）尺寸参照：标注实体尺寸的基准。

3）设计参照：对实体进行细节设计时，具体指定基准点处的参数，例如可变尺寸的圆角设计。

4）轨迹线：生成扫描实体特征和管道特征可以选用基准曲线作为轨迹线。

5）特征操作对象：可以直接对基准特征进行特征操作，例如可以直接对基准曲线进行样条折弯、环形折弯等扭曲操作。

不管是基础实体特征、放置实体特征、曲面特征还是基准特征，都可以对其实行特定操作，例如删除、重定义、修改等，直到满足设计者的设计意图为止。使用 Pro/E 进行实体造型的主要任务就是创建基础实体特征、放置实体特征以及曲面特征，进而进行更高级的大型综合实体特征的创建，其中包括生成工程图和模型的装配。

与前两种特征不同，基准特征一般只用来进行辅助设计。

6.4.3 应用 Pro/E 基于特征的三维实体造型实例

对于图 6-28 所示的零件，其造型的主要步骤如下。

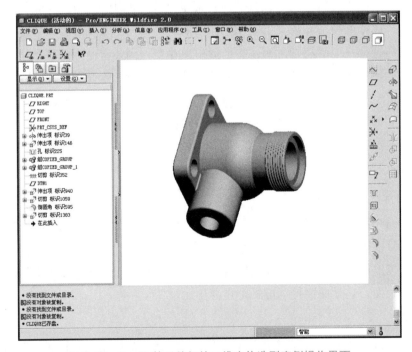

图 6-28　Pro/E 基于特征的三维实体造型实例操作界面

1）创建旋转特征生成图 6-29（a）。

2）创建拉伸特征生成图 6-29（b）。

3）创建孔特征生成图 6-29（c）。

4）特征操作孔复制生成图 6-29（d）。

5）创建螺旋扫描特征生成图 6-29（e）。

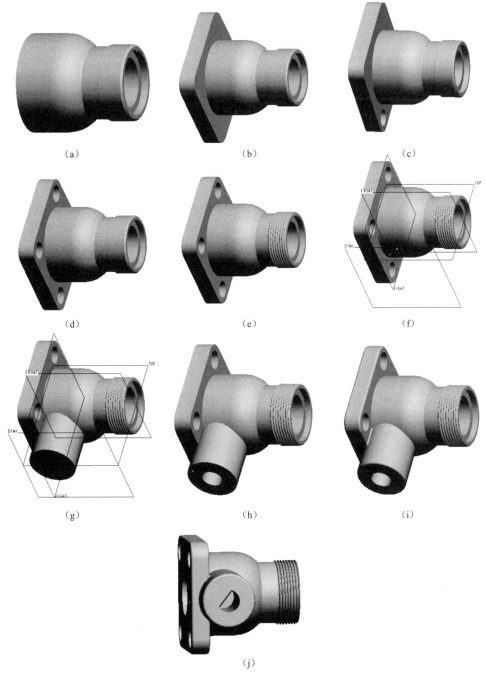

（a）　　　　　　　　　　（b）　　　　　　　　　　（c）

（d）　　　　　　　　　　（e）　　　　　　　　　　（f）

（g）　　　　　　　　　　（h）　　　　　　　　　　（i）

（j）

图 6-29　三维实体造型步骤

6）产生基准图 6-29（f）。

7）创建拉伸特征生成图 6-29（g）。

8）创建切剪特征生成图 6-29（h）。

9）创建倒圆角特征生成图 6-29（i）。

10）创建切剪特征生成图 6-29（j）。

❋ 6.5 逆向工程技术应用实例 ❋

6.5.1 逆向工程工作过程

逆向工程具体实施的工作过程大致分为 3 个阶段，如图 6-30 所示。

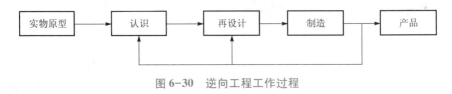

图 6-30 逆向工程工作过程

1. 认识阶段

通过对实物原型进行全面的应用功能分析，进而确定实物原型的技术指标及其几何元素之间的拓扑关系。

2. 再设计阶段

该阶段包括从实物原型测量到再设计生成的整个过程。具体包括以下环节。

1）制订实物原型的测量规划。

2）对测量数据进行必要的修正。修正内容包括剔除测量过程中的粗大误差，修正测量值中明显不合理的测量结果，按拓扑关系的定义，修正各几何元素的空间相互位置与关系等。

3）建立 CAD 模型。

4）设计者通过对实物原型应用功能的充分认识，在实物原始模型基础上，对零件进行全面的再设计，并可根据实际情况对零件进行必要的修改。此时实际上已进入常规的零件设计阶段。

3. 制造阶段

按照零件再设计图纸进行制造工艺设计、测量工艺设计和进行生产制造。

当复制样品完成后，首先是按再设计图纸的要求进行检验，合格后再对其进行应用功能的检验。如果出现问题，则再对实物原型的应用功能作进一步的研究，并直接进入常规再设计阶段。一般情况下不会对实物原型进行再测量。

6.5.2 应用实例

1. 数据采样

逆向工程可以划分为三个主要环节：① 零件原型的三维模型重构；② 基于原型的再设计；③ 产品制造。零件原型的三维模型重构又可分为数据采集和三维模型重构两个部分，其中物体三维轮廓数据能否准确获取是整个逆向工程的关键所在。目前，国内外在物体三维数据测量方面采用的方法分为接触式和非接触式两种。

接触式测量方法通过传感测量头与样件的接触而记录样件表面的坐标位置。虽然，目前多数采用的接触式测量具有精度高、可靠性强等优点，但其速度慢、磨损测量面、需对探头半径做补偿及无法对软质物体进行精确测量等缺点，使该技术应用受到诸多限制。

非接触式测量方法主要是基于光学、声学、磁学等领域中的基本原理，将一定的物理模拟量通过适当的算法转化为样件表面的坐标点。这种方法的典型应用是三维扫描技术，它是一种立体测量技术。与传统的技术相比，能够完成复杂形体的点、面、形的三维测量，能进行高精度的快速无接触测量。本实例采用非接触式线激光扫描，如图 6-31 所示。该方法具有精度高，速度快，对工件无磨损，易装夹，易操作等优点，可广泛应用于汽车、摩托车、电子通信、玩具、工艺品等行业。

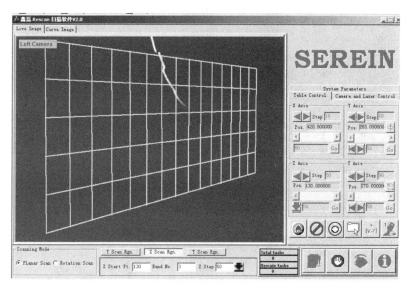

图 6-31　用激光扫描仪获取数据

2. 数据处理

无论是接触式还是非接触式，在测量设备获取工件的外形点群数据后，技术人员首先面临的就是点数据的处理，点数据的处理可分为点数据的坐标定位、数据杂点的删除、数据的噪声滤除、排序、平滑化及筛减、利用特征搜寻功能找出曲面的趋势或特征、切割出需要的点云或剖面点数据。产品获取的工件外形点群如图 6-32 所示。从点数据的处理开始要选择

CAD 软件，本产品实例的处理采用 Surfacer 软件。点数据处理后如图 6-33 所示。

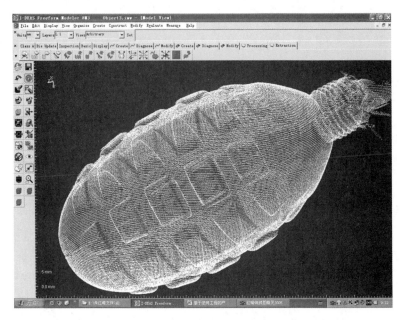

图 6-32　工件外形点群

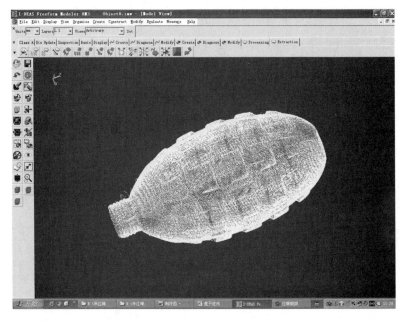

图 6-33　处理后的工件外形点群

3. 造型设计

造型设计是根据造型方法分析零件，从点云中选择曲面造型所需要的点，构造曲面框架。通过一系列拉伸、旋转、扫描、混合等曲面构成方式及融合、剪裁等操作生成零件的曲面模型，经过外形修饰后，生成实体模型。

曲面造型是逆向工程中最关键的技术。目前常用的手段有两种：一是用 CopyCAD 软件由点云直接生成三角曲面（STL 模型），利用三角曲面模型进行 NC 加工编程；二是用 Surfacer 软件由点云生成 NURBS 曲面模型，进行模具设计和加工。

本例中，我们选择 Surfacer 软件进行产品的曲面造型。Surfacer 软件可读取大量的原始坐标点资料，并能对大量的点数据进行处理。由于通常逆向建模是外观曲面，因此需要多种检测曲面品质的工具，或是建模特征数据的快速撷取。而 Surfacer 也具备了这些功能。另外在文件读取方面，Surfacer 能处理的格式繁多，能与多种 CAD/CAM 软件通过 IGES 格式来交换。

用 Surfacer 处理后产品如图 6-34 所示，构建曲面后输出成 igs 或 vda 格式，在专业的 CAD 软件（如 UG、Pro/E 等）中进行编辑。图 6-35 为在 Pro/E 中外型修饰后的产品图。

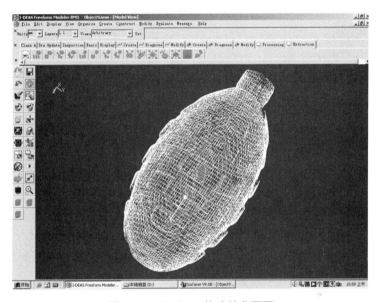

图 6-34　Surfacer 构建的曲面图

4. 模具设计与加工

由零件的实体模型，设置收缩率及脱模斜度，利用 Pro/E 软件的模具设计等模块，可很快建立型腔、浇道、冷却水道等特征，从而得到所需的模具。图 6-36 为产品吹塑模具的型腔模。

图 6-35　在 Pro/E 中修饰后的产品图

图 6-36　产品的型腔模

利用 CAM 软件设置切削参数，可进行数控加工模拟并获得加工模具零件的 NC 程序，传输给数控机床便可进行模具零件的加工。

※ 6.6 计算机集成制造系统应用实例 ※

国家"863/CIMS"典型应用工厂——成都飞机工业公司 CIMS 工程（简称 CAC-CIMS）中的车间自动化集成分系统是制造自动化系统（MAS）的一个典型案例。

成都飞机公司（以下简称 CAC）是我国骨干航空企业，自 1989 年开始实施 CIMS，经过近二十年的发展完善，企业的经营管理、设计制造水平等全面提高，被国家"863/CIMS"专家组评选为我国"CIMS 应用领先企业"。如图 6-37 所示为该公司机电产品总公司车间，该公司分阶段逐步建成一个集航空产品设计、制造和管理为一体的计算机集成制造系统（简称 CAC-CIMS）。CAC-CIMS 在计算机网络和分布数据库的支撑下，主要由四大功能分系统构成，它们是制造资源计划系统（MRP Ⅱ）、质量信息分系统（QIS）、工程信息分系统（CAD/CAPP/CAM）及车间自动化集成分系统（FA, Flexible Automation）。系统功能如图 6-38 所示，其中车间自动化集成分系统是 CAC-CIMS 中的制造自动化系统（MAS）。为方便起见，在后文中将其称为 CAC-CIMS/FA。

图 6-37　成都飞机公司机电产品总公司车间

6.6.1　成都飞机公司 CIMS 自动化集成分系统的总体结构

成都飞机公司 CIMS 自动化集成分系统（CAC-CIMS/FA）由平行的 4 个柔性加工单元组成，分别称为 FDNC1、FDNC2、FMS1 和 FMS2。其中 FDNC1 和 FDNC2 是以 DNC 系统构成的柔性加工制造单元，FMS1 和 FMS2 则是两个以柔性制造系统（FMS）为主构成的加工制造单元。本节主要简介 FDNC1 的车间布置、控制结构及功能（FDNC2 情况类似）。

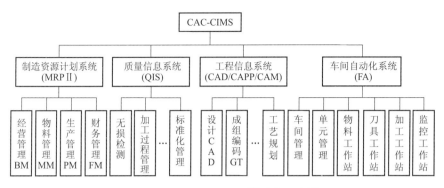

图 6-38　CAC-CIMS 系统功能示意图

图 6-39 是 CAC-CIMS/FA-FDNC1 的车间布置示意图，图 6-40 为 CAC-CIMS/FA-FDNC1 控制系统结构图，FA 的通信系统结构如图 6-41 所示。

图 6-41 中未将 FDNC2 和 FMS2 通信系统结构表示出来，但它们分别同 FDNC1 和 FMS1 具有相似之处。

CAC-CIMS/FA-FDNC1 采用我国上海第四机床厂生产的 XK-715 立式 3-1/2 坐标数控机床，组成直线型车间布置，如图 6-39 所示。

CAC-CIMS/FA-FDNC1 的工艺特点如下。

1）该系统设置了毛坯、在制品、夹具缓存，物流运输系统采用人驱动式小车，人工装卸物料，人工控制完成加工、清洗、检验、校形等工序。

2）10 台加工机床及全套辅助设备布置在 450 m² 生产面积内。

3）零件的加工、清洗、检验、校形全部工序均置于组合夹具上完成。

4）人驱动式小车采用双工位旋转式转接台进行零件与毛坯的交换，用于存取零件/毛坯信息的条形码贴于组合夹具的一侧，物料的运输驱动和物料装卸均由人工完成。

5）机床旁边设置的计算机终端用于人工录入机床加工的状态信息，其控制系统结构如图 6-37 所示。

6）机床没有刀具库，机床的换刀由人工进行并由人工操作读入刀具条形码的信息，人工预置刀具寿命、完成文件在机床与 DNC 计算机之间的双向传输。

机床具有工件交换工作台，可在人工的控制下完成工件的交换工作。

7）工序的各工位均由人工参与操作和决策，人工反馈系统状态。

从纵向看，它们的递阶控制结构基本相同，即包含了 CIMS 五层递阶结构中的车间层-单元层-工作站层-设备层，分别由车间控制器、单元控制器、工作站控制器和设备控制器四级控制系统构成。

1）车间层的控制管理功能由车间控制器完成。由于在 FDNC1 和 FDNC2 中，车间控制器所使用的计算机和单元控制器使用的计算机为同一机器，故称为虚拟车间控制器。车间控制器的基本功能是接受 MRP Ⅱ 系统中物料需求计划的工装交检单，并向 MRP Ⅱ 反馈刀具、专用量具及工装需求清单等，完成对整个车间 4 个制造单元的生产管理调度，如对各单元作

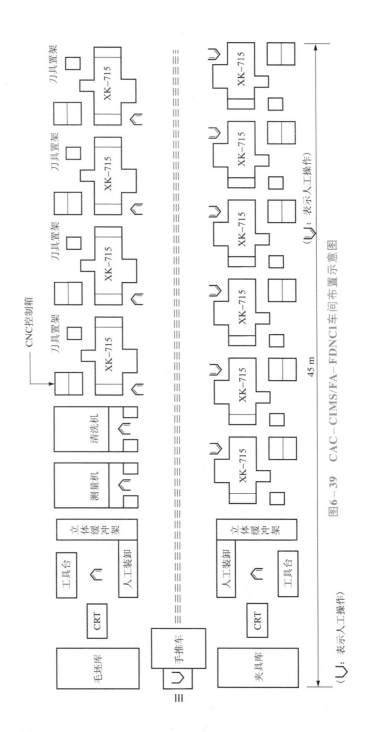

图6-39 CAC-CIMS/FA-FDNC1车间布置示意图

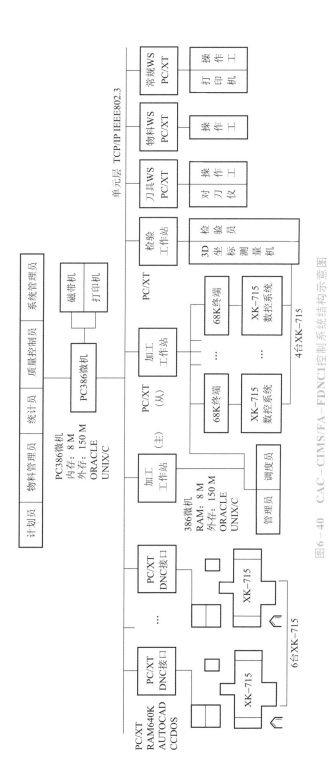

图6-40 CAC-CIMS/FA-FDNCI控制系统结构结构示意图

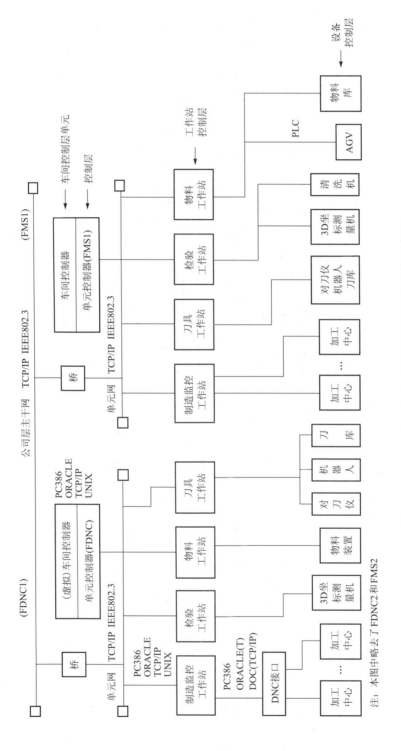

图6-41 CAC-CIMS/FA-FDNC1系统通信结构示意图

注：本图中略去了FDNC2和FMS2。

作业协调与资源分配，对各单元的物料、刀具等工作站进行管理等。

2）单元层控制功能由单元控制器完成，它接受 MRPⅡ系统的输出的单元作业计划，通过分解后生成单元的日作业计划。接受产品检验规程 CAQP 和测量机检测程序，动态管理协调各工作站作业任务，统计生产计划执行情况，反馈单元作业计划执行信息及各种报表、文档等。

3）工作站层控制由包括物料、检验、制造监控和刀具等在内的各工作站控制器，完成各自的控制管理功能。

4）设备层控制由包括加工中心、三坐标测量机、物料储运系统（如 AGV）、刀具储运系统等底层设备控制系统，根据相应工作站的控制指令，控制相应设备的运行。

5）数据库和计算机网络是 CAC-CIMS/FA，乃至整个 CAC-CIMS 的重要支撑技术。CAC-CIMS 选用了 ORACLE 作为其数据库管理系统；网络协议选用了 TCP/IP，以保证异种机联网。由于历史的原因，该公司在过去的计算机应用中已采用了 IMAGE、FOXBASE、RMI 等数据库管理系统，但 CAC-CIMS 系统设计方案中又采用了 ORACLE 为新的数据库管理系统，因此开发 IMAGE/ORACLE 和 RMI/ORACLE 接口，是实现新、旧系统资源共享的关键之一。在计算机网络方面，CAC-CIMS 总体设计选用了基于 TCP/IP 协议的局域网作为工厂主干网中的 MRPⅡ网和工程设计（CAD/CAPP/CAM）网，它保证了各种类型的微机和工作站都能上网运行。

6）FDNC1 系统连接的 CNC 机床数控系统类型有 FUNAC7M，FUNAC3000C；FDNC2 系统连接的有 FUNAC7M，MACS504，MACS508，ACRAMATIC950 等。因此，FA 系统内的 DNC 硬件接口平台分两类：一类用 PC/XT 机通过 LINK 板连接到 TCP/IP 网上，而 PC/XT 与下层设备通过异步串行通信接口 RS-232C 或专用硬件接口连接；另一类的接口平台为 PLC 控制器，它通过 RS-232C 上接工作站控制器计算机上的 RS-232C，而 PLC 的输出/输入控制节点则直接下达相应设备的执行指令和状态反馈信息。两类连接方式的示意图如图 6-42 所示。

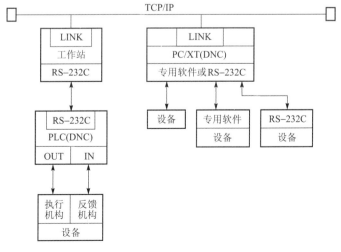

图 6-42　CAC-CIMS/FA 中的硬件接口

7）FA 内物料的流动。FA 中的物料流构成充分利用了工厂现有条件和资源，不过分追求高度自动化。例如使用"组合化"数控机床（即机床不设刀具库，换刀由人工进行；机床具有工件交换工作台，在人工的控制下完成工件的交换工作）。另外，人直接控制运输小车，把人引入系统，充分利用了人—机组合的优越性。

6.6.2 CAC-CIMS/FA 功能

CAC-CIMS/FA 系统功能如图 6-41 所示。CAC-CIMS/FA 可分为两个子系统，即 CAC-CIMS/FA 车间控制器、CAC-CIMS/FA FDNC 单元控制器。

1. CIMS/FA 车间控制器功能

（1）CAC-CIMS/FA 车间控制器运行过程

车间控制器是 FA 分系统递阶控制结构的最高层，是 FA 生产计划、管理与控制的总控系统。通常 CIMS 中的车间控制器一般功能较为简单，通常只起着制造单元层与工厂层级 MRPⅡ系统之间的桥梁作用，如接受 MRPⅡ下达的任务、对其进行分解与分配。但 CAC-CIMS/FA 中的车间控制器除具备一般车间控制器功能外，还与车间的技术改造相结合，切实解决目前车间亟待解决的实际问题，例如车间管理水平低、设备利用率不高、零件延期交货、停工待料、计划均衡性差、计划调整频繁、零件生产周期长、车间在制品多、工件的制造精度不稳定等。因此车间控制器首先接收厂级 MRPⅡ下达的半年生产作业计划，检查工艺规程和 NC 程序的准备情况，对短缺的工艺规程和 NC 程序制定工艺文件需求计划，下达给工艺设计组。车间控制器再接收 MRPⅡ下达的生产作业计划，检查物料资源（包括毛坯、原材料、夹具、刀具、量具和样板等）的库存有效性，并把物料资源的短缺情况反馈给 MRPⅡ，以供 MRPⅡ对原计划进行调整，并把调整后的月计划下达给车间；车间制订各单元生产作业计划、相应的刀/量具需求计划和物料/工装需求计划，分别下达给单元控制器、刀具工作站和物料工作站等。车间控制器还要对各单元的计划执行情况进行监控，必要时对车间作业计划进行调整。

（2）车间控制器功能

CAC-CIMS/FA 车间控制器的主要功能如下。

1）基础数据管理功能。包括建立、组织和维护车间的各种基础数据、工程技术数据和生产要素数据。如车间目录的生成与维护管理、单元状态信息管理、设备信息管理、职工信息管理、工时定额管理。

2）工艺文件需求计划制订。工艺文件主要指工艺规程和所需的 NC 程序，是工件加工和生产管理所必需的资源。由于工艺文件的编制通常在车间完成，因此车间控制器需要提前制定工艺文件需求计划，并传送到工艺设计组。

3）车间生产任务管理。车间任务管理的任务包括两类，一类是由正常渠道（主要是上层 MRPⅡ）下达的生产任务；另一类是车间接收的零星任务（包括外协、返修和除废等）。在进行任务管理，如加工的是部件，则必须考虑根据材料表（BOM）进行部件配套的问题。

具体功能包括 MRP Ⅱ 任务的接收；零星生产任务的输入与维护；备件比例输入与维护；零部件计划交付数量和计划投入数量的确定与调整；车间生产任务及其状态查询。

4）资源短缺检查及资源准备计划。根据接收到的生产任务，对其所需的各种资源（如刀具、量具、毛坯及材料、样板、工艺规程和 NC 程序等）进行检查，如发现有资源短缺，则把资源短缺清单反馈给 MRP Ⅱ。MRP Ⅱ 将根据反馈的资源短缺情况调整原下达给车间的计划，然后再将调整后的正式计划下达给车间。

5）车间计划管理。车间控制器中最重要的功能是生产作业计划及所需物料资源计划的制订与调整。本系统中所有计划都采用滚动方式制订，因此每制订一次计划都包含对上一次计划的调整，故计划的编制与调整过程合二为一。

6）生产统计与生产信息查询。生产统计与查询是车间生产管理的基本功能，它覆盖了车间计划和车间各类生产管理人员所需的信息，其功能有：旬计划执行情况统计；车间生产任务完成情况统计；车间在制品统计；设备工况统计；产品质量统计；工时统计；生产异常情况统计；车间生产任务和作业计划查询；生产准备情况查询；刀具、量具、工装、工件库存查询；工艺规程、NC 程序、刀具、量具、物料与工装需求查询；生产作业任务完成情况查询；车间生产任务完成情况查询；在制品情况查询；投入产出进度查询；设备工况查询；产品质量情况查询；工时查询；生产异常情况查询等。

2. CAC-CIMS/FA 中 FDNC 单元控制器功能

FDNC1 单元控制系统是指 CAC-CIMS/FA 中具有柔性的分布式数字控制生产线的控制系统总称，其加工设备由 10 台数控机床组成，由单元控制器直接将派工单传送到加工设备处的计算机终端上，并且由加工工作站计算机管理机床的运行。它是 CAC-CIMS/FA 生产自动化的基础之一，从结构上看包含 CIMS 递阶控制结构的底三层，即单元、工作站和设备控制层。

（1）单元控制器的功能

单元控制器是底层 FDNC1 单元的最高一级控制器，它全面控制、管理和调度整个单元的加工制造过程，是 FDNC1 与其他系统进行信息通信的纽带；另一方面它完成生产计划调度、资源计划调度等，向加工工作站、刀具工作站、物料工作站、各 DNC 接口计算机发送控制和管理指令及向车间控制器反馈系统状态信息。具体功能如下。

1）单元生产计划调度包括：制订作业计划（工序计划与作业计划）；调整作业计划；下达作业计划；查询作业计划。

2）资源计划调度包括：资源需求计划（刀具、量具、物料等），确定入库信息（刀具、量具、物料入库及在制品交换）；临时资源需求计划调度；资源需求、入库信息和临时资源查询。

3）统计生产数据包括：生产进度、旬在制品情况、旬设备工况统计；生产异常情况（设备故障及排除、超差品处理）统计。

4）系统维护包括：系统初始化；系统停止运行时设备状态的保存；系统数据备份与恢

复，数据删除等。

（2）工作站控制器功能

在 CAC-CIMS 中的 FDNC 环境下，制造工作站保持逻辑层次，有相应的控制软件，但在物理配置上，制造工作站控制软件和单元控制器软件运行在同一台计算机上。制造工作站具体功能包括以下几方面。

1）审查日生产数据：审查派工单数据；审查工艺路线卡数据。

2）统计日产生数据：记录出勤情况；统计班生产（如设备工况、日个人工时数据）。

3）制定派工单：生成派工单；指定操作人员；查询派工单。

4）查询日生产数据：查询每班计划完成情况；查询日职工出勤情况；查询每日设备工况；查询每日职工完成工时。

在 FDNC 中，除制造工作站外还有刀具工作站和物料工作站，它们与 FDNC 单元的运行与控制密切相关，它们的主要功能包括以下几方面。

1）计划管理：根据 MRPⅡ 和车间控制器下达的物料和刀/量具需求计划，制订物料和刀/量具订购计划，并且上报资源准备情况。

2）资源调度：根据单元控制器下达的双日/班次资源需求计划和资源入库信息（包括刀/量具及各种物料）进行资源调度，控制资源的入库和出库。

3）立体库管理：控制和操纵各种资源在立体库中的存、取和停放位置。

4）综合管理：进行资源的在线管理、库存管理，提供统计、查询等功能。

（3）设备控制器功能

设备控制器是 CIMS 最底层的控制器。CAC-CIMS/FDNC1 设备控制器包括机床数控系统 CNC、坐标测量机控制系统等。它们在计算机网络支持下，采用了先进的客户/服务器体系结构，使异构系统互连成功，实现了分布式数据处理和资源共享。它们能够接受零件加工及检测程序、控制数控机床加工及检测，采集加工及检测数据、反馈这些信息及生产异常信息等，具体功能包括以下几方面。

1）数据采集：显示派工单、工艺规程，记录派工单、工艺路线卡、临时资源、故障及恢复信息，登录刀具、量具、毛坯、工装、原材料，在制品到达现场信息。

2）工序检查：检查零件工序。

3）通信接口：发送文件，块传送，批传送，接收文件，自诊断，显示日志文件，获取 NC 程序。

4）产生异常信息处理：产生临时资源需求报文，产生故障报文，产生故障恢复报文。

5）有关信息的图形显示。

CAC-CIMS/FA 的系统分析与设计采用了 IDEF0 方法。以"自顶向下逐层求精"为原则来设计车间控制器、单元控制器、工作站控制器及 DNC 接口控制器的系统功能，并"自底向上逐层检验"完善和检验系统功能描述的正确性。

在数据库设计中采用了 IDEF1X 方法，对数据流程图和数据字典中的数据存储结构进行规范化设计，从而得到了保证数据共享性、一致性和可扩充性的信息模型。系统实现的环境是：单元控制器和制造工作站控制器，采用了386以上微机，UNIX操作系统、TCP/IP网络协议，ORACLE RDBMS、C语言及ORACLE开发工具。DNC接口控制器开发和运行环境为DOS操作系统、ORACLE数据库管理系统开发工具。

6.6.3 CAC-CIMS/FA实施效果与效益分析

1. 实施效果

本项成果作为CAC-CIMS/FA的一个子系统应用于成飞数控车间的民机转包，军机批生产和型号工程零件生产的计划、调度、管理与控制，效果良好。解决了非一致性硬件、操作系统环境下复杂的异构系统互联问题和CIMS纵向信息集成问题。提高了车间的生产控制和管理水平，使底层FDNC单元实现了制造过程自动化，能够做到零件的无纸加工。在提高计划均衡性、按期交货率、设备利用率、增加产量、改进产品质量和提高生产率等方面取得显著效果。

（1）系统的特色

1）在计算机网络、进程通信、双向通信功能和分布式数据库支持下，部分采用了客户/服务器体系结构，使复杂的非一致性硬件、操作系统互连，保证了资源共享，信息集成，使系统具有先进性、开放性。

2）提出的二阶段计划法，可提高生产作业计划的有效性。

3）采用进程通信的方法实现二阶段计划编制的自动连续运行。

4）采用顺排与逆排结合法、组合优先规则和变异的有限能力法来编制生产作业计划。

5）备件需求的自动生成。

6）采用EDD（Earliest Due Date）和SPT（Shortest Processing Time）启发式规则进行单元生产计划调度，系统能自动对设备负荷进行平衡，合理地安排生产任务。

7）通过设置工序状态，系统可自动跟踪零件从计划到加工、完成的全过程，为计划调度提供零件的当前状态信息，能进行人—机交互式动态调度，使生产作业计划的制订更合理。

8）对数控机床技术改造成功，DNC接口控制器可与数控机床和单元控制器进行双向通信，可从多个计算机节点取派工单、工艺规程、NC程序和刀具参数等信息，能实时反馈故障信息，记录多种生产数据，实现了CIMS全面信息集成。

9）能实时处理临时资源需求及设备故障等生产异常信息，提高生产管理与控制的柔性。

10）本系统与CAD/CAPP/CAM系统及其他子系统紧密集成，两条FDNC1-2生产线实现了无纸加工，使我国飞机整体件制造技术能与国际飞机制造技术接轨。

11）在我国制造业现有条件下，本项目的研究与开发走出了一条由数控机床组成柔性制造加工单元与CIMS其他分系统进行集成的成功之路，这种方式经济、先进、可行。

（2）国内外情况对比

国外对车间控制器和单元控制器的研究较多，主要集中在生产计划、调度和仿真等方面。将车间、单元、制造工作站、DNC接口作为整体系统进行研究与开发的并不多见。国外对数控机床的改造，主要是在控制系统上，而不在CIMS环境下的信息集成方面。国内已有数控机床的企业，多数设备利用率较低，生产自动化程度不高，没有考虑系统集成问题。国内关于车间控制器、单元控制器或者车间生产管理系统的研究与开发也不少，但许多是作为单项研究，并未集成在CIMS环境下，因而不可能达到企业整体效益最优。本系统是CIMS集成环境下的车间加工自动化系统，它采用的管理思想先进，功能强，既能满足CIMS集成需要，也能满足非集成环境下车间生产管理的需要，是一个集车间生产计划、控制和管理于一体的系统，可应用于各种类型的车间（包括FMS车间、DNC车间和普通车间）。与现有的MRRPⅡ底层生产计划功能相比，本系统在日生产计划调度、资源计划调度和生产异常情况处理方面明显优于前者，主要表现在：生产作业计划可分解到每日、每班次，提供友好的作业计划调整界面，实时处理临时资源需求及故障信息。

本项目的研究与开发应用CIMS原理，着重全方位的CIMS信息集成。系统设计方案符合国情，结构合理，逻辑正确，使用效果良好。该项成果具有国内领先、国际先进水平。

2. 推广应用情况、效益分析

车间、单元、工作站与DNC接口系统自开始投入由两个FDNC1-2单元和两个常规单元组成的数控车间使用。在其运行时间里，车间、单元、工作站和DNC接口系统用于军机批量生产、民机转包和型号工程200多项零件生产的计划、调度、管理与控制，效果良好，并产生了明显的经济效益和社会效益。具体情况如下。

1）可实现车间—单元—工作站—设备生产计划的逐级分解、下达和计划执行情况的逐级数据采集统计和反馈。

2）能自动生成合理可行的生产作业计划，生产计划编制时间由原来的3天缩短为2小时，班计划制订和派工速度提高30倍以上；可实现零星急件的插入与计划的动态调整；实现了生产现场的准确跟踪，大大减轻了生产统计和作报表的工作量。

3）刀量具、物料、工装需求计划的制订大大减少了停工待料现象，使刀量具、物料、工装到位准确率提高到95%以上。

4）DNC接口使NC程序传输效率提高了上百倍，且提高了程序可靠性，产生直接经济效益30万元，现在数控加工完全甩掉了穿孔纸带和软盘。

5）本系统与刀具站、物料站、CAD/CAPP/CAM等集成，使生产效率大大提高，设备利用率由65%提高到85%以上；零件生产周期缩短30%；减少了车间在制品；提高了产品质量，废品率下降25%，系统深受工厂和工人欢迎。

6）车间、单元站、工作站和DNC接口系统的应用增强了成飞在国内国际市场的竞争力，使成飞在制造技术上已具备了与国际接轨的条件，已为国外飞机制造厂商和专家所认可。

7）提高了车间生产技术和管理水平，培养了一批跨世纪的掌握高新技术的人才。

车间、单元、工作站和 DNC 接口系统功能全面，适应性强，容错性和可扩充性好，使用方便，信息自动化程度高，系统既可集成运行，也可独立运行，能满足车间实际生产的需要，值得大力推广使用。

❈ 6.7 柔性制造系统应用实例 ❈

6.7.1 钣材柔性制造系统介绍

20 世纪七八十年代，钣材柔性制造系统已在国外开始应用。20 世纪 90 年代初，济南铸造锻压机械研究所设计开发出我国第一台以数控转塔冲床和数控直角剪床为主机的钣材柔性制造系统，并在天水长城开关厂运行至今，取得了很好的经济效益。在 2004 年底德国汉诺威举行的第 18 届国际钣金加工技术展览会上，国外著名的钣金加工设备制造商如德国 TRUMPF、意大利 SALVAGNINI、芬兰 FINN-POWER、日本 AMADA 等，均展出了其最先进的代表不同技术特点的钣材柔性制造系统，充分表明了钣金制造技术正朝着数字化、集成化和智能信息化的方向发展，体现为钣金加工设备由单机型向数控多机复合型转化，由多工序加工、人工辅助操作型向全过程一体化加工方式转化，由一般的过程自动化控制向网络化、智能化的自治管理的方向发展。

6.7.2 午夜快车钣材 FMS 的组成与特点

午夜快车钣材加工 FMS 生产线是由芬兰著名跨国机床生产企业 FINN-POWER 研制。国内某电器制造类企业引进并投入使用，对加快该企业的制造信息，缩短新产品研发和制造周期，提升产品市场竞争力都起到了推动作用，已经获得显著的经济效益。

午夜快车柔性生产线将单项独立的加工程序整合到一个灵活的加工队列中，实现了物料管理和信息控制的自动化。典型的加工工序为：冲压，成形，冲剪，激光切割和折弯。该生产线如图 6-43 所示。

该设备具有以下功能及特点。

1）钣料成垛出入库，能在很短时间内补充库存；

2）钣料入库作业不影响全线运行；

3）能自动校正钣料位置；

4）省时省料的钣料一体化冲剪加工；

5）工件分选细致并自动整齐码垛；

6）自动监控完善，保证设备安全；

7）远距离程序传输；

8）操作方式灵活；

9）软件可靠，可自动或人工优化排料；

10）全线结构紧凑精巧，占地面积小。

图6-43　午夜快车钣材加工 FMS 生产线

6.7.3　午夜快车钣材 FMS 的结构与功能

1. 立体仓库 NTW3200 和中央计算机

立体仓库主要用于码放原材料及其冲剪成品的暂存，中央计算机主要用于对本条流水线加工的控制以及对板材加工程序的编制。

2. 冲剪中心上料台

冲剪中心上料台主要对从立体仓库取出的原材料进行码放，以及用自动上料装置将钣料输送到冲剪单元。冲剪中心上料台如图6-44所示。

3. 冲剪中心

冲剪中心主要对钣料按所编制的程序进行冲、剪操作。冲剪中心如图6-45所示。

图6-44　冲剪中心上料台

图6-45　冲剪中心

4. 自动下料码垛装置

自动下料码垛装置主要对从冲剪单元下来的成品或半成品进行码放。自动下料码垛装置如图 6-46 所示。

5. 自动折弯单元上料装置

自动折弯单元上料装置主要对要经过曲弯工序的零件进行码放，以及输送到自动折弯机操作台上。自动折弯单元上料装置如图 6-47 所示。

图 6-46　自动下料码垛装置

图 6-47　自动折弯单元上料装置

6. 自动折弯单元

自动折弯单元主要对曲弯零件进行曲弯操作。自动折弯单元如图 6-48 所示。

7. 钣材出入站台

钣材出入站台主要对原材料的出入起识别、监控等作用。钣材出入站台如图 6-49。

图 6-48　自动折弯单元

图 6-49　钣材出入站台

参 考 文 献

［1］盛晓敏. 先进制造技术［M］. 北京：机械工业出版社，2011.

［2］黄宗南. 先进制造技术［M］. 上海：上海交通大学出版社，2010.

［3］唐一平. 先进制造技术［M］. 北京：科学出版社，2012.

［4］苏建修. 先进制造技术［M］. 北京：北京师范大学出版社，2011.

［5］宾鸿赞. 先进制造技术［M］. 湖北：华中科技大学出版社，2010.

［6］李宗义. 先进制造技术［M］. 北京：高等教育出版社，2010.

［7］李明. 先进制造技术与应用前沿：机器人［M］. 上海：上海科学技术出版社，2012.

［8］何宁. 先进制造技术与应用前沿：高速切削技术［M］. 上海：上海科学技术出版社，2012.

［9］刘航. 模具制造技术［M］. 北京：机械工业出版社，2011.

［10］葛江华. 先进制造技术与应用前沿：集成化产品数据管理技术［M］. 上海：上海科学技术出版社，2012.

［11］李虹霖. 先进制造技术与应用前沿：机床数控［M］. 上海：上海科学技术出版社，2012.

［12］丁友生. 模具制造技术［M］. 北京：人民邮电出版社，2010.

［13］明兴祖. 机械 CAD/CAM［M］. 北京：化学工业出版社，2009.

［14］李晓东. 模具制造技术［M］. 北京：机械工业出版社，2010.

［15］谭海林. 模具制造技术［M］. 北京：北京理工大学出版社，2011.

［16］宁汝新. CAD/CAM 技术（第 2 版）［M］. 北京：机械工业出版社，2011.

［17］王瑞金. 特种加工技术［M］. 北京：机械工业出版社，2011.

［18］张建华. 精密与特种加工技术［M］. 北京：机械工业出版社，2011.

［19］赵广平. 精密与特种加工技术［M］. 黑龙江：哈尔滨工程大学出版社，2010.

［20］杨叔子. 特种加工［M］. 北京：机械工业出版社，2012.